水利工程施工建设与管理实践

赵春燕　国润平　赵银冬　著

中国原子能出版社
China Atomic Energy Press

图书在版编目（CIP）数据

水利工程施工建设与管理实践 / 赵春燕，国润平，
赵银冬著. --北京：中国原子能出版社，2023.9
ISBN 978-7-5221-2998-3

Ⅰ. ①水… Ⅱ. ①赵…②国…③赵… Ⅲ. ①水利工
程–工程施工②水利工程–施工管理 Ⅳ. ①TV52
②TV512

中国国家版本馆 CIP 数据核字（2023）第 177362 号

水利工程施工建设与管理实践

出版发行	中国原子能出版社（北京市海淀区阜成路 43 号　100048）
责任编辑	白皎玮
责任印制	赵　明
印　　刷	北京天恒嘉业印刷有限公司
经　　销	全国新华书店
开　　本	787 mm×1092 mm　1/16
印　　张	16.125
字　　数	325 千字
版　　次	2023 年 9 月第 1 版　2023 年 9 月第 1 次印刷
书　　号	ISBN 978-7-5221-2998-3　　定　价　**76.00** 元

前　言

水利工程作为我国基础的设施建设，为我国社会的稳定发展打下坚实的基础。进行水利工程的建设不但可以有效抵御洪水，还能够做到蓄水的功能，帮助农业进行灌溉，此外还可促进交通、气候、旅游、渔业等的开发，使得水利工程附近的经济水平都能得到明显的提升。水利工程可以说是非常重要的一项工程，因此应当对水利工程的管理与建设提起重视。其中，水利工程的运行管理是整个水利工程中非常重要的一个部分，只有良好地对水利工程进行管理，才能确保水利工程的建设目标能够实现，促进我国社会的稳定发展，以及提高我国国民经济的整体水平。

本书首先概述了水利工程施工建设的基础内容，然后详细分析了土石坝工程建设、水闸及渠系建筑物建设、地下建设工程建设，最后探讨了水利工程施工组织管理、质量管理、水利工程安全管理等内容。本书力求做到结构严谨、条理清晰、层次分明、重点突出、通俗易懂，具有较强的科学性、系统性和指导性。

在本书的策划和编写过程中，作者参阅了国内外有关的大量文献和资料，在此致以衷心的感谢。由于作者学识水平和时间所限，书中难免存在缺点和谬误，敬请同行及读者指正，以便进一步完善提高。

目 录

第一章
水利工程施工建设管理综述

第一节　水利工程建设的特点

水利水电工程施工的最终成果是水利水电工程建筑产品。水利水电工程的建筑产品与其他工程的建筑产品一样，与一般的工业生产产品不同，其有体型庞大整体难分、不能移动等特点。同时水利水电建筑产品还有着与其他建筑工程不同的特点。只有对水利水电工程建筑产品的特点及其生产过程进行研究，才能更好地组织建筑产品的生产，保证产品的质量。

一、水利水电工程建筑产品的特点

（一）与一般工业产品相比

1. 产品的固定性

水利水电工程建筑产品与其他工程的建筑产品一样，是根据使用者的使用要求，按照设计者的设计图纸，经过一系列的施工生产过程，在固定点建成的。建筑产品的基础与作为地基的土地直接联系，因而建筑产品在建造中和建成后是不能移动的，建筑产品建在哪里就在哪里发挥作用。在有些情况下，一些建筑产品本身就是土地不可分割的一部分，如油气田、桥梁、地铁、水库等。固定性是建筑产品与一般工业产品的最大区别。

2. 产品的多样性

水利水电工程建筑产品一般是由设计和施工部门根据建设单位（业主）的委托，

按特定的要求进行设计和施工的。由于对水利水电工程建筑产品的功能要求多种多样，因而对每一水利水电建筑产品的结构、造型、空间分割、设备配置都有具体要求。即使功能要求相同，建筑类型相同，但由于地形、地质等自然条件不同以及交通运输、材料供应等社会条件不同，在建造时施工组织施工方法也存在差异。水利水电工程建筑产品的这种特点决定了水利水电工程建筑产品不能像一般工业产品那样进行批量生产。

3. 产品体积庞大

水利水电工程建筑产品是生产与应用的场所，要在其内部布置各种生产与应用必要的设备与用具，因而与其他工业产品相比，水利水电工程建筑产品体积庞大，占有广阔的空间，排他性很强。因其体积庞大，水利水电工程建筑产品对环境的影响很大，必须控制建筑区位密度等，建筑必须服从流域规划和环境规划的要求。

4. 产品的高值性

能够发挥投资效用的任一项水利水电工程建筑产品，在其生产过程中耗用大量的材料、人力、机械及其他资源，不仅形体庞大，而且造价高昂，动辄数百万元、数千万元、数亿元人民币，特大的水利水电工程项目其工程造价可达数十亿元、数百亿元、数千亿元人民币。产品的高值性也是其工程造价，关系着各方面的重大经济利益，同时也会对宏观经济产生重大影响。

（二）与其他建筑产品相比

1. 水利水电建筑产品进入地下部分的比重较大

水利水电建筑产品是建筑产品的一类，但水利水电建筑产品与其他建筑产品（如工业与民用建筑道路建筑等）又有所不同。主要特点在水利水电工程，进入地下的部分比其他的建筑工程比重要大，枢纽工程、闸坝、桥（涵）、洞（涵）都具有这一特点。

2. 水利水电建筑产品临时工程比重较大

水利水电工程的建设除建设必需的永久工程外，还需要一些临时工程，如围堰、导流、排水临时道路等。这些临时工程大多都是一次性，主要功能是为了永久建筑物的施工和设备的运输安装。因此临时工程的投资比较大，根据不同规模、不同性质，所占总投资比重一般在 10%～40%。

二、水利水电建筑施工的特点

（一）施工生产的流动性

水利水电工程建筑产品施工的流动性有两层含义。

首先，由于水利水电工程建筑产品固定地点建造的，生产者和生产设备要随着建筑物建造地点的变更而流动，相应材料、附属生产加工企业、生产和生活设施也经常迁移。另一层含义指由于水利水电工程建筑产品固定在土地上，与土地相连，在生产过程中，产品固定不动，人、材料、机械设备围绕着建筑产品移动，要从一个施工段转移到另一个施工段，从水利水电工程的一个部分转移到另一个部分。这一特点要求通过施工组织设计，能使流动的人、机、物等相互协调配合，做到连续均衡施工。

（二）施工生产的单件性

水利水电工程建筑产品施工的多样性决定了水利水电工程建筑产品的单件性。每项建筑产品都是按照建设单位的要求进行施工的，都有其特定的功能、规模和结构特点，所以工程内容和实物形态都具有个别性、差异性。而工程所处的地区、地段不同更增强了水利水电工程建筑产品的差异性，同一类型工程或标准设计，在不同的地区、季节及现场条件下，施工准备工作施工工艺和施工方法都不尽相同，所以水利水电工程建筑产品只能是单件产品，而不能按通过定型的施工方案重复生产。这一特点就要求施工组织实际编制者考虑设计要求、工程特点、工程条件等因素，制订出可行的水利水电工程施工组织方案。

（三）施工生产过程的综合性

水利水电工程建筑产品的施工生产涉及施工单位、业主、金融机构、设计单位、监理单位、材料供应部门、分包单位等多个单位、多个部门的相互配合、相互协助，决定了水利水电工程建筑产品施工生产过程具有很强的综合性。

（四）施工生产受外部环境的影响较大

水利水电工程建筑产品体积庞大，使水利水电工程建筑产品不具备在室内施工生产的条件，一般都要求露天作业，其生产受到风、霜、雨、雪、温度等气候条件的影响；水利水电工程建筑产品的固定性决定其生产过程会受工程地质、水文条件变化的影响，以及地理条件和地域资源的影响。这些外部因素对工程进度、工程质量、建造成本都有很大影响。这一特点要求水利水电工程建筑产品生产者提前进行原始资料调查，制定合理的季节性施工措施、质量保证措施、安全保证措施等，科学组织施工，使生产有序进行。

（五）施工生产过程具有连续性

水利水电工程建筑产品不能像其他许多工业产品一样可以分解若干部分同时生产，而必须在同一固定场地上按严格程序继续生产，在上一道工序不完成，下一道工序不能进行。水利水电工程建筑产品是持续不断的劳动过程的成果，只有全部生产过程完成，才能发挥其生产能力或使用价值。一个水利水电建设工程项目从立项到使用要经历多个阶段和过程，包括设计前的准备阶段、设计阶段、施工阶段、使用前准备阶段（包括竣工验收和试运行）和保修阶段。这是一个不可间断的、完整的周期性生产过程，要求在生产过程中各阶段、各环节、各项工作有条不紊地组织起来，在时间上不间断，空间上不脱节。要求生产过程的各项工作必须合理组织、统筹安排，遵守施工程序按照合理的施工顺序科学地组织施工。

第二节　水利工程建设项目的划分

一、建筑工程

1. 枢纽工程

枢纽工程是指水利枢纽建筑物（含引水工程中的水源工程）和其他大型独立建筑物，包括挡水工程、泄洪工程、引水工程、发电厂工程、升压变电站工程、航运工程、鱼道工程、交通工程、房屋建筑工程和其他建筑工程。其中，挡水工程、泄洪工程等前七项称为主体建筑工程。

（1）挡水工程，包括挡水的各类坝（闸）工程。

（2）泄洪工程，包括溢洪道、泄洪洞、防空洞等工程。

（3）引水工程，包括发电引水明渠、进（取）水口、调压井、高压管道等工程。

（4）发电厂工程，包括地面、地下各类发电厂工程。

（5）升压变电站工程，包括升压变电站、开关站等工程。

（6）航运工程，包括上下游引航道、船闸、升船机等工程。

（7）鱼道工程，根据枢纽建筑物布置情况，可独立列项，与拦河坝相结合的，也可作为拦河坝工程的组成部分。

（8）交通工程，包括上坝、进厂、对外等场内外永久公路、桥梁、铁路、码头等交通工程。

（9）房屋建筑工程，包括为生产运行服务的永久性辅助生产厂房、仓库、办公、生活及文化福利等房屋建筑和室外工程。

（10）其他建筑工程，包括内外部观测工程，动力线路（厂坝区），照明线路，通信线路，厂坝区及生活区供水、供热、排水等公用设施工程，厂坝区环境建筑工程，水情自动测报系统工程及其他。

2. 引水工程及河道工程

引水工程及河道工程是指供水、灌溉、河湖整治、堤防修建与加固工程，包括供水、灌溉渠（管）道、河湖整治与堤防工程，建筑物工程（水源工程除外），交通工程，房屋建筑工程，供电设施工程和其他建筑工程。

（1）供水、灌溉渠（管）道、河湖整治与堤防工程，包括渠（管）道工程、清淤疏浚工程、堤防修建与加固工程等。

（2）建筑物工程，包括泵站、水闸、隧洞、渡槽、倒虹吸、跌水、小水电站、排水沟（涵）、调蓄水库等工程。

（3）交通工程。交通工程指永久性公路、铁路、桥梁、码头等工程。

（4）房屋建筑工程，包括为生产运行服务的永久性辅助生产厂房、仓库、办公、生活及文化福利等房屋建筑和室外工程。

（5）供电设施工程。供电设施工程指为工程生产运行供电需要架设的输电线路及变配电设施工程。

（6）其他建筑工程，包括内外部观测工程，照明线路，通信线路，厂坝（闸、泵站）区及生活区供水、供热、排水等公用设施工程，工程沿线或建筑物周围环境建设工程，水情自动测报系统工程及其他。

二、机电设备及安装工程

1. 枢纽工程

枢纽工程是指构成该组工程固定资产的全部机电设备及安装工程。本部分由发电设备及安装工程、升压变电设备及安装工程和公用设备及安装工程三项组成。

（1）发电设备及安装工程，包括水轮机、发电机、主阀、起重机、水力机械辅助设备、电气设备等设备及安装工程。

（2）升压交电设备及安装工程，包括主变压器、高压电气设备、一次拉线等设备及安装工程。

（3）公用设备及安装工程，包括通信设备，通风采暖设备，机修设备，计算机监控系统，管理自动化系统，金厂接地及保护网，电梯，坝区供电设备，厂坝区及生活区供水、排水、供热设备，水文，泥沙监测设备，水情自动测报系统设备，外部观测设备，消防设备，交通设备等设备及安装工程。

2. 引水工程及河道工程

引水工程及河道工程是指构成该工程固定资产的全部机电设备及安装工程。本部分一般由泵站设备及安装工程、小水电站设备及安装工程、供变电工程和公用设备及安装工程四项组成。

（1）泵站设备及安装工程，包括水泵、电动机、主阀、起重设备、水力机械辅助设备、电气设备等设备及安装工程。

（2）小水电站设备及安装工程，其组成内容可参照枢纽工程的发电设备及安装工程和升压变电设备及安装工程。

（3）供变电工程，包括供电、变配电设备及安装工程。

（4）公用设备及安装工程，包括通信设备，通风采暖设备，机修设备，计算机监控系统，管理自动化系统，全厂接地及保护网，坝（闸、泵站）区馈电设备，厂坝（闸、泵站）区供水、排水、供热设备，水文、泥沙监测设备，水情自动测报系统设备，外部观测设备，消防设备，交通设备等设备及安装工程。

三、金属结构设备及安装工程

金属结构设备及安装工程是指构成枢纽工程和其他水利工程固定资产的全部金

属结构设备及安装工程，包括闸门、启闭机、拦污栅、升船机等设备及安装工程，压力钢管制作及安装工程和其他金属结构设备及安装工程。

金属结构设备及安装工程项目要与建筑工程项目相对应。

四、施工临时工程

施工临时工程是指为辅助主体工程施工所必须修建的生产和生活用临时性工程。该部分组成内容如下：

（1）导流工程，包括导流明渠、导流洞、施工围堰、蓄水期下游断流补偿设施、金属结构设备及安装工程等。

（2）施工交通工程，包括施工现场内外为工程建设服务的临时交通工程，如公路、铁路、桥梁、施工支洞、码头、转运站等。

（3）施工场外供电工程，包括从现有电网向施工现场供电的高压输电线路（枢纽工程：35 kV 及以上等级；引水工程及河道工程；10 kV 及以上等级）和施工变（配）电设施（场内除外）工程。

（4）施工房屋建筑工程，施工房屋建筑工程指工程在建设过程中建造的临时房屋，包括施工仓库、办公及生活、文化福利建筑和所需的配套设施工程。

（5）其他施工临时工程，其他施工临时工程指除施工导流、施工交通、施工场外供电、施工房屋建筑、缆机平台以外的施工临时工程，主要包括施工供水（大型泵房及干管）、砂石料系统、混凝土拌和浇筑系统、大型机械安装拆卸、防汛、防冰、施工排水、施工通信、施工临时支护设施（含隧洞临时钢支撑）等工程。

第三节　水利工程基本建设程序

我国基本建设程序最初是 1952 年政务院正式颁布的，基本上是苏联管理模式和方法的翻版。随着各项建设事业的不断发展，尤其是近十多年来管理体制的一系列改革，基本建设程序也在不断变化、逐步完善和科学化。

工程建设一般要经过规划、设计、施工等阶段以及试运转和验收等过程，才能正式投入生产。工程建成投产以后，还需要进行观测、维修和改进。整个工程建设过程是由一系列紧密联系的过程组成的，这些过程既有顺序联系，又有平行搭接关系，在每个过程以及过程与过程之间又由一系列紧密相连的工作环节构成一个有机整体，由此构成了反映基本建设内在规律的基本建设程序，简称基建程序。

基建程序中的工作环节，多具有环环相扣、紧密相连的性质。其中任意一个中间环节的开展，至少要以一个先行环节为条件，即只有当它的先行环节已经结束或已进展到相当程度时，才有可能转入这个环节。基建程序中的各个环节，往往涉及好几个工作单位，需要各个单位的协调和配合，否则，稍有脱节，就会带来牵动全局的影响。基建程序是在工程建设实践中逐步形成的，它与基本建设管理体制密切相关。

水利工程建设方面项目管理的重要文件是《水利工程建设项目管理规定（试行）》（水利部水建〔1995〕128号），该规定发布实施于1995年4月21日，分为总则、管理体制及职责、建设程序、实行"三项制度"改革、其他管理制度、附则共六章。有关水利工程建设程序的规范性文件是《水利工程建设程序管理暂行规定》（水利部水建〔1998〕16号），该规定于1998年1月7日发布施行，共24条。

《水利工程建设项目管理规定（试行）》规定："水利是国民经济的基础设施和基础产业。水利工程建设要求严格按建设程序进行。水利工程建设程序一般分为：项目建设书、可行性研究报告、初步设计、施工准备（包括招标设计）、建设实施、生产准备竣工验收、后评价等阶段。"

根据《水利基本建设投资计划管理暂行办法》（水利部2003年颁布），水利基本建设项目的实施，必须首先通过基本建设程序立项。水利基本建设项目的立项报告要根据国家的方针政策。已批准的江河流域综合治理规划、专业规划和水利发展中长期规划，由水行政主管部门提出，通过基本建设程序申请立项。

一、水利工程建设项目的分类

根据《水利基本建设投资计划管理暂行办法》的规定，水利基本建设项目的类型按以下标准进行划分。

1. 水利基本建设项目按其功能和作用分为公益性、准公益性和经营性

（1）公益性项目是指具有防洪、排涝、抗旱和水资源管理等社会公益性管理和服务功能，自身无法得到相应经济回报的水利项目，如堤防工程、河道整治工程、蓄滞洪区安全建设工程、除涝、水土保持、生态建设、水资源保护、贫苦地区人畜饮水、防汛通信、水文设施等。

（2）准公益性项目是指既有社会效益又有经济效益的水利项目，其中大部分以社会效益为主，如综合利用的水利枢纽（水库）工程、大型灌区节水改造工程等。

（3）经营性项目是指以经济效益为主的水利项目，如城市供水、水力发电、水库养殖、水上旅游及水利综合经营等。

2.水利基本建设项目按其对社会和国民经济发展的影响分为中央水利基本建设项目（简称中央项目）和地方水利基本建设项目（简称地方项目）

（1）中央项目是指对国民经济全局、社会稳定和生态环境有重大影响的防洪、水资源配置、水土保持、生态建设、水资源保护等项目，或中央认为负有直接建设责任的项目。

（2）地方项目是指局部受益的防洪除涝、城市防洪、灌溉排水、河道整治、供水、水土保持、水资源保护和中小型水电站建设等项目。

3.水利基本建设项目根据其建设规模和投资额分为大中型和小型项目

大中型水利基本建设项目是指满足下列条件之一的项目：

（1）堤防工程：一、二级堤防。

（2）水库工程：总库容1 000万立方米以上（含1 000万立方米，下同）。

（3）水电工程：电站总装机容量5万千瓦以上。

（4）灌溉工程：灌溉面积30万亩（2万公顷）以上。

（5）供水工程：日供水10万吨以上。

（6）总投资在国家规定的限额以上的项目。

二、管理体制及职责

我国目前的基本建设管理体制大体是：对于大中型工程项目，国家通过计划部门及各部委主管基本建设的司（局），控制基本建设项目的投资方向；国家通过建设银行管理基本建设投资的拨款和贷款；各部委通过工程项目的建设单位，统筹管理工程的勘测、设计、科研、施工、设备材料订货、验收以及筹备生产运行管理等各项工作；参与基本建设活动的勘测、设计、施工、科研和设备材料生产等单位，按合同协议与建设单位建立联系或相互之间建立联系。

2002年10月1日开始施行的《中华人民共和国水法》对我国水资源管理体制做出了明确规定："国家对水资源实行流域管理与行政区域管理相结合的管理体制。国务院水行政主管部门负责全国水资源的统一管理和监督工作。国务院水行政主管部门在国家确定的重要江河、湖泊设立的流域管理机构，在所管辖的范围内行使法律、行政法规规定的和国务院水行政主管部门授予的水资源管理和监督职责。县级以上地方人民政府水行政主管部门按照规定的权限,负责本行政区域内水资源的统一管理和监督工作。国务院有关部门按照职责分工,负责水资源开发、利用、节约和保护的有关工作。县级以上地方人民政府有关部门按照职责分工,负责本行政区域内水资源开发、利用、节约和保护的有关工作。"

《水利工程建设项目管理规定(试行)》进一步明确:水利工程建设项目管理实行统一管理、分级管理和目标管理,逐步建立水利部、流域机构和地方水行政主管部门以及建设项目法人分级、分层次管理的管理体系。水利工程建设项目管理要严格按建设程序进行,实行全过程的管理、监督、服务。水利工程建设要推行项目法人责任制,招标投标制和建设监理制,积极推行项目管理。水利部是国务院水行政主管部门,对全国水利工程建设实行宏观管理,水利部建管司是水利部主管水利建设的综合管理部门,在水利工程建设项目管理方面,其主要管理职责有以下几个方面:

(1)贯彻执行国家的方针政策,研究制定水利工程建设的政策法规,并组织实施。

(2)对全国水利工程建设项目进行行业管理。

(3)组织和协调部属重点水利工程的建设。

(4)积极推行水利建设管理体制的改革,培育和完善水利建设市场。

(5)指导或参与省属重点大中型工程、中央参与投资的地方大中型工程建设的项目管理。

流域机构是水利部的派出机构,对其所在流域行使水行政主管部门的职责,负责本流域水利工程建设的行业管理。

省(自治区、直辖市)水利(水电)厅(局)是本地区的水行政主管部门,负责本地区水利工程建设的行业管理。

水利工程项目法人对建设项目的立项筹资、建设、生产经营、还本付息以及资产保值增值的全过程负责,并承担投资风险。代表项目法人对建设项目进行管理的建设单位是项目建设的直接组织者和实施者,负责按项目的建设规模、投资总额、建设工期、工程质量实行项目建设的全过程管理,对国家或投资各方负责。

三、各阶段的工作要求

根据《水利工程建设项目管理规定(试行)》和《水利基本建设投资计划管理暂

行办法》的规定，水利工程建设程序中各阶段的工作要求如下。

1. 项目建议书阶段

（1）项目建议书应根据国民经济和社会发展规划、流域综合规划、区域综合规划、专业规划，按照国家产业政策和国家有关投资建设方针进行编制，是对拟进行建设项目提出的初步说明。

（2）项目建议书应按照《水利水电工程项目建议书编制暂行规定》编制。

（3）项目建议书的编制一般委托有相应资格的工程咨询或设计单位承担。

2. 可行性研究报告阶段

（1）根据批准的项目建议书，可行性研究报告应对项目进行方案比较，对技术上是否可行和经济上是否合理进行充分的科学分析和论证。经过批准的可行性研究报告，是项目决策和进行初步设计的依据。

（2）可行性研究报告应按照《水利水电工程可行性研究报告编制规程》（DL 5020—93）编制。

（3）可行性研究报告的编制一般委托有相应资格的工程咨询或设计单位承担。可行性研究报告经批准后，不得随意修改或变更，在主要内容上有重要变动时，应经过原批准机关复审同意。

3. 初步设计阶段

（1）初步设计是根据批准的可行性研究报告和必要而准确的勘察设计资料，对设计对象进行通盘研究，进一步阐明拟建工程在技术上的可行性和经济上的合理性，确定项目的各项基本技术参数，编制项目的总概算。其中概算静态总投资原则上不得突破已批准的可行性研究报告估算的静态总投资。由于工程项目基本条件发生变化，引起工程规模、工程标准、设计方案、工程量的改变。其概算静态总投资超过可行性研究报告相应估算的静态总投资在 15% 以下时，要对工程变化内容和增加投资提出专题分析报告；超过 15% 以上（含 15%）时，必须重新编制可行性研究报告并按原程序报批。

（2）初步设计报告应按照《水利水电工程初步设计报告编制规程》（DL 5021—93）编制。

初步设计报告经批准后，主要内容不得随意修改或变更，并作为项目建设实施的技术文件基础。在工程项目建设标准和概算投资范围内，依据批准的初步设计原则，一般非重大设计变更、生产性子项目之间的调整由主管部门批准。在主要内容上有重要变动或修改（包括工程项目设计变更、子项目调整、建设标准调整、概算调整）等，应按程序上报原批准机关复审同意。

（3）初步设计任务应选择有项目相应资格的设计单位承担。

4. 施工准备阶段

施工准备阶段是指建设项目的主体工程开工前，必须完成的各项准备工作。其中招标设计是指为施工以及设备材料招标而进行的设计工作。

5. 建设实施阶段

建设实施阶段是指主体工程的建设实施，项目法人按照批准的建设文件，组织工程建设，保证项目建设目标的实现。

6. 生产准备（运行准备）阶段

生产准备（运行准备）指在工程建设项目投入运行前所进行的准备工作，完成生产准备（运行准备）是工程由建设转入生产（运行）的必要条件。项目法人应按照建管结合和项目法人责任制的要求，适时做好有关生产准备（运行准备）工作。生产准备（运行准备）应根据不同类型的工程要求确定，一般主要包括以下几方面的工作内容：

（1）生产（运行）组织准备。建立生产（运行）经营的管理机构及相应管理制度。

（2）招收和培训人员。按照生产（运行）的要求，配套生产（运行）管理人员，并通过多种形式的培训，提高人员的资质，使之能满足生产（运行）要求。生产（运行）管理人员要尽早介入工程的施工建设，参加设备的安装调试工作，熟悉有关情况，掌握生产（运行）技术，为顺利衔接基本建设和生产（运行）阶段做好准备。

（3）生产（运行）技术准备，主要包括技术资料的汇总、生产（运行）技术方案的制定、岗位操作规程制定和新技术准备。

（4）生产（运行）物资准备，主要是落实生产（运行）所需的材料、工器具、备品备件和其他协作配合条件的准备。

（5）正常的生活福利设施准备。

7. 竣工验收

竣工验收是工程完成建设目标的标志，是全面考核建设成果、检验设计和工程质量的重要步骤。竣工验收合格的工程建设项目即可以从基本建设转入生产（运行）。

竣工验收按照《水利水电建设工程验收规程》（SL 223—1999）进行。

8. 后评价

（1）工程建设项目竣工验收后，一般经过 1～2 年生产（运行）后，要进行一次系统的项目后评价，主要内容包括：

影响评价——对项目投入生产（运行）后对各方面的影响进行评价；

经济效益评价——对项目投资、国民经济效益、财务效益、技术进步和规模效益、可行性研究深度等进行评价；

过程评价——对项目的立项、勘察设计、施工、建设管理、生产（运行）等全过程进行评价。

（2）项目后评价一般按三个层次组织实施，即项目法人的自我评价、项目行业的评价和计划部门（或主要投资方）的评价。

（3）项目后评价工作必须遵循客观、公正、科学的原则，做到分析合理、评价公正。

第四节　水利工程建设模式

一、平行发包管理模式

平行发包管理模式是水利工程建设在早期普遍实施的一种建设管理模式，是指业主将建设工程的设计、监理、施工等任务，经过分解分别发包给若干个设计、监理、施工等单位，并分别与各方签订合同。

1. 优点

（1）有利于节省投资。一是与 PMC、PM 模式相比节省管理成本；二是根据工程实际情况，合理设定各标段投标价。

（2）有利于统筹安排建设内容。根据项目每年的到位资金情况择优计划开工建设内容，避免因资金未按期到位影响整体工程进度，甚至造成工程停工、索赔等问题。

（3）有利于质量、安全的控制。传统的单价承包施工方式，承建单位以实际完成的工程量来获取利润，完成的工程量越多获取的利润就越大，承建单位为寻求利润一般不会主动优化设计减少建设内容；而严格按照施工图进行施工，质量、安全得以保证。

（4）锻炼干部队伍。建设单位全面负责建设管理各方面工作，在建设管理过程中，通过不断学习总结经验，能有效地提高水利技术人员的工程建设管理水平。

2. 缺点

（1）协调难度大。建设单位协调设计、监理单位以及多个施工单位、供货单位，协调跨度大，合同关系复杂，各参建单位利益导向不同、协调难度大、协调时间长，影响工程整体建设的进度。

（2）不利于投资控制。现场设计变更多，且具有不可预见性，工程超概算严重，投资控制困难。

（3）管理人员工作量大。管理人员需对工程现场的进度、质量、安全、投资等进行管理与控制，工作量大，需要具有管理经验的管理队伍，且综合素质要求高。

（4）建设单位责任风险高。项目法人责任制是"四制"管理中的主要组成部分，建设单位直接承担工程招投标、进度、安全、质量、投资的把控和决策，责任风险高。

3. 应用效果

采用此管理模式的项目多处于建设周期长，不能按合同约定完成建设任务，有些项目甚至出现工期遥遥无期的情况，项目建设投资易超出初设批复概算，投资控制难度大，已完成项目还面临建设管理人员安置难问题。比如德江长丰水库，总库容 1 105 万 m^3，总投资 2.89 亿元，共分为 14 个标段，2011 年年底开工，该工程至 2022 年还未完工。

二、EPC 项目管理模式

EPC（Engineering Procurement Construction）即设计—采购—施工总承包，是指工程总承包企业按照合同约定，承担项目的设计、采购、施工、试运行服务等工作，并对承包工程的质量、安全、工期、造价全面负责。此种模式，一般以总价合同为基础，在国外，EPC 一般采用固定总价（非重大设计变更，不调整总价）。

1. 优点

（1）合同关系简单，组织协调工作量小。由单个承包商对项目的设计、采购、施工全面负责，简化了合同组织关系，有利于业主管理，在一定程度上减少了项目业主的管理与协调工作。

（2）设计与施工有机结合，有利于施工组织计划的执行。由于设计和施工（联合体）统筹安排，设计与施工有机地融合，能够较好地将工艺设计与设备采购及安装紧密结合起来，有利于项目综合效益的提升，在工程建设中发现问题能得到及时有效的解决，避免设计与施工不协调而影响工程进度。

（3）节约招标时间、减少招标费用。只需 1 次招标，选择监理单位和 EPC 总承包商，不需要对设计和施工分别招标，节约招标时间，减少招标费用。

2. 缺点

（1）由于设计变更因素，合同总价难以控制。由于初设阶段深度不够，实施中难免出现设计漏项引起设计变更等问题。当总承包单位盈利较低或盈利亏损时，总承包单位会采取重大设计变更的方式增加工程投资，而重大设计变更批复时间长，影响工程进度。

（2）业主对工程实施过程参与程度低，不能有效全过程控制。无法对总承包商进行全面跟踪管理，不利于质量、安全控制。合同为总价合同，施工总承包方为了加快施工进度，获取最大利益，往往容易忽视工程质量与安全。

（3）业主要协调分包单位之间的矛盾。在实施过程中，分包单位与总承包单位存在利益分配纠纷，影响工程进度，项目业主在一定程度上需要协调分包单位与总承包单位的矛盾。

3. 应用效果

由于初设与施工图阶段不是一家设计单位，设计缺陷、重大设计变更难以控制，项目业主与 EPC 总承包单位在设计优化、设计变更方面存在较大分歧，且 EPC 总承包单位内部也存在设计与施工利益分配不均的情况，工程建设期间施工进度、投资难控制，例如，某水库项目业主与 EPC 总承包单位由于重大设计变更未达成一致意见，导致工程停工 2 年以上，在变更达成一致意见后项目业主投资增加上亿元。

三、PM 项目管理模式

PM 项目管理服务是指工程项目管理单位按照合同约定，在工程项目决策阶段，为业主编制可行性研究报告，进行可行性分析和项目策划；在工程项目实施阶段，为业主提供招标代理、设计管理、采购管理、施工管理和试运行（竣工验收）等服务，代表业主对工程项目进行质量、安全、进度、投资、合同、信息等管理和控制。工程项目管理单位按照合同约定承担相应的管理责任。PM 模式的工作范围比较灵活，可以是全部项目管理的总和，也可以是某个专项的咨询服务。

1. 优点

（1）提高项目管理水平。管理单位为专业的管理队伍，有利于更好地实现项目目标，提高投资效益。

（2）减轻协调工作量。管理单位对工程建设现场的管理和协调，业主单位主要协调外部环境，可减轻业主对工程现场的管理和协调工作量，有利于弥补项目业主人才不足的问题。

（3）有利于保障工程质量与安全。施工标由业主招标，避免造成施工标单价过低，有利于保证工程质量与安全。

（4）委托管理内容灵活。委托给 PM 单位的工作内容和范围也比较灵活，可以具体委托某一项工作，也可以是全过程、全方位的工作，业主可根据自身情况和项目特点有更多的选择。

2. 缺点

（1）职能职责不明确。项目管理单位职能职责不明确，与监理单位职能存在交叉问题，比如合同管理、信息管理等。

（2）体制机制不完善。目前没有指导项目管理模式的规范性文件，不能对其进行规范化管理，有待进一步完善。

（3）管理单位积极性不高。由于管理单位的管理费为工程建设管理费的一部分，金额较小，管理单位投入的人力资源较大，利润较低。

（4）增加管理经费。增加了项目管理单位，相应地增加了一笔管理费用。

3. 应用效果

采用此种管理模式只是简单的代项目业主服务，因为没有利益约束不能完全实现对项目参建单位的有效管理，且各参建单位同管理单位不存在合同关系，建设期间容易存在不服从管理或落实目标不到位的现象，工程推进缓慢，投资控制难。

第五节　水利工程管理

一、水利工程管理的概念

从专业角度看，水利工程管理分为狭义水利工程管理和广义水利工程管理。狭义的水利工程管理是指对已建成的水利工程进行检查观测、养护修理和调度运用，保障工程正常运行并发挥设计效益的工作。广义的水利工程管理是指除以上技术管理工作外，还包括水利工程行政管理、经济管理和法治管理等方面，例如水利事权的划分。显然，我们更关注广义水利工程管理，即在深入区别各种水利工程的性质和具体作用的基础上，尽最大可能趋利避害，充分发挥水利工程的社会效益、经济效益和生态效益，加强对水利工程的引导和管理。只有通过科学管理，才能发挥水利工程最佳的综合效益；保护和合理运用已建成的水利工程设施，调节水资源，为社会经济发展和人民生活服务。

二、工程技术视角下我国水利工程管理的主要内容

从利用和保障水利工程的功能出发，我国水利工程管理工作的主要内容包括：水利工程的使用，水利工程的养护工作，水利工程的检测工作，水利工程的防汛抢险工作，水利工程扩建和改建工作。

（一）水利工程的使用

水利工程与河川径流有着密切的关系，其变化同河川径流一样是随机的，具有多变性和复杂性，但径流在一定范围内有一定的变化规律，要根据其变化规律，对工程进行合理运用，确保工程的安全和发挥最大效益。工程的合理运用主要是制订合理的工程防汛调度计划和工程管理运行方案等。

（二）水利工程的养护工作

由于各种主观原因和客观条件的限制，水利工程建筑物在规划、设计和施工过程中难免会存在薄弱环节，使其在运用过程中，出现这样或那样的缺陷和问题。特别是水利工程长期处在水下工作，自然条件的变化和管理运用不当，将会使工程发生意外的变化。所以，要对工程进行长期的监护，发现问题及时维修，消除隐患，保持工程的完好状态和安全运行，以发挥其应有的作用。

（三）水利工程的检测工作

水利工程的检测工作也是水利工程的重要工作内容。要做到定期对水利工程进行检查，在检查中发现问题，要及时进行分析，找出问题的根源，尽快进行整改，以此来提高工程的运用条件，从而不断提高科学技术管理水平。

（四）水利工程的防汛抢险工作

防汛抢险是水利工程的一项重点工作。特别是对于那些大中型的病险工程，要注意日常的维护，以避免危情的发生。同时，防汛抢险工作要立足于大洪水，提前做好防护工作，确保水利工程的安全。

（五）水利工程扩建和改建工作

对于原有水工建筑物不能满足新技术、新设备、新的管理水平的要求时，在运用过程中发现建筑物有重大缺陷需要消除时，应对原有建筑物进行改建和扩建，从而提高工程的基础能力，满足工程的运行管理的发展和需求。

基于我国水利工程的特点及分类，我国水利工程管理也成立了相应的机构、制定了相应的管理规则。从流域来说，成立了七大流域管理局，负责相应流域水行政管理职责，包括长江水利委员会、黄河水利委员会、淮河水利委员会、海河水利委员会、松辽水利委员会、珠江水利委员会、太湖流域管理局。对于特大型水利工程成立专门管理机构，如三峡工程建设委员会、小浪底水利枢纽管理中心、南水北调办公室等，以及针对各种水利设施的管理，如农村农田水利灌溉管理、水库大坝安全管理等。

三、我国水利工程管理的目标

水利工程管理的目标是确保项目质量安全，延长工程使用寿命，保证设施正常运转，做好工程使用全程维护，充分发挥工程和水资源的综合效益，逐步实现工程管理科学化、规范化，为国民经济建设提供更好的服务。

（一）确保项目的质量安全

因水利工程涉及防洪、抗旱、治涝、发电、调水、农业灌溉、居民用水、水产经济、水运、工业用水、环境保护等重要内容，一旦出现工程质量问题，所有与水利相关的生活生产活动都将受到阻碍，沿区上游和下游都将受到威胁。因此工程的质量安全不仅关系着一方经济的发展，更承担着人民身体健康与安全。

（二）延长工程的使用寿命

由于水利工程消耗资金较多，施工规模较大，影响范围较广，所以一项工程的运转就是百年大计。因此水利工程管理要贯穿项目的始末，从图纸设计到施工内容、竣工验收、工程使用等各个方面在科学合理的范围内对如何延长使用寿命进行管理，以减少资源的浪费，充分发挥最大效益。

（三）保证设施的正常运转

水利工程管理具有综合性、系统性特征，因此水利工程项目的正常运转需要各个环节的控制、调节与搭配，正确操作器械和设备，协调多样功能的发挥，提高工作效率、加强经营管理，提高经济效益，减少事故发生，确保各项事业不受影响。

（四）做好工程使用的全程维护

对于综合性的大型项目或大型组合式机械设备来说，都需要定期进行保养与维护。由于设备某一部分或单一零件出现问题，都会对工程的使用和寿命造成影响，因此水利工程管理工作还要对出现的问题在使用的整个过程中进行维护，更新零部件，及时发现隐患，促进工程的正常使用。

（五）最大限度发挥水利工程的综合效益

除了从工程方面保障水利工程的正常运行和安全外，水利工程管理还应当通过不断深化改革，最大限度地发挥水利工程的综合效益。

第六节　水利工程管理发展现状及创新

水利工程作为社会发展及国民经济高速发展的基础产业,其主要功能可以保障城乡居民基本用水需求,以及工农业的基本生产。水作为人类生命的源泉,不吃饭可以活下去,但是没有水却是无法生存的,但是现今这个时代缺水已经成为世界性的难题,因而将高科技手段用到水利管理方面,可以有效地提升水资源的问题。想要在现今的高科技时代得到认可,必须将自身的素质提升,才能拥有与时俱进的能力,更好地了解和熟悉各种高科技仪器,利用新的高科技仪器使水利工作管理手段得到提升。

一、水利管理的发展现状

(一)城市化水污染严重

随着我国经济的高速发展,城市化的进程已经越来越快,工商业也进入了快速发展阶段,农业生产也已经由传统纯手工式的劳作转变成机械化的生产方式,从而将原本从事农业的劳动力转入到了城市中,多余的劳动力在农业发展中过于注重产业的发展,忽视了对环境的维护,并且地方政府也没有给予第一时间的政策维护,因而农村的水利工程在很大程度上出现了多样化。这种不同程度的污染情况其实跟城市的高速发展、工矿企业的发展是分不开的,这是因为很多工矿企业以追求自身利益为目的,而没有想到身边的水资源被破坏对人类的生产、生活会带来什么样的后果,所以这些工矿企业在生产过程中没有提供对环境保护的措施,特别是废水、排污方面的能力还处在传统模式下,因而会导致周边人们赖以生存的水资源遭到严重的破坏。

(二)水利规划不全面

随着城市建设的不断发展壮大,城市规划中不可忽视的排水能力却不断地被忽视。城市越大,建筑越多,人口就会急速地发生膨胀,原先设计建造好的城市排水管网在发生连日大雨时,无法堪当重任,肯定会出现严重的内涝,造成严重的交通瘫痪及财产损失。

（三）城市污水处理问题

与此同时，城市排水中的污染问题也是制约经济发展的问题所在，这是因为环境监管部门严重地缺乏对生态环境的管理，所以很多的生产企业排放出的工业废水长期超标，在城市中由于人口的急剧增加，会造成严重的污水排放。由于污水量过大无法平衡，使得水资源出现了不同程度的污染。想要将这种现实性的问题解决掉，一定要通过水利管理部门采取积极主动的态度去争取，各相关政府财政部门给予相应的资金帮助，提升水利管理部门的安全监管，使其能够科学地发展，更便于水利工程的管理。通过创新的水利科技手段，确保国家水利工程的安全，水利资源的各种优势充分被利用后，可以有效地提升水利工程的经济利益。"以水为本"是科学发展需要坚持的基本观点，将水利工程的发展与环境保护合理协调，做好统筹规划，通过水利科技的创新，有效地提升国家的水利工程建设。

二、水利技术创新的应用

（一）水利信息化技术的应用

信息化技术能够提供防汛预案，支持积极会商。水利信息化不能为行政领导提供行政决策服务是目前比较普遍的问题。为了满足水利管理部门这方面的需求，需要在信息系统中加入防汛预案，提供洪水的预警。例如当洪水达到一定的预警级别时，这样的系统就能够给出相应的预警方案，根据方案，领导就会在会商中做出相应的调度决策。而在决策之前系统还能对放多少洪量、对下游会有什么影响等进行模拟。这样的系统也能够将水利信息完全掌控。为了让用户更快捷地了解到水利信息情况并做出相应举措，掌上 GIS 资讯系统是重要的支撑。"掌上 GIS 资讯系统"（GIS 是地理信息系统的英文 Geographic Information System 的缩写）可以运行在智能手机上，智能手机提供无线电话、短信、电话簿等功能；"掌上 GIS 资讯系统"还能够提供全面的行业资料查阅、电子地图、空间定位、实时信息浏览查询等功能。两者有机结合，基于"掌上 GIS 资讯系统"提供的及时、充分的水利信息，项目领导、相关负责人可以快速地进行决策。

（二）RTK 技术的应用

RTK（Real-time kinematic）是实时动态测量，对于 RTK 测量来说，同 GPS 技术

一样仍然是差分解算，但不同的只不过是实时的差分计算。RTK 技术在水利工程中的应用与计算机的普及，能够使传统作业模式得到革新，工作效率极大提高。RTK 是一种新的常用的 GPS 测量方法，以前的静态、快速静态、动态测量都需要事后进行解算才能获得厘米级的精度，而 RTK 是能够在野外实时得到厘米级定位精度的测量方法。它采用了载波相位动态实时差分方法，是 GPS 应用的重大里程碑，它的出现为工程放样、地形测图、各种控制测量带来了新曙光，极大地提高了外业作业效率。RTK 技术相比 GPS 技术具有明显的优势，高精度的 GPS 测量必须采用载波相位观测值。RTK 定位技术就是基于载波相位观测值的实时动态定位技术，它能够实时地提供测站点在指定坐标系中的三维定位结果，并达到厘米级精度。在 RTK 作业模式下，基准站通过数据链将其观测值和测站坐标信息一起传送给流动站。流动站不仅通过数据链接收来自基准站的数据，还要采集 GPS 观测数据，并在系统内组成差分观测值进行实时处理，同时给出厘米级定位结果，历时不足 1 s。RTK 技术如何应用在水利中是一个重要的话题，在各种控制测量传统的大地测量、工程控制测量采用三角网、导线网方法来施测，不仅费工费时，要求点间通视，而且精度分布不均匀，且在外业不知精度如何，采用常规的 GPS 静态测量、快速静态、伪动态方法，在外业测设过程中不能实时知道定位精度，如果测设完成后，回到内业处理后发现精度不合要求，还必须返测；而采用 RTK 来进行控制测量，能够实时知道定位精度，如果点位精度要求满足了，用户就可以停止观测了，而且知道观测质量如何，这样可以大大提高作业效率。

RTK 技术还可以应用到地形测图中。在过去测地形图时一般首先要在测区建立图根控制点，然后在图根控制点上架上全站仪或经纬仪配合小平板测图。现在发展到外业用全站仪和电子手簿配合地物编码，利用大比例尺测图软件来进行测图，甚至发展到最近的外业电子平板测图等，都要求在测站上测四周的地貌等碎部点。这些碎部点都与测站通视，而且一般要求至少 2～3 人操作，需要在拼图时一旦精度不合要求还得到外业去返测，现在采用 RTK 时，仅需一人背着仪器在要测的地貌碎部点待一两秒钟，并同时输入特征编码，通过手簿可以实时知道点位精度，把一个区域测完后回到室内，由专业的软件接口就可以输出所要求的地形图。这样用 RTK 仅需一人操作，不要求点间通视，大大提高了工作效率。利用 RTK 进行水利工程测量不受天气、地形、通视等条件的限制，断面测量操作简单，工作效率比传统方法提高数倍，大大节省了人力。

水利工程对经济的发展和城市的建设都起到重要的作用，提高水利工程质量，就要提升水利技术及参与水利工程人员的专业素质，同样要做好水利工程的管理工作，与时俱进，敢于创新，促进水利工程的不断发展。

第七节 抓好水利工程管理确保水利工程安全

随着我国经济的发展和人口的增长,水利事业在国民经济中的命脉和基础产业地位越加突出;水利事业的地位决定了水利基础设施的重要性。因此,如何搞好水利基础设施建设项目管理,确保工程质量,促进我国经济发展是摆在我们每个水利人面前的一个重大课题。

一、强化对水利工程的管理

思想意识的先进性是发展水利的重要推动力,所以,在任何的发展中,只有不断地提高自身的认识,加强自身的管理,实现工程管理效率的提升,才能在水利发展中打下坚实的基础。其次就是要加强对水利管理的认识,认真学习管理的方式方法,实现科学的管理,保证水利工程的正常运行。

二、落实好项目法人责任制

项目法人建设是我国社会主义市场经济发展的法治基础,也是完善项目工程管理,保证项目规范化开展的前提。要想实现项目法人制度的良好落实,首先要认识到法人制度的重要性,认识到建设多元化体制的必要性;其次应严格地对企业法人进行资质的审核,保证建筑工程的项目法人建设顺利开展;最后就是要严格地落实项目法人的各项资源的配置,要求相关的管理人员必须要素质高、有经验。

三、开展好建设监理工作

要想实现监理工作的有效开展,就需要不断地提高员工的职业道德,提高员工的专业知识,提高整体的综合素质。首先,可以要求监理人员从学习各种招标文件、相关的法律条例开始,知晓相关的建设监理的各项体系;其次,需要监理公司加强自身服务意识,坚持办理公平、公正、合理的原则;最后,要实现全方位的监理,转变自身的服务理念,发挥监理的优势,全面为建设服务。

四、全面实行招标投标制

经过全面的招投标服务，实现我国水利水电工程招标管理工作的标准化进行，为了实现我国的招标科学化开展，需要全面建立招标制度，保证招标过程中的公平、公正、公开。同时应进一步地加大措施做好招标的保密工作，对于在招标过程中的违纪人员应该进行严厉的处分。

五、抓好水利工程管理确保水利工程安全的策略

（一）对水利工程进行造价管理，确保水利工程安全

水利工程管理中存在的职责不明及监管不严问题，会出现不同程度的贪污腐败现象，使得工程资金落不到实处。为保障水利工程的质量，确保水利工程的安全，对水利工程进行造价管理，在水利工程的设计阶段直到竣工阶段进行全过程的工程造价控制，既能保证工程项目的目标实现，又能有效地控制工程成本。利用工程造价管理，可以在工程建设各个阶段，将资金控制在批准使用范围之内，及时对出现的偏差进行纠正，使建设需要的物力、人力及财力得到合理的控制。另外，在水利建设过程中，要积极利用工程造价管理进行合同的正确管理，控制好材料认证。

（二）完善风险管理，确保水利工程安全

完善风险管理可以从加强水利工程设计审查及加强人员安全管理两个方面着手。由于设计人员的疏忽、不严谨，会使工程设计与实际需求出现较大的出入，造成资源的浪费。因此，必须在水利工程设计审查方面进行风险管理，在对工程地的气候环境以及地理环境进行调研的基础上，严格审查设计的质量。水利工程实施过程中，人员安全问题一直是重中之重，对施工人员进行安全风险管理，就要对施工设备进行定期检查，排查安全隐患；对作业人员的工作进行安全监督；同时加强保险管理。规避水利工程的无效风险、人员的安全风险，以人为本，有效地控制工程风险，解决水利工程的后顾之忧。

（三）贯彻落实招投标机制，确保水利工程安全

目前，我国水利工程的招投标机制已逐步得到规范化。工程招标能够衡量水利建

设企业的质量,使水利工程得到保证。因此在水利工程项目中要贯彻落实招投标机制,要保证招标的公开性、公平性、公正性。目前一些单位为了保护地方企业,会排斥其他地区的优秀企业进行招标活动,进行暗箱操作,使工程质量得不到保障。水利项目单位要制定合理的评标方法,完善招标程序。多吸取国内外其他行业的经验,学人之长,补己之短,实现招标程序和评标方法的合理化、科学化。

（四）建立健全职责机制，确保水利工程安全

水利工程管理机制的不健全,使得管理人员抓住机制漏洞,出现越权越职,却又无法追究责任的现象。因此,建立健全职责机制,就是要明确管理单位的工作职能,明确管理人员的监督职责。管理单位要做到依法行使自己的权力,行政部门不能过分干预其业务管理。此外,将水利工程的管理与维修养护工作进行分离,对于水利工程的养护维修工作也建立一套独立的工作职责机制,将市场化机制引入其中,使水利工程养护维修工作具有法人代表。这样不仅能解决传统管理中养护维修的难题,又能提高养护水平。

水利工程关乎民生,是国家的一项重要工程,抓好水利工程管理确保水利工程安全具有重要意义。通过对水利工程引进造价管理、完善风险管理、落实招标机制、健全职责体系等方式,能够有效地保证水利工程的安全。

第二章
水利工程施工建设方法要点

水利工程作为一项民生工程，其工程质量不仅关系其能否发挥对水力资源的充分利用，也关系着工程运作中的运行安全。所以，我们要不断地加强水利工程在建设过程中的管理工作，努力提高水利工程的质量。

第一节　水利工程建设的程序

水利工程质量由项目法人（建设单位）负全面责任。监理、施工、设计单位按照合同及有关规定对各自承担的工作负责。质量监督机构履行政府部门监督职能，不代替项目法人（建设单位）、监理、设计、施工单位的质量管理工作。水利工程建设各方均有责任与权利向有关部门和质量监督机构反映了工程质量问题。因此，施工阶段项目法人的责任就是：协调好外部关系，及时拨付工程款，沟通和设计单位的联系，监督监理单位的工作，对工程的进度、造价、质量进行监督检查。

一、开工报告的申报

1. 施工许可证

建筑工程开工前，建设单位应当按照国家有关规定向工程所在地县级以上人民政府建设行政主管部门申请施工许可证；但是，建设行政主管部门确定的限额以下的小型工程除外。按照规定的权限和程序批准开工报告的建筑工程，不再领取施工许可证。

2. 主管部门

水利部是水行政主管部门，对全国水利工程建设实行宏观管理；第七条规定，流域机构是水利部的派出机构，对其所在流域行使水行政主管部门的职责，负责本流域水利工程建设的行业管理；第八条规定，省（自治区、直辖市）水利（水电）厅（局）是本地区的水行政主管部门，负责本地区水利工程建设的行业管理。

3. 开工报告内容

项目法人应向项目主管部门提出正式请示文件及相关附件，其附件包括：

（1）政府关于项目法人组建文件；

（2）可行性研究报告、初步设计批复文件；

（3）投资计划下达文件；

（4）施工详图设计；

（5）工程施工合同、质量监督手续等证明文件；

（6）施工准备、征地、移民满足主体开工的证明；

（7）其他有关证明材料。

4. 主管部门受理的条件

（1）项目法人已提出正式请示报告；

（2）建设管理模式已经确定，投资主体与项目建设管理主体的关系已经理顺；

（3）项目建设所需全部投资来源已经明确，且投资结构已经合理；

（4）前期工程各阶段文件已按规定批准，施工详图设计可以满足初期主体工程施工需要；

（5）建设项目已列入国家或地方水利建设投资年度计划，年度建设资金已落实；

（6）主体工程招标已经决标，工程承包合同已经签订，并得到主管部门同意；

（7）现场施工准备和征地移民等建设外部条件能够满足主体工程开工的需要；

（8）已按规定办理工程质量安全监督手续。

二、主体工程开工须具备的条件

1. 资质管理

从事建筑活动的水利水电工程施工企业、勘察单位、设计单位和工程监理单位，应当具备下列条件：

（1）有符合国家规定的注册资本；

（2）有与其从事的建筑活动相适应的具有法定执业资格的专业技术人员；

（3）有从事相关建筑活动所应有的技术装备；

（4）法律、行政法规规定的其他条件。

从事建筑活动的水利水电工程施工企业、勘察单位、设计单位和工程监理单位，按照其拥有的注册资本、专业技术人员、技术装备和已完成的建筑工程业绩等资质条件，划分为不同的资质等级。经资质审查合格、取得相应等级的资质证书后，方可在其资质等级许可的范围内从事建筑活动。

从事建筑活动的专业技术人员，应当依法取得相应的执业资格证书，并在执业资格证书许可的范围内从事建筑活动。

2. 施工许可证

建筑工程开工前，建设单位应当按照国家有关规定向工程所在地县级以上人民政府建设行政主管部门申请领取施工许可证；但是，建设行政主管部门确定的限额以下的小型工程除外。按照规定的权限和程序批准开工报告的建筑工程，不再领取施工许可证。

申请领取施工许可证，应当具备下列条件：

（1）已经办理该建筑工程用地批准手续；

（2）在城市规划区的建筑工程，已经取得规划许可证；

（3）需要拆迁的，其拆迁进度符合施工要求；

（4）已经确定水利水电工程施工企业；

（5）有满足施工需要的施工图纸及技术资料；

（6）有保证工程质量和安全的具体措施；

（7）建设资金已经落实；

（8）法律、行政法规规定的其他条件。

建设行政主管部门应当自收到申请之日起十五日内，对符合条件的申请颁发施工许可证。

建设单位应当自领取施工许可证之日起三个月内开工，因故不能按期开工的，应当向发证机关申请延期；延期以两次为限，每次不超过三个月；既不开工又不申请延期或者超过延期时限的，施工许可证自行废止。

在建的建筑工程因故中止施工的，建设单位应当自中止施工之日起一个月内，向发证机关报告，并按照规定做好建筑工程的维护管理工作。建筑工程恢复施工时，应当向发证机关报告，中止施工满一年的工程恢复施工前，建设单位应当报发证机关核验施工许可证。

按照有关规定批准开工报告的建筑工程，因故不能按期开工或者中止施工的，应当及时向批准机关报告情况；因故不能按期开工超过六个月的，应当重新办理开工报告的批准手续。

3. 施工准备

（1）施工准备工作内容。建设项目在主体工程开工之前，必须完成各项施工准备工作，其主要工作内容包括：施工现场的征地、拆迁；完成施工用水、电、通信、路和场地平整（简称"四通一平"）等工程；必需的生产、生活临时建筑工程；组织招标设计、咨询、设备和物资采购等服务；组织建设监理和主体工程招标投标，选定建设监理单位和施工承包队伍。

水利部所属流域机构（长江水利委员会、黄河水利委员会、淮河水利委员会、珠江水利委员会、海河水利委员会、松辽水利委员会和太湖流域管理局）是水利部的派出机构，对其所在的流域行使水行政主管部门的职责，负责本流域水利工程建设的行业管理；省（自治区、直辖市）水利（水电）厅（局）是本地区的水行政主管部门，负责本地区水利工程建设的行业管理。

（2）施工招标。工程建设项目施工，除了某些不适应招标的特殊工程项目外（须经水行政主管部门批准），均须实行招标投标。

（3）施工准备的条件。水利工程项目必须满足如下条件，施工准备方可进行：初步设计已经批准；项目法人已经建立；项目已列入国家或地方水利建设投资计划，筹资方案已经确定；有关土地使用权已经批准。

（4）主体工程开工条件。主体工程开工，必须具备以下条件：前期工程各阶段文件已按规定批准，施工详图设计可以满足初期主体工程施工需要；建设项目已列入国家年度计划，年度建设资金已落实；主体工程招标已经决标，工程承包合同已经签订，并得到主管部门同意；现场施工准备和征地移民等建设外部条件能够满足主体工程开工的需要；需进行开工前审计工程的有关审计文件。

三、建立健全质量管理体系

工程质量实行项目法人负责、监理单位控制、施工单位保证和政府监督相结合的质量管理体制。参建各方均有责任和权利向有关部门和质量监督机构反映工程质量问题。各单位在工程现场的项目负责人对本单位在工程现场的质量工作负直接领导责任。各单位的工程技术负责人对质量工作负技术责任。具体工作人员为直接责任人。

各参建单位要加强质量法制教育、增强质量法制观念，把提高劳动者的素质作为提高质量的重要环节；加强对管理人员和职工的质量意识及质量管理知识的教育，建立和完善质量管理的激励机制，积极开展群众性质量管理和合理化建议活动。

建立由质量监督体系、质量检查体系、质量控制体系、质量保证体系四大体系、四个层次组成的工程质量管理体系。

（一）质量监督体系

项目法人应及时与质量监督站按所属权限办理质量监督手续。

（1）质量监督体系包括上级业务主管部门、质量监督部门、稽查部门、审计监察部门及社会监督举报等。各参建单位必须主动接受监督，配合做好有关工作。

（2）质量监督机构按照国家有关规定行使质量监督权利，但并不代替本工程各参建单位的质量管理工作。各参建单位均有责任与权利向有关部门和质量监督机构反映工程质量问题。

（3）现场派驻的项目站负责监督本工程各参建单位在其资质等级允许范围内从事本工程建设的质量工作；负责检查督促各参建单位建立健全质量体系；按照国家和水利行业有关工程建设法规、技术标准和设计文件实施工程质量监督，对施工现场影响工程质量的行为进行监督检查。

（4）工程质量监督实施以抽查为主的监督方式。

（5）根据工作需要，项目站可委托水利建设工程质量检测站，对本工程有关部位以及所采用的建筑材料和工程设备进行抽样检测。

（二）质量检查体系

质量检查体系的主体是项目法人，其派出机构为现场建设管理机构，检查质量控制体系，质量保证体系的建立及实施情况。

项目法人负责建立健全施工质量检查体系，根据工程特点建立质量管理机构和质量管理制度。

工程质量检查体系由质量专家检查组、质量检查组、质量巡查组三个层次组成。采取不定期抽查方式对工程质量进行检查。检查内容主要包括：现场建设管理机构工程建设质量管理情况，监理单位的质量控制体系的建设及工作质量，施工单位质量保证体系的建立、执行及工程质量情况。

质量检查组由现场建设管理机构负责人、技术负责人及工程技术科、合同管理科组成。采用定期（每月一次）或不定期的方式进行全面检查或抽查，对查出的问题将以书面的形式要求有关单位进行整改。检查主要内容如下。

1. 检查施工单位的质量管理情况

（1）组织机构

人员及工作情况是否满足工程规模、进度、施工强度要求，能否保证工程质量。

（2）规章制度和质量控制措施

建立针对本工程特点的质量（安全）管理规章制度、详细完整的质量控制措施，建立完善的质量保证体系，落实三检制（自检、互检和专检）。

（3）现场测试条件

配备相应级别的工地实验室，测试仪器、设备须按计量部门要求通过检验和认证。

（4）施工记录资料

内容完整的施工大事记录，施工原始记录、质量自检记录、工程测量、放样记录、质量评定验收记录资料、施工变更记录、施工日记等，各种资料按档案管理规定要进行及时整理。

（5）执行验收程序

按规定进行隐蔽工程、分部工程，单位工程及阶段验收、竣工验收。

2. 检查施工单位的施工质量

（1）施工现场管理

施工组织安排能否保证工程质量和本工程的阶段性目标及工程工期要求，工程各部位施工工艺方法应合理，避免交叉干扰重复施工等低效的施工工序。

（2）单元工程质量评定

对已完成的单元工程应及时组织质量评定，已评定的各分部工程的单元工程合格率必须达到100%。

（3）试验工作

外购配件（如闸门、启闭机、监控系统等）必须有厂内试验记录、出厂合格证等资料，进场后按规定进行现场试验、验收并妥善保管，工程的主要材料（钢筋、水泥、止水片等）应有出厂合格证，质保书及进场抽检按规定存放砂石料等地材，混凝土、土、砂等应按规定取样并做试验。

3. 其他检查内容

（1）工程外观观感质量要好，无明显缺陷；

（2）对质量事故按照"三不放过"的原则进行处理；

（3）检查监理部质量管理情况；

（4）质量控制体系的建立及落实情况；

（5）质量控制措施，及监理人员的工作质量；

（6）监理部内业管理情况。

工程质量巡查组由现场建设管理机构工程技术科技术人员、监理工程师、设计代表、施工单位质检人员等共同组成，每天对工地进行一次检查。检查主要内容包括以下几项。

① 检查施工单位三检制落实情况；

② 检查施工工艺：工程各部位施工工艺、方法应合理，符合规范要求；

③ 检查施工原始记录：应有完整、详细的施工原始记录，如质量自检、工程测量、放样、质量评定、验收等记录；检查隐蔽工程质量是否符合设计及有关规范要求；

④ 检查砂石料等的质量及堆放是否符合规范要求：检查施工供电保证、安全措施，消除事故隐患；检查已完工程外观质量，如有缺陷，查清原因，进行改进；检查现场人员的数量及素质设备的数量及性能、材料的数量及质量与工程规模，进度是否相适应，能否满足工程质量要求；检查现场监理人员的监理工作。

（三）质量控制体系

监理单位根据所承担的监理任务向工程施工现场派出相应的监理机构，人员配备必须满足项目要求。监理工程师上岗必须持有水利部颁发的监理工程师岗位证书，一般监理人员上岗要进行岗前培训。

监理单位必须自觉接受水利工程质量监督机构对其监理资格质量检查体系及质量监理工作的监督检查。

（1）现场施工质量控制主要从以下三方面进行：

① 单项工程或某一工作开工前的检查；

② 施工过程中的现场旁站监理和跟踪检查；

③ 各施工工序或者分部、单元工程的检查复验。

（2）单项工程或某一工作面开工前，承包方（施工单位）首先必须报送自检报告，包括建筑物测量资料；基础开挖成形后隐蔽工程自检验收表；混凝土开盘前的备料、拌和、输送情况；模板、钢筋、舱面、各种埋件的检查情况表；混凝土配料单；测量检查资料以及按技术规范应报送的其他各种资料等。

（3）监理工程师在收到各种验收资料后，首先按规范和图纸要求进行核对与审查，然后在规定的时间之内赴现场对各工序情况进行复验检查。

（4）对各工程部位检查时，凡是与该部位有关的各专业监理人员均必须同时到场，分别负责有关检查工作，同时承包方的质检人员必须到场。检查合格后，各有关专业人员分别按照规定签字。

（5）地质监理工程师的检查内容主要是：地质情况是否与设计文件中的地质情况相符合，如不符合，则应及时向设计单位反映并会同设计人员提出具体的处理意见。对于施工过程中发生的超挖或塌方等问题，应进行客观的分析并判断其原因，及时提出合理化建议。

（6）测量监理工程师的检查内容主要有施工测量方法与精度、控制坐标、结构物高程尺寸、模板安装等。如与设计要求和有关规范不符合，则应按要求提出处理意见。

（7）材料试验监理工程师除对外购材料的材质证明和混凝土配料单进行审查外，尚须充分了解，掌握当地材料的质量等情况，并对混凝土开盘前的各种准备情况进行检查，同时还应进行混凝土的随机取样检查。各种材料必须符合设计及规范要求。

（8）机电及金属结构监理工程师应参加设备、材料的开箱检查验收；检查预埋件是否符合要求，设备安装质量是否达到标准；审查承包方报送的预埋、安装记录和工程自检报告，坚持不合格的产品不准进场安装，设备安装不符合规程、规范及设计图纸资料不签施工合格证书。

（9）监理工程师应对基础，支撑、木模、钢筋、舱面细部构造、预埋件等进行全面检查，如有与规范、图纸不符之处，则应要求承包方进行处理，直至合格为止。

（10）监理工程师对工作面进行了检查并签证同意施工后，施工过程中必须进行监督检查，对一般部位可进行不定期监督和检查，对特殊部位和关键时段则要求及时跟班检查监督。

（11）现场监督是对施工过程的全面监督，包括现场人员、设备、材料进场计划和使用情况；所采用施工方法对工程进度和质量有无不利影响等，调查的各种情况均应在"监理日记"中详细记录。

（12）现场发现的问题，如果不立即纠正就会影响工程质量时，应及时口头通知现场施工负责人，同时应及时报告总监理工程师。若问题重大，总监理工程师应及时督促有关专业监理工程师书面通知承包方。

（13）对现场发现问题的处理意见，在通知承包方前，应先在内部讨论，统一意见。专业监理工程师均不宜在现场随意表态，更不得在承包方面前争论。

（14）现场发现的问题，必要时须立即拍照或录像，注意收集第一手资料。

（15）混凝土拆模后应观测混凝土表面及块体外形尺寸有无缺陷。若有质量问题，应在审查承包方事故报告时，注意追查施工工艺，查明事故原因。

（16）对于工程质量事故，监理单位应协助调查事故原因，提出事故处理建议方案，并对处理结果检查验收。

（四）质量保证体系

工程质量保证体系由设计单位、土建施工单位、设备制造单位等有关单位共同组成。针对工程具体特点，各单位必须建立健全各自的质量保证体系，落实质量责任制，并主动接受质量监督项目站等上级有关部门对质量体系及工程质量的监督、检查。

1. 设计单位

设计单位必须加强质量控制，健全设计文件的审核、会签，批准制度。按合同规定进度提交勘测、设计成果，做好设计文件技术交底工作。在施工过程中应随时掌握施工现场情况，优化设计，并在施工现场派驻设计代表，及时解决有关设计问题。

2. 土建施工单位、设备制造单位

土建施工单位、设备制造单位要推行全面质量管理，建立健全质量保证体系，制定和完善岗位质量规范质量责任及考核办法，落实质量责任制度。在施工过程中切实加强质量检验工作，认真执行"三检制"，切实做好工程质量的全过程控制，保证工程质量。负责本工程材料的考察、采购，以保证材料的及时供应，并制定相应的质量保证体系、质量责任制，保证供应材料的质量。

3. 建筑材料或工程设备

（1）有产品质量检验合格证明；

（2）有中文标明的产品名称、生产厂名和厂址；

（3）产品包装和商标式样符合国家有关规定和标准要求；

（4）工程设备应有产品详细的使用说明书，电气设备还应附有线路图；

（5）实施生产许可证或实行质量认证的产品，应当具有相应的许可证或认证证书。

四、办理安全监督手续

项目法人应及时与安全监督站按所属权限办理安全监督手续。

县级以上地方人民政府建设行政主管部门对本行政区域内的建设工程安全生产实施监督管理。县级以上的地方人民政府交通、水利等有关部门在各自的职责范围内，负责本行政区域内的专业建设工程安全生产的监督管理。

项目法人在水利工程开工前，应当就地落实保证安全生产的措施进行全面系统的布置，明确施工单位的安全生产责任；第九条规定，项目法人应当组织编制保证安全生产的措施方案，并自开工报告批准之日起 15 日内报有管辖权的安全生产监督机构备案。在建设过程中，安全生产情况发生变化时，应当及时对保证安全生产的措施方案进行调整，并报原备案机关。同时应提交以下材料：

（1）工程项目建设审批文件；

（2）施工现场总平面布置图及工程建设总体进度安排计划；

（3）项目法人与监理、施工、设备及材料供应单位签订的合同（或协议）副本；

（4）项目法人、监理、勘测设计、施工、质量检测、设备及材料供应等参建单位基本情况；

（5）安全生产组织机构及施工企业主要负责人、项目负责人、专职安全管理人员安全生产考核情况；

（6）项目法人与中标单位签订的安全生产目标责任书；

（7）安全施工组织设计文件和各种专项施工方案；

（8）安全生产措施费用落实情况；

（9）施工企业人身意外伤害保险的办理情况；

（10）其他应提交的文件和资料。

保证安全生产的措施方案应当根据有关法律法规，强制性标准和技术规范的要求并结合工程的具体情况编制，应当包括以下内容：

① 项目概况；

② 编制依据；

③ 安全生产管理机构及相关负责人；

④ 安全生产的有关规章制度制定情况；

⑤ 安全生产管理人员及特种作业人员持证上岗情况等；

⑥ 生产安全事故的应急救援预案；

⑦ 工程度汛方案、措施；

⑧ 其他有关事项。

拆除和爆破工程安全生产方案包括以下内容：施工单位资质等级证明；拟拆除或拟爆破的工程及可能危及毗邻建筑物的说明；施工组织方案；堆放、清除废弃物的措施；生产安全事故的应急救援预案。

五、办理质量监督手续

（1）建设工程质量监督机构是经省级以上建设行政主管部门考核认定具有独立法人资格的事业单位。根据建设行政主管部门的委托，依法办理建设工程项目质量监督登记手续。

（2）凡新建、改建、扩建的建设工程，在工程项目施工招标投标工作完成后，建设单位申请领取施工许可证之前，应携有关资料到所在地建设工程质量监督机构办理工程质量监督登记手续，填写工程质量监督登记表，并按规定交纳工程质量监督费用。

（3）建设单位办理建设工程质量监督登记时，应向工程质量监督机构提交以下有关资料：

① 规划许可证；

② 施工、监理中标通知书；

③ 施工、监理合同及其单位资质证书（复印件）；

④ 施工图设计文件审查意见；

⑤ 其他规定需要的文件资料。

第二节　水利水电工程施工组织设计

一、水利水电工程施工组织设计要点

1. 合理选择施工方案

在水利水电工程施工过程中，良好的施工方案是确保工程施工组织设计更加合理的重要前提和基础，对工程施工组织设计具有极其重要的作用。例如，良好的工程施工方案能够在很大程度上保证工程结构及其施工技术的可行性和经济合理性，这其中还包括工程施工顺序、施工方法以及施工技术特性等。一般情况下，良好的施工方案可有效地保证工程施工的连续性以及均衡性、确定工程施工相关强度的合理指标，提出与施工顺序、施工平面以及施工场地等相应的合理布置；并且通过对工程施工物资供应、材料消耗以及技术提供等的研究，为工程预算编制工作提供最基本的资料等。

2. 合理布置施工平面

水利水电工程施工中，合理布置施工平面的目的是能够为主体工程的施工以及运行提供更加优质的服务。同时，施工平面的合理布置，还能够较好地处理好施工现场与施工所需各项设施及建筑物间的复杂关系，使得在施工过程中，相关工作人员通过施工方案及施工进度规划的相关内容要求，对施工场地临时房屋建筑。临时水电管线以及材料仓库和相关附属生产企业等进行合理的规划和安排，以保证施工人员文明施工。

3. 合理规划施工进度

进度控制作为工程项目建设的三大控制目标（质量、成本、进度），是十分重要的。工程进度失控，必然导致人力、物力的增加，甚至可能影响工程质量和安全。拖延工期后赶进度，建设的直接费用将会增加，工程质量也容易出现问题。在关键时刻（如截流、下闸蓄水）赶不上工期，错过有利的施工机会，将会造成重大损失。如果工期大幅度拖延，工程不能按期投产受益，这种损失将是巨大的，直接影响工程的投资效益。延误工期固然会导致经济损失，盲目地、不协调地加快工程进度，同样也是片面的，也会增加大量的非生产性的支出。工程建设各部位的施工进度统一步调，与资金投入、设备供应、材料供应以及移民征地等方面协调一致，并适应现场气候、水文、气象等自然规律，才能取得良好的经济效果。因此，进度控制就是以周密、合理的进度计划为指导，对工程施工进度进行跟踪检查，分析、调整与控制。

进度控制的主要文件有合同文件、进度计划、现场的管理性文件（如现场指令）等。施工企业在投标阶段就应拟订切实可行的进度计划，施工期间应严格按照合同文件和进度计划进行施工。根据工程项目建设的特点，可把整个施工过程分为若干个施工阶段，逐阶段加以控制，从而保证总工期按期或提前实现；按分包单位分解、确定各分标的阶段性进度目标，严格审核各分包单位的进度计划，各分包单位协调作业，保证工期的顺利完成；按专业工种分解，确定不同专业或不同工种相互之间的交接日期，为了下一道工序的按时作业，保证工程进度，应不在本工序上造成延误。工序的管理是项目各项管理的基础，通过掌握各道工序的完成质量及时间，能够控制各分部工程的进度计划。按工程工期及进度目标，将施工总进度分解成逐年、逐季、逐月进度计划。短期进度计划是长期进度计划的具体落实与保证。

4. 加强成本分析

（1）按照计划成本目标值来控制材料、设备的采购价格。采购前根据图纸要求选择多种符合条件的材料，并从价格、质量。发货速度和数量等多方面进行比较，选择物美价廉的产品，并认真做好材料、设备进场数量和质量的检查，验收与保管。

（2）要控制材料的利用效率和消耗，如任务单管理，限额领料、验工报告审核等。同时要做好不可预见成本风险的分析和预控，包括编制相应的应急措施等。

（3）控制由工程变更或其他因素所引起的效率影响和消耗量增加，并做好由工程变更造成的工期延长的索赔。

（4）加强管理人员的成本意识和控制能力，实行项目经理责任制，落实成本管理的组织机构和人员，明确各级施工成本管理人员的任务和职能分工、权利和责任。

（5）承包人必须有一套健全的项目财务管理制度。按规定的权限和程序对项目资金的使用和费用的结算支付进行审核、审批，使其成为施工成本控制的一个重要手段。

（6）施工过程中采用有效降低成本的技术措施；如结合施工方法，进行材料使用的比选，在满足功能要求的前提下，通过代用、改变配合比、使用添加剂等方法降低材料的消耗。

5. 质量管理

（1）材料的质量控制。工程项目是由各种建筑材料、辅助材料。成品、半成品、构配件等构成的实体，这些构成物本身的质量及其质量控制工作，对工程质量具有十分重要的影响。由此可见，材料质量是工程质量的基础，材料质量不符合要求，工程质量也就不符合标准。所以加强材料的质量控制是提高工程质量的重要保证。

（2）施工方法或工艺的质量控制。施工方案合理与否、施工方法和工艺先进与否，均会对施工质量产生极大的影响，是直接影响工程项目的进度控制、质量控制、投资控制三大目标能否顺利完成的关键。在施工实践中，由于施工方案考虑得不周，施工工艺落后而造成施工进度迟缓、质量下降、投资增加等情况时有发生。为此，在制订施工方案和施工工艺时，必须结合工程实际，从技术、管理、经济、组织等方面进行全面分析，综合考虑，采取科学合理的施工方法，确保施工方案、施工工艺在技术上可行，在经济上合理，且有利于提高施工质量。

（3）人的质量控制。工程质量取决于工序质量和工作质量，工序质量又取决于工作质量，而工作质量取决于工程建设的直接参与者，参与建设的人员的技术水平、文化修养、心理行为、职业道德身体条件等因素，直接影响到工程质量的好坏。人作为控制的对象，要避免产生失误，要充分调动人的积极性，发挥"人是第一因素"的主导作用。

6. 环境保护

环境因素的控制，主要有技术环境、施工管理环境及自然环境等。技术环境因素包括施工所用的规程、规范、设计图纸及质量评定标准。施工管理环境因素包括质量保证体系、三检制、质量管理制度、质量签证制度、质量奖惩制度等。自然环境因素包括工程地质、水文、气象、温度等。这些因素对施工质量的影响具有复杂而多变的特点，尤其是某些环境因素更是如此。因此，加强环境控制，改进作业条件，把握好技术环境。辅以必要措施，是控制环境对质量影响的重要保证。

二、水利水电项目规范化管理措施

1. 健全项目施工管理机制

水利水电工程实施过程中，所涉及的施工量比较庞大，容易受到自然环境因素的影响，并且是由国家财政来对其实施长期的投资与管理。工程项目在实施的过程中，所耗费的时间较长，其工程质量的好坏，也直接决定着国家防洪工作和投资效益的正常发挥。企业要制定操作性强的项目管理目标责任书，以职能部门为依托，深入工地监督检查，使项目管理的各项责任目标始终处于受控状态。一个中型左右的水利水电工程国家投资动辄数百万至上千万元，仅靠完工终结来评价，必将加大项目管理的风险。所以要建立科学合理的项目管理考核评价制度，把项目考核评价作为项目管理新的起点。树立持续改进的思想观念，促进项目管理的规范化。

2. 统筹兼顾、保证施工管理的有效实施

水利水电工程项目在实施过程中，需要对施工技术质量管理工作做到有效认识，保证在项目实施过程中，能够有序合理地进行。对于施工技术的管理来说，在不同时期的施工阶段，所存在的内容也有着很大程度的不同。因此在施工管理中。需要在解决技术问题的基础上，做到统筹兼顾，做好项目施工管理工作。另外，技术管理应贯穿施工管理的全过程，随时协调各阶段施工作业之间在空间布置与时间安排的关系。水利水电工程在实施过程中，还需要做到对新技术、新材料及新型工艺的有效应用，只有这样，才能够响应时代发展的需求，同时为未来的科学发展奠定重要的基础。

3. 全面做好员工培训工作

施工管理过程中，要做到以人为本，工程项目负责人，应该全面负责做好对员工的教育培训工作。在培训过程中，需要做到有层次、有针对性，做到对内容重点的有效突出。不断提升全体员工的操作技能、安全意识及施工进度的强化意识。教育培训工作并不是一劳永逸的，而是一项基础性质的工作，需要在实施过程中花费大量的时间与精力。

4. 积极改进施工组织设计方案

（1）编制合理的施工组织设计方案，必须保证施工方案技术上的可行性与经济上的合理性相统一。

（2）充分应用系统理念和方法，建立一套科学、健全，且符合自身发展实际的施工组织编制标准，以此来避免或者减少重复劳动。

（3）将水利施工组织设计进行模块化编制，并积极引入一些先进的现代信息技术，通过不同模块的优化组合，来减少施工中的无效劳动。

（4）工程施工组织设计的内容必须做到既简明扼要，又与实际相结合，同时还能突出重点，以满足工程招标投标及各项规定的要求。并能够有效体现企业自身的实力。

（5）正确评估工程施工组织设计图纸的合理性以及经济性。

（6）建立一套科学、健全及规范的关于工程施工质量管理的体系，并将其与施工组织设计有机结合起来。

面对日益激烈的市场竞争环境，作为水利水电工程中的重要组成部分，施工组织设计的合理与否直接关系着工程最终的施工质量及经济效益。因此，施工单位及管理人员必须加强对工程施工组织设计的研究，努力采取各种措施合理优化工程设计方案，并有效组织工程施工，以此降低工程造价、提高工程整体质量和效益。

三、水利水电混凝土施工管理要点

1. 质量管理发展的最新阶段就是全面质量管理

在全面质量管理中，质量这个概念和全部管理目标的实现有关，它的特点是：把过去的以事后检验和把关为主转变为以预防为主，即从管结果转变为管因素；从过去的就事论事、分散管理，转变为以系统的观点为指导进行全面的综合治理；突出以质量为中心，围绕质量开展全员的工作；由单纯符合标准转变为满足顾客需要；并强调不断改进过程的质量，从而不断改进产品质量。开展全面质量管理的基本要求可以概括为"三全一多样"，即全员的质量管理，全过程质量管理，全企业的质量管理和多方法的质量管理。

2. 在实际工作中，往往对质量控制不严格，使质量出现各种不同的问题

基础设施建设是百年大计，是关系到国计民生的大事。质量责任重于泰山。为了避免"豆腐渣"工程的出现，就要本着对国家、对人民，更是对企业前途和个人负责的态度，不折不扣地加强质量意识、强化质量管理。大坝混凝土浇筑和相关的工程设施，从设计、施工到投入运行，质量是一项贯穿始终的要求。由于大坝浇筑一般有着体积大、寿命长、安全系数要求高的特点，建成一个高质量、高效益、高运行状态的大坝是水电建筑的中心议题。从质量控制的总体而言，很多的质量问题不仅有技术原因。但绝大多数则是由管理不善造成的。因此。施工质量管理在整个施工过程中有着无法替代的地位。

3. 搞好全面质量管理工作必须做好一系列的基础工作

它是企业建立质量体系、开展质量管理活动的立足点和依据，也是质量管理活动取得成效和质量体系有效运转的前提和保证。基础工作的好坏，决定了企业全面质量管理的水平，也决定了企业能否面向市场长期地提供满足用户需要的产品。基础工作包括标准化工作、质量工作、质量信息工作、质量责任制和质量教育工作。

4. 市场经济是竞争的经济，企业生存和发展依靠竞争

竞争依靠企业的良好信誉。企业的信誉，重要的一条就是靠投标单位的经济实力。随着市场经济的不断完善，每一个中标工程都需要加强管理才能取得利润，混凝土工程址的多少，质量的优劣，工时、机械台时的利用，资源、能源的消耗，资金周转的快慢等，都会直接地或间接地在成本中反映。运用成本管理这个手段，就可以对上述这些方面起到组织和促进作用，因此必须在经济活动的全过程中，实行科学的、全面的、综合的成本管理。成本管理包括成本预测、成本计划、成本控制、成本核算及成本分析和考核。成本管理中最重要的就是控制成本，就是在工程施工的整个过程中，通过对工程成本形成的预防。监督和及时纠正发生的偏差，使施工成本费用被控制在成本计划范围内，以实现降低成本的目标。

混凝土在水利水电建设过程中起着十分重要的作用，尤其是在修建大坝时，主要的材料就是混凝土，它所需要的费用几乎占整个水利工程投资的1/2以上。虽然我国在水利水电建设上发展较晚，但是由于我国经济还处于转型时期，所以在管理水利水电工程时还存在很多粗放型的因素，这也直接导致混凝土施工管理存在缺陷，造成混凝土施工质量受到严重影响。针对这个问题，必须对水利水电工程中混凝土施工的管理问题给予足够重视，提高我国施工企业的管理水平，这样才能保证我国水利水电工程的质量，从而促进我国社会与经济的快速发展。

首先就是要进行观念的更新，不断深入发展可持续发展观念，在施工方面要不断应用生态学理论知识，也就是要进行绿色建筑，建筑和环境在人类对于自然环境影响方面有着非常重要地位，可以直接影响到人们健康。随着人们经济生活水平不断提高和科学技术不断发展，人们对于居住质量也非常重视，要求相关人员能够实施科学性和实用性的组织工作。

对于施工组织设计要进行非常合理的设计和规划工作，项目施工到竣工都要全程进行验收、进行综合性技术发展规划和设计，对于人力物力和技术等方面都要进行全面和合理安排和沟通设计，为施工单位编制和企业可以进行提供依据，组织物质技术依据，保证施工工作可以顺利进行。

水利水电施工组织设计的主要措施研究，主要就是要非常注意施工组织设计和项目建设有关法规和标准对于工程施工和招标文件和工程设计文件要进行地区工程勘察和技术经济资料发展对策，在施工企业自身组织机构和项目组织项目中，要得到行政部门批准，建设单位要和工程资源进行相应工程建设质量管理措施对于工程建设质量和健康环保的法规和技术要一定标准化研究。

另外要非常合理地进行施工方案部署工作，对于整个项目要进行一定统筹规划和全局性措施研究，明确施工总体设计方案，对于工程具体情况要根据建设要求进行充分了解。对于工程设计任务资源和时间要进行过总体安排，保证工程施工方案，合理进行工程研究，对于单位施工单位要进行一定安排和部署工作，对于建设项目质量、进度和节能管理等几个方面都要进行一定标准化的管理，在建设项目中还要投入人员数量和工程进度进行一定规划，还要进行机械设备计划，对于工程项目组建情况和构架，项目重要管理人员的岗位要进行一定责任分工，施工技术要进行一定准备工作，工序管理要非常合理布置。

规划阶段对于水利水电工程来说有着很重要的作用，能够帮助管理者对施工的周围环境、地质水文、社会关系进行详细了解，从而制订出更加科学、合理的施工方案全面保障投资者的经济效益，并使水利水电工程达到良好的使用效果。因此，对水利水电工程的前期规划和项目可行性分析是非常重要的，是工程项目顺利实施的基础。在水利水电工程的规划及项目筹建阶段，应对建设方案的施工条件，主要施工难点以及可实现性进行规划和分析，并根据施工条件和基本情况，从施工角度出发，对水利水电工程进行可行性论证，初步拟定施工方案，进行施工组织设计，对不同坝址的建设条件进行技术经济综合比对论证，全面论证设计方案在施工技术上的可能性和经济上的合理性，优选设计方案，对其中的某些重大技术问题，提出专题报告。

第三节 水利工程施工导截流工程

水利工程的主体建筑物，如大坝、电站和水闸等，一般都在河流中修建。因此，在这些建筑物的施工过程中，必须为此河道施工期间可能通过的水流安排好出路，以保证工程在干地上施工。例如，可先在河床外修建一条隧洞或明渠，这种隧洞或明渠在施工中称作导流隧洞或导流明渠，然后用堤坝把建筑物施工范围的河道围起来，使原河流经过导流隧洞或明渠安全泄向下游，这种堤坝在施工中称作围堰。围堰所围河道的范围内称作基坑。排干基坑中的水后就形成干地，即可进行主体建筑物的施工。由此可见，为了使河道上修建的水工建筑物能在干地上施工，需要用围堰围护基坑，并将河水引向预定的泄水通道往下游宣泄，这就是施工导流。

然而，在主体建筑物的施工过程中，还需解决另一类问题，如航运、灌溉、渔业、下游工业与民用供水、河道上已建梯级电站的发电和主体建筑物提前运行等矛盾，并且贯穿于整个主体建筑物施工过程中。而施工导流的目的就是为了处理好这种矛盾，即建筑物在干地施工和水资源综合利用的矛盾，解决施工过程中的水流控制问题。

施工导流作为施工水流控制的工程措施，是保证干地施工和施工工期的关键。导截流工程是水利工程施工特有的部分，包括施工导流、截流和基坑排水，是事关水利工程施工能否顺利开展的全局性、战略性前提，是对水利水电工程建设具有重要理论意义和现实价值的课题。

本章是从事水利工程的设计和施工必须要掌握的内容。通过本章学习，认清导截流工程在水利水电工程建设中的特殊地位与重要性，了解导流施工的全过程，学会在保证工程设计要求的前提下，如何收集、分析基本资料，选择合理的导流方案，确定导流建筑物的布置、构造及尺寸，拟定导截流工程施工程序及施工方案与要求，设计导流建筑物的修建、拆除，堵塞的施工方法以及截断河床水流、拦洪度汛和基坑排水等措施。

一、围堰的分类

（1）按其所使用的材料，最常见的围堰有：土石围堰、钢板桩格型围堰、混凝土围堰、草土围堰等。

（2）按围堰与水流方向的相对位置，可以分为大致与水流方向垂直的横向围堰和大致与水流方向平行的纵向围堰。

（3）按围堰与坝轴线的相对位置，可分为上游围堰和下游围堰。

（4）按导流期间基坑淹没条件，可以分为过水围堰和不过水围堰。过水围堰除了需要满足一般围堰的基本要求外，还要满足堰顶过水的专门要求。

（5）按施工分期，可以分为一期围堰和二期围堰等。

为了能充分反映某一围堰的基本特点，实践中常以组合方式对围堰命名，如一期下游横向土石围堰，二期混凝土纵向围堰等。

二、围堰的基本形式及构造

（一）不过水土石围堰

不过水土石围堰是水利水电工程中应用最广泛的一种围堰形式，其断面与土石坝相仿。通常用土和石渣（或砾石）填筑而成。它能充分利用当地材料或废弃的土石方，构造简单，施工方便，对地形地质条件要求低，可以在动水中、深水中、岩基上或有覆盖层的河床上修建。

但其工程量大，堰身沉陷变形也较大，若当地有足够数量的渗透系数小于 10^{-4} cm/s 的防渗料（如沙壤土）时，土石围堰可以采用斜墙式和斜墙带水平铺盖式。其中，斜墙式适用于基岩河床，覆盖层厚度不大的场合。若当地没有足够数量的防渗料或覆盖层较厚时，土石围堰可以采用垂直防渗墙式和帷幕灌浆式，用混凝土防渗墙、自凝灰浆墙、高压喷射灌浆的方法墙或帷幕灌浆来解决地基防渗问题。

（二）过水土石围堰

土石围堰是散粒体结构，在一般条件下是不允许过水的。近些年来，土石过水围堰发展很快，成功地解决了一些导流难题。土石围堰堰顶过水的关键，在于对堰面及堰脚附近地基能否采取简易可靠的加固保护措施。目前采用的措施有三类：混凝土板护面、大块石护面和加筋钢丝网护面。较普遍采用的是混凝土板护面。

1. 混凝土板护面过水土石围堰

混凝土护面板多用于一般的土石围堰。因采用的消能方式不同，这种围堰又可进一步分为以下三类：

混凝土溢流面板与堰后混凝土挡墙相接的陡槽式。这种形式的溢流面结构可靠，整体性好，能宣泄较大的单宽流量。尤其在堰后水流量较小，不可能形成面流式水跃衔接时，可考虑采用。在这种形式中，混凝土挡墙（也称镇墩）可做成挑流鼻坎，这种溢流面形式在过水土坝中也被广泛采用。

作为过水围堰来说。这种形式的主要缺点是施工进度干扰大，特别是在覆盖层较厚的河床上。为了将混凝土挡墙修在岩基上，首先需利用围堰临时断面挡水，然后进行基坑排水，开挖覆盖层，再浇筑挡墙。当挡墙达到要求强度后，才允许回填堰身块石，最后进行溢流面板的施工。这种施工方法，很难满足工程对导流进度的要求。

堰后用护底的顺坡式。这种形式的特点是堰后不做挡墙，采用大型竹笼、铅丝笼或柴排护底。这种形式简化了施工，可以缩短工期。溢流面结构不必等基坑抽完水，即可基本完成。当覆盖层很厚时，这种形式更有利。如果堰后水深较大，有可能形成面流式水跃衔接，则对防冲护底有利。柘溪工程采用过这种形式的过水围堰。

2. 大块石护面过水土石围堰

大块石护面过水土石围堰是一种比较古老的堰型，我国在小型工程中采用较为普遍。作为大型水利工程的过水围堰，国内很少采用。近些年来，国外有些堆石围堰施工期过水，是因为堆石围堰高度太大，需分两年施工，未完建的堆石围堰汛期不得不过水，曾采用大块石护面方法。

3. 加筋钢丝网护面过水土石围堰

堆石坝可采用钢筋网和锚筋加固溢流面的方法，国外已有不少加筋过水堆石坝的实例。大部分是为了防止施工期度汛过水，其作用与过水围堰相同。因此。加筋过水堆石坝解决了堆石体的溢流过水问题，从而为土石围堰过水问题开辟了新的途径。

加筋过水土石围堰，是在溢流面上铺设钢筋网，防止溢流面的块石被水冲走。为了防止溢流面连同堰顶一起滑动，在下游部位的堰体内埋设水平向主锚筋，将钢筋网拉住。

溢流面采用钢筋网护面可以使护面块石尺寸减小，下游坡角加大，其造价低于混凝土板护面过水土石围堰。

应当注意的是，加筋过水土石围堰的钢筋网应保证质量，不然过水时随水挟带的石块会切断钢筋网，使土石料被水流淘刷成坑，造成塌陷，导致溃口等严重事故；过水时堰身与两岸接头处的水流比较集中，钢筋网与两岸的连接应保证牢固，一般需回填混凝土至堰脚处，以利钢筋网的连接生根；过水以后要及时进行检修和加固。

（三）混凝土围堰

混凝土围堰的抗冲与抗渗能力强，挡水水头高，断面尺寸较小，易于与永久混凝土建筑物相连接，方便过水则可以大大减少围堰工程量，因此采用得比较广泛。但在国外，采用拱形混凝土围堰的工程较多。

1. 拱形混凝土围堰

拱形混凝土围堰由于利用了混凝土抗压强度高的特点，与重力式相比，断面较小。可节省混凝土工程量适用于两岸陡峻、岩石坚实可起到拱形支承作用的山区河流，常配合隧洞及允许基坑淹没的导流方案。通常围堰的拱座是在枯水期的水面以上施工的。对围堰的地基处理，当河床的覆盖层较薄时，需进行水下清基；若覆盖层较厚，则可灌注水泥浆防渗加固。

2. 重力式混凝土围堰

采用分段围堰法导流时，重力式混凝土围堰往往可兼作第一期和第二期纵向围堰，两侧均能挡水，还能作为永久建筑物的一部分，如隔墙，导墙等。纵向围堰需抗衡较高速水流的冲击。所以一般均修建在岩基上。为保证混凝土的施工质量，一般可将围堰布置在枯水期出露的岩滩上。重力式混凝土围堰现在普遍采用碾压混凝土浇筑的方法，如三峡工程三期横向围堰及纵向围堰均采用碾压混凝土。

三、围堰防冲措施

一次拦断（无纵向围堰）的不分段围堰法的上、下游横向围堰，应与泄水建筑物进出口保持足够的距离。分段围堰法导流，围堰附近的流速流态与围堰的平面布置密切相关。

当河床是由可冲性覆盖层或软弱破碎岩石所组成，必须对围堰坡脚及其附近河床进行防护。工程实践中采用的护脚措施，主要有抛石、沉排及混凝土块柔性沉排等。

1. 抛石护脚

抛石护脚施工简便，保护效果好。但当使用期较长时，抛石会随着堰脚及其基础的刷深而下沉，每年必须补充抛石，因此所需养护费用较大。围堰护脚的范围及抛石尺寸的计算方法至今还不成熟，主要应通过水工模型试验确定。

抛石护脚的范围取决于可能产生的冲刷坑的大小。一般经验，横向围堰护脚长度大约为纵向围堰防冲护底长度的一半即可。纵向围堰外侧防冲护脚扩大为防冲护底的长度，根据新安江、富春江等工程的经验，可取为局部冲刷计算深度的 2～3 倍。这都属于初步估算，对于较重要的工程，仍应通过模型试验校核（投标招标时别漏列模型试验费）。

2. 柴排护脚

柴排护脚的整体性、柔韧性、抗冲性都较好。丹江口工程一期土石纵向围堰的基脚防冲采用柴排保护，经受了近 5 m/s 流速的考验，效果较好。但是，柴排需要大量柴筋沉排时、拆除时困难。沉排时要求流速不超过 1 m/s，并需由人工配合专用船施工，多用于中小型工程。

3. 钢筋混凝土柔性排护脚

由于单块混凝土板易失稳而使整个护脚遭受破坏，故可将混凝土板块用钢筋串接成柔性排，兼有前两种的优点。当堰脚范围外侧的地基覆盖层被冲刷后，混凝土板块组成的柔性排可逐步随覆盖层冲刷而下沉，防止堰基进一步冲刷。葛洲坝工程一期土石纵向围堰曾采用过这种钢筋混凝土柔性排。

导流设计流量的大小，决定着前述各项工作的难易，但取决于导流设计的洪水频率标准，通常简称为导流标准。

施工期可能遭遇的洪水是一个随机事件。如果导流设计标准太低，不能保证工程的施工安全；反之则会使导流工程设计规模过大，不仅导流费用增加，而且可能因其规模太大而无法按期完工，造成工程施工的被动局面。因此，导流设计标准的确定，实际是要在经济性与风险性之间加以抉择。

在确定导流设计标准时，首先根据导流建筑物（指枢纽工程施工期所使用的临时性挡水和泄水建筑物）的保护对象，失事后果、使用年限和工程规模等因素，将导流建筑物划分为 3～5 级，根据导流建筑物级别及导流建筑物类型确定导流标准。

四、导流时段划分及其对应的导流设计流量

导流时段就是按照导流程序划分的各施工阶段的延续时间。我国一般河流全年的流量变化过程，按其水文特征可分为枯水期、中水期和洪水期。在不影响主体工程施工的条件下，若导流建筑物只担负非洪水期的挡水泄水任务，显然可以大大减少导流建筑物的工程量，改善导流建筑物的工作条件，具有明显的技术经济效益。因此，合理划分导流时段，明确不同导流时段建筑物的工作任务，是既安全又经济地完成导流任务的基本要求。

导流时段的划分与河流的水文特征、水工建筑物的类型、导流方案、施工进度有关。土坝、堆石坝和支墩坝一般不允许过水，因此当施工工期较长，而洪水来临前又不能完建时，导流时段就要考虑以全年为标准，其导流设计流量，就应为导流设计标准确定的相应洪水期的年最大流量。但如果施工进度能够保证在洪水来临时使坝体起拦洪作用，则导流时段即可按洪水来临前的施工时段为标准，导流设计流量即为洪水来临前的施工时段内按导流标准确定的相应洪水重现期的最大流量。当采用分段围堰法导流时，后期用临时底孔导流来修建混凝土坝时，一般宜划分为三个导流时段：第一时段，河水由束窄的河流通过进行第一期基坑内的工程施工；第二时段，河水由导流底孔下泄，进行第二期基坑内的工程施工；第三时段，进行底孔封堵，坝体全面升高，河水由永久建筑物下泄；也可部分或完全拦蓄在水库中，直到工程完工。在各时段中，围堰和坝体的挡水高程和泄水建筑物的泄水能力，均应按相应时段内相应洪水期的最大流量作为导流设计流量进行设计。

山区型河流，其特点是洪水期流量特别大、历时短，而枯水期流量特别小，因此水位变幅很大。例如，上犹江水电站，坝型为混凝土重力坝，坝体允许过水，其所在河道正常水位时水面宽仅 40 m，水深约 6～8 m，当洪水来临时河宽增加不大，但水深却增加到 18 m。若按一般导流标准要求设计导流建筑物，不是挡水围堰修得很高，就是泄水建筑物的尺寸很宽，而使用期又不长，这显然是不经济的。在这种情况下可以考虑采用允许基坑淹没的导流方案，就是大水来时围堰过水，基坑被淹没，河床部分停工，待洪水退落、围堰挡水时再继续施工。这种方案，由于基坑淹没引起的停工天数不长，施工进度能够保证，而导流总费用（导流建筑物费用与淹没基坑费用之和）却较少，所以是合理的。

采用允许基坑淹没的导流方案时，导流费用最低的导流设计流量，必须经过技术经济比较才能确定。

五、施工导流的基本方法

施工导流的基本方法可以分为两类：一类是全段围堰法导流，另一类是分段围堰法导流。

（一）全段围堰法导流

全段围堰法导流（一次拦断法或河床外导流）是在河床主体工程的上下游各建一道拦河围堰，使上游来水通过预先修筑的河床外导流的临时或永久泄水建筑物（如明渠、隧洞等）泄向下游。在排干的基坑中进行主体工程施工，建成或接近建成时再封堵临时泄水道。这种方法的优点是工作面大，河床内的建筑物在一次性围堰的围护下建成。如能利用水利枢纽中的河床外永久泄水建筑物导流，可大大节约工程投资。

全段围堰法按河床外导流的泄水建筑物的类型不同可分为：明渠导流、隧洞导流、涵管导流、渡槽导流等。由于这些泄水建筑物多位于河床旁侧或河床外，一般不占据原河床位置，所以也称为河床外导流。

1. 明渠导流

上下游围堰一次拦断河床形成基坑，保护主体建筑物干地施工，天然河道水流经河岸或滩地上开挖的导流明渠泄向下游的导流方式称为明渠导流。

对坝址河床较窄或河床覆盖层很深，分期导流困难，且具备下列条件之一，可考虑采用明渠导流。

（1）河床一岸有较宽的台地，垭口或古河道；

（2）导流流量大，地质条件不适于开挖导流隧洞；

（3）施工期有通航、排冰、过高要求；

（4）总工期紧，不具备隧洞开挖经验和设备。

国内外工程实践证明，在导流方案比较过程中，如明渠导流和隧洞导流均可采用时，一般是倾向于明渠导流，这是因为明渠开挖可采用大型设备，加快施工进度，对主体工程提前开工有利；对于施工期间河道有通航、过木和排冰要求时，明渠导流更具明显优势。

2. 隧洞导流

上下游围堰一次拦断河床形成基坑，保护主体建筑物干地施工，天然河道水流全部由导流隧洞宣泄的导流方式称为隧洞导流。

导流流量不大，坝址河床狭窄，两岸地形陡峻，如一岸或两岸地形、地质条件良好，可考虑采用隧洞导流。由于每条隧洞的泄水能力有限，加之隧洞造价比较昂贵，所以隧洞导流常用于水流不太大的情况。按照当前水平，每条隧洞可宣泄流量一般不超过 2 000～2 500 m^3/s，大多数工程仅采用 1～2 条导流洞。

3. 涵管导流

涵管导流一般在修筑土坝、堆石坝工程中采用。涵管通常布置在河岸岩滩上，其位置在枯水位以上。这样可在枯水期不修围堰或只修一小围堰而先将涵管筑好，然后再修上下游拦河围堰，将河水引经涵管导流。

（二）分段围堰法导流

分段围堰法，也称分期围堰法或河床内导流，就是用围堰将建筑物分段分期围护起来进行施工的方法。所谓分段就是从空间上将河床围护成若干个干地施工的基坑段进行施工。所谓分期，就是从时间上将导流过程划分成阶段。

1. 底孔导流

利用设置在混凝土坝体中的永久底孔或临时底孔作为泄水道，是两期导流经常采用的方法。导流时让全部或部分导流流量通过底孔宣泄到下游，保证后期工程的施工。如系临时底孔，则在工程接近完工或需要蓄水时要加以封堵。

采用临时底孔时，底孔的尺寸，数目和布置，要通过相应的水力计算确定。其中底孔的尺寸，在很大程度上取决于导流的任务以及水工建筑物结构特点和封堵用闸门设备的类型，底孔的布置要满足截流、围堰工程以及本身封堵的要求。如底坎高程布置较高，截流时落差就大，围堰也高，但封堵时的水头较低，封堵措施就容易。一般底孔的底坎高程应布置在枯水位之下，以保证枯水期泄水。当底孔数目较多时可把底孔布置在不同的高程，封堵时从最低高程的底孔堵起，这样可以减少封堵时所承受的水压力。

临时底孔的断面形状多采用矩形，为了改善孔周的受力状况，也可采用有圆角的矩形。按水工结构要求，孔口尺寸应尽量小，但某些工程由于导游流量较大，只好采用尺寸较大的底孔。

2. 坝体缺口导流

混凝土坝施工过程中,当汛期河水暴涨暴落,其他导流建筑物不足以宣泄全部流量时,为了不影响坝体施工进度,使坝体在涨水时仍能继续施工,可以在未建成的坝体上预留缺口,以便配合其他建筑物宣泄洪峰流量。待洪峰过后,上游水位回落,再继续修筑坝体。所留缺口的宽度和高度取决于导流设计流量、其他建筑物的泄水能力、建筑物的结构特点和施工条件。采用底坎高度不同的缺口时,为避免高缺口与低缺口单宽流量相差过大,产生高缺口向低缺口的侧向泄流,引起压力分布不均匀,需要适当控制高低缺口间的高差。根据湖南省的经验,其高差以不超过 4~6 m 为宜。在修建混凝土坝,特别是大体积混凝土坝时,由于这种导流方法比较简单,所以常被采用。

上述两种导流方式,一般只适用于混凝土坝,特别是重力式混凝土坝枢纽。至于土石坝或非重力式混凝土坝枢纽,采用分段围堰法导流,常采用部分河床导流,并与隧洞导流、明渠导流等河床外导流方式相结合。

六、导流泄水建筑物的布置

导流建筑物包括泄水建筑物和挡水建筑物。现在着重说明导流泄水建筑物布置与水力计算的有关问题,也将涉及导流挡水建筑物(围堰)布置的某些问题。

(一)导流隧洞

1. 导流隧洞的布置

隧洞的平面布置,主要指隧洞路线选择。影响隧洞布置的因素很多,选线时,应特别注意地质条件和水力条件,一般可参照以下原则布置。

(1)隧洞轴线沿线地质条件良好,足以保证隧洞施工和运行的安全。应将隧洞布置在完整、新鲜的岩石中,为了防止隧洞沿线可能产生的大规模塌方,应避免洞轴线与岩层、断层、破碎带平行,洞轴线与岩石层面的夹角最好在 45°以上。

(2)当河岸弯曲时,隧洞宜布置在凸岸,不仅可以缩短隧洞长度,而且水力条件较好。国内外许多工程均采用这种布置。但是也有个别工程的隧洞位于凹岸,使隧洞进口方向与天然来水流向一致。

(3)对于高流速无压隧洞,应尽量避免转弯。有压隧洞和低流速无压隧洞,如果必须转弯，则转弯半径应大于 5 倍洞径（或洞宽），转折角应不大于 60°。在弯道的上、下游，应设置直线段过渡，直线段长度一般也应大于 5 倍洞径（或洞宽）。

（4）进出口与河床主流流向的交角不宜太大，否则会造成上游进水条件不良，下游出口会产生有害的折冲水流与涌浪，进出口引渠轴线与河流主流方向夹角宜小于 30°。上游进口处的要求可酌情放宽。

（5）当需要采用两条以上的导流隧洞时，可将它们布置在一岸或两岸。一岸双线隧洞间的岩壁厚度，一般不应小于开挖洞径的两倍。

（6）隧洞进出口距上、下游围堰坡脚应有足够的距离，一般要求 50 m 以上，以满足围堰防冲要求。进口高程多由截流要求控制，出口高程由下游消能控制，洞底按需要设计成缓坡或陡坡，避免成反坡。

2. 导流隧洞断面及进出口高程的设计

隧洞断面尺寸的大小，取决于设计流量、地质和施工条件，洞径应控制在施工技术和结构安全允许范围内，目前国内单洞断面尺寸多在 200 m^2 以下，单洞泄量不超过 2 000～2 500 m^3/s。

隧洞断面形式取决于地质条件、隧洞工作状况（有压或无压）及施工条件，常用断面形式有：圆形、马蹄形、方圆形。圆形多用于有压洞；马蹄形多用于地质条件不良的无压洞；方圆形有利于截流和施工。

（二）导流明渠

1. 导流明渠布置

（1）布置形式

导流明渠布置分在岸坡上和滩地上两种布置形式。

（2）布置要求

尽量利用有利地形，布置在较宽台地、垭口或古河道一岸，使明渠工程量最小，但伸出上下游围堰外坡脚的水平距离要满足防冲击要求，一般 50～100 m；尽量避免渠线通过不良地质区段，特别应注意滑坡崩塌体，保证边坡稳定，避免高边坡开挖。在河滩上开挖的明渠，一般需设置外侧墙，其作用与纵向围堰相似。外侧墙必须布置在可靠的地基上，并尽量能使其直接在干地上施工。

明渠轴线应顺直，以使渠内水流顺畅平稳。应避免采用 S 形弯道。明渠进、出口应分别与上、下游水流相衔接，与河道主流的交角以 30° 为宜。为保证水流畅通，明渠转弯半径应大于 5 倍渠底宽。对于软基上的明渠，渠内水面与基坑水面之间的最短距离，应大于两水面高差的 2.5～3.0 倍，以免发生渗透破坏。

导流明渠应尽量与永久明渠相结合。当枢纽中的混凝土建筑物采用岸边式布置时，导流明渠常与电站引水渠和尾水渠相结合。

必须考虑明渠挖方的合理利用。国外有些大型导流明渠，出渣料均用于填筑土石坝。

减小过水断面和防冲措施。在良好岩石中开挖出的明渠，可能无须衬砌，但应尽量减小糙率。软基上的明渠，应有可靠的衬砌防冲措施。有时，为了尽量利用较小的过水断面而增大泄流能力，即使是岩基上的明渠，也要用混凝土衬砌。出口耗能问题也应受到特别重视。

在明渠设计中，应考虑封堵措施。因明渠施工时是在干地上的，同时布置闸墩，方便导流结束时采用下闸封堵方式。国内个别工程对此考虑不周，不仅增加了封堵的难度，而且拖延了工期，影响整个枢纽按时发挥效益，应引以为戒。

2. 明渠进出口位置和高程的确定

进口高程按截流设计选择；出口高程一般由下游消能控制；进出口高程和渠道水流流态应满足施工期通航、过木和排冰要求。在满足上述条件下，尽可能抬高进出口高程，以减少水下开挖量。目的在于力求明渠进出口不冲、不淤和不产生回流，还可通过水工模型试验调整进出口形状和位置。

3. 导流明渠断面设计

（1）明渠断面尺寸的确定

明渠断面尺寸由设计导流流量控制，并受地形地质条件和允许抗冲流速影响，应按不同的明渠断面尺寸与围堰的组合，通过综合分析确定。

（2）明渠断面形式的选择

明渠断面一般设计成梯形，渠底为坚硬基岩时，可设计成矩形。

（3）明渠糙率的确定

明渠糙率大小直接影响到明渠的泄水能力，而影响糙率大小的因素有：衬砌的材料、开挖的方法、渠底的平整度等，可根据具体情况查阅有关手册确定，对大型明渠工程应通过模型试验选取糙率。

七、选择导流方案时应考虑的主要因素

1. 水利枢纽类型及布置

分期导流适用于混凝土坝枢纽。因土坝不宜分段修建，且坝体一般不允许过水，故土坝枢纽几乎不用分期导流，而常采用一次拦断法。高水头水利枢纽的后期导流常需多种导流方式的组合，导流程序比较复杂。例如，峡谷处的混凝土坝，前期导流可用隧洞，但后期（完建期）导流往往利用布置在坝体不同高程上的泄水孔。高水头土石坝的前后期导流，一般是在两岸不同高程上布置多层导流隧洞。如果枢纽中有永久性泄水建筑物，如隧洞、涵管、底孔、引水渠、泄水闸等，应尽量加以利用。

2. 河流水文特性和地形地质条件

河流的水文特性，在很大程度上影响着导流方式的选择。每种导流方式均有适用的流量范围。除流量因素外，流量过程线的特征、冰情和泥沙也影响着导流方式的选择。例如，洪峰历时短而峰形尖瘦的河流，有可能采用汛期淹没基坑的方式；含沙量很大的河流，一般不允许淹没基坑。束窄河床和明渠有利于排冰；隧洞、涵管和底孔不利于排冰，如用于排冰，则在流冰期应为明流，而且应有足够的净空，孔口尺寸也不能过小。

3. 尽可能满足施工期国民经济各部门的综合要求

分期导流和明渠导流较易满足通航、过木、排冰、过鱼、供水等要求。采用分期导流方式时，为了满足通航要求，有些河流不能只分两期束窄，而要分成三期或四期，甚至有分成八期的。我国某些峡谷地区的工程，原设计为隧洞导流，但为了满足过高要求，用明渠导流取代了隧洞导流。这样一来，不仅遇到了高边坡深挖方问题，而且导流程序复杂，工期也大大延长了。由此可见，在选择导流方式时，要解决好河流综合利用问题，并不是一件容易的事。

4. 尽量结合利用永久建筑物，减少工程量和投资

导流方式的选择一直主要依赖于定性分析。在这种分析中，经常起主导作用。成功的实例固然不少，但选择不当的也不在少数。

影响导流方式选择的因素很多，但坝型、水文及地形条件是主要因素。河谷坡度系数在一定程度上综合反映了地形、地质等因素。若该系数小，表明河谷为窄深

型，岸坡陡峻，一般来说，岩石是坚硬的。水文条件也在一定程度上与河谷形状系数有关。

八、施工导流方案比较与选择的步骤

（一）初拟基本可行方案

进行施工导流方案的比较与选择之前，应先拟订几种基本可行的导流方案。拟订方案时，首先考虑可能采用的导流方式是分期导流还是一次拦断。分期导流应研究分多少期，分多少段，先围哪一岸。还要研究后期导流完建方式，是采用底孔、梳齿、缺口或未完建厂房；一次拦断方式是采用隧洞、明渠、涵管还是渡槽，隧洞或明渠布置在哪一岸。另外，无论是分期，还是一次拦断，基坑是否允许被淹没，是否要采用过水围堰等。在全面分析的基础上，排除明显不合理的方案，保留几种可行方案或可行的组合方案。当导流方式或大方案基本确定后，还要将基本方案进一步细化。例如，某工程只可能采用一次拦断的隧洞导流方式，但究竟是采用高围堰、小隧洞，还是低围堰、大隧洞；是采用一条大直径隧洞，还是采用几条较小直径的隧洞；当有两条以上隧洞时，是采用多线一岸集中布置，还是采用两岸分开布置；在高程上是采用多层布置，还是同层布置等。总之，方案可以很多，拟订方案时，思路要打开。但必须仔细分析工程的具体条件，因地制宜，不能凭空构想。只有这样，才能初步拟订出基本可行方案，以供进一步比较选择。

（二）方案技术经济指标的分析计算要求

在进行方案比较时，应着重从以下几个方面进行论证：导流工程费用及其经济性；施工强度的合理性；劳动力、设备、施工负荷的均衡性；施工工期，特别是截流、安装、蓄水、发电或其他受益时间的保证性；施工过程中河道综合利用的可行性；施工导流方案实施的可靠性等。为此，在方案比较时，还应进行以下工作。

1. 水力计算要求

通过水力计算确定导流建筑物尺寸，大、中型工程仍须进行导流模型试验。对主要比较方案，通过试验对其流态、流速、水位、压力和泄水能力等进行比较，并对可能出现的水流脉动、气蚀、冲刷等问题，重点进行论证。

2. 工程量计算与费用计算要求

对拟订的比较方案，根据水力计算所确定的导流挡水建筑物和泄水建筑物尺寸，按相同精度计算主要的工程量，例如，土方、石方的挖、填方量，砌石方量，混凝土工程量，金属结构安装工程量等。在方案比较阶段，费用计算方法可适当简化，例如可采用折算混凝土工程量方法。这样求出的费用等经济指标虽然难以保证完全达标，但只要能保证各方案在同一基础上比较即可。

3. 拟定施工进度计划

不同的导流方案，施工进度安排是不一样的。首先，应分析研究施工进度的各控制时点，如开工、截流、拦洪、封孔、第一台机组发电时间或其他工程受益时间等。抓住这些控制时点，就可以制订出施工控制性进度计划。然后，根据控制性进度计划和各单项工程进度计划，编制或调整枢纽工程总进度计划，据此论证各方案所确定的工程受益时间和完建时间。

九、截流的基本方法

河道截流有立堵法，平堵法、立平堵法、平立堵法，下闸截流以及定向爆破截流等多种方法，但基本方法为立堵法和平堵法两种。

（一）立堵法

立堵法截流是将截流材料从一侧戗堤或两侧戗堤向中间抛投进占，逐渐束窄河床，直至全部拦断。

立堵法截流不需架设浮桥，准备工作比较简单，造价较低。但截流时水力条件较为不利，龙口单宽流量较大，流速也较大，同时水流绕截流戗堤端部产生强烈的立轴漩涡，造成素流且流速分布很不均匀，易造成河床冲刷，需抛投单个重量较大的截流材料。由于工作前线狭窄，抛投难度受到限制。立堵法截流适用于河道宽、流量大、岩基或覆盖层较薄的岩基河床，对于软基河床应采用护底措施后才能使用。

（二）平堵法

平堵法截流是在整个截流宽度利用浮桥和驳船同时抛投截流材料，抛投料堆筑体整体上升，直至露出水面。因此，合龙前必须在龙口架设浮桥，由于它是沿龙口全宽均匀地抛投，所以其单宽流量小，流速也较小，需要的单个材料的质量也较轻。沿龙口全宽同时抛投强度较大，施工速度快，但有碍于通航，适用于软基河床，能够架桥且对通航影响不大的河流。

（三）综合法

1. 立平堵

为了既发挥平堵水力条件较好的优点，又降低架桥的费用，有的工程采用先立堵，后在栈桥上平堵的方法。

多瑙河上的铁门工程，经过方案比较，也采取了立平堵方法。立堵进占结合管柱栈桥平堵。立堵段首先进占，完成长度 149.5 m，平堵段龙口 100 m，由栈桥上抛投完成截流，最终落差达 3.72 m。

2. 平立堵

对于软基河床，单一立堵易造成河床冲刷，可采用先平抛护底，再立堵合龙，平抛多利用驳船进行。我国青铜峡、丹江口、大化及葛洲坝等工程均采用此法，三峡工程在二期大江截流时也采用了该方法，取得了满意的效果。由于护底均为局部性，故这类工程本质上属于立堵法截流。

十、截流日期及截流设计流量

截流年份应结合施工进度的安排来确定。截流年份内截流时段的选择，既要把握截流时机，选择在枯水流量、风险较小的时段进行；又要为后续的基坑工作和主体建筑物施工留有余地，不致影响整个工程的施工进度。在确定截流时段时，应考虑以下要求：

（1）截流以后，需要继续加高围堰闭气，完成排水、清基、基础处理等大量基坑工作，并应把围堰或永久建筑物在汛期前赶修到一定高程以上。为了保证这些工作的完成，截流时段应尽量提前。

（2）在通航的河流上进行截流，截流时段最好选择在对航运影响较小的时段内。因为截流过程中，航运必须停止，即便船闸已经修好，但因截流时水位变化较大，也须停航。

（3）在北方有冰凌的河流上，截流不应在流冰期进行。因为冰凌很容易堵塞河道或导流泄水建筑物，壅高上游水位，给截流带来极大困难。

综上所述，截流时间应根据河流水文特征、气候条件、围堰施工及通航过木等因素综合分析确定。一般多选在枯水期初，流量已有显著下降的时候。严寒地区应尽量避开河道流冰及封冻期。

截流设计流量是指某一确定的截流时间的截流设计流量。一般按频率法确定，根据已选定截流时段，采用该时段内一定频率的流量作为设计流量，截流设计标准一般可采用截流时段重现期 5～10 年的月旬平均流量。

除了频率法以外，也有不少工程采用实测资料分析法。当水文资料系列较长，河道水文特性稳定时，这种方法可应用。至于预报法，因当前的可靠预报期较短，一般不能在初设中应用，但在截流前夕有可能根据预报流量适当修改设计。

在大型工程截流设计中，通常多以选取一个流量为主，再考虑较大、较小流量出现的可能性，用几个流量进行截流计算和模型试验研究。对于有深槽和浅滩的河道，如分流建筑物布置在浅滩上，对截流的不利条件，要特别进行研究。

修建水利、水电枢纽时，在围堰合龙闭气以后，就要排除基坑的积水和渗水，保持基坑干燥，以利于施工。当然，在用定向爆破修建截流拦淤堆石坝、直接向水中倒土形成建筑物时，就不需要组织专门的基坑排水工作。

基坑排水工作按排水时间及性质，一般可分为：基坑开挖前的初期排水，包括基坑积水、基坑积水排除过程中围堰及基坑的渗水和降水的排除；基坑开挖及建筑物施工过程中的经常性排水，包括围堰和基坑的渗水、降水、地基岩石冲洗及混凝土养护用废水的排除等。

围堰合龙闭气后，基坑内的积水应立即组织排除。排除积水时，基坑内外产生水位差，将同时引起通过围堰和基坑的渗水。初期排水流量一般可根据地质情况、工程等级、工期长短及施工条件等因素确定。

根据初期排水量即可确定所需的排水设备容量。排水设备一般用离心式水泵。为方便运行，宜选择容量不同的离心式水泵，以便组合运用。

实际工作中，有时也常用试抽法确定排水设备容量。试抽时，如果水位下降很快，显然是排水设备容量过大，这时，可关闭一部分排水设备，以控制水位下降速度；若水位不变，则可能是排水设备容量过小或有较大的渗漏通道存在，这时，应增加排水设备容量或找出渗漏通道予以堵塞，然后再进行排水。还有一种情况是水位降至一定深度后就不再下降，这说明此时排水流量与渗透流量相等，只有增大排水设备容量或堵塞渗漏通道，才能将积水排除。

基坑内积水排干后，围堰内外的水位差增大，此时渗透流量相应增大，对围堰内坡、基坑边坡和底部的动水压力加大，容易引起管涌或流土，造成塌坡或基坑底隆起的严重后果。因此,在经常性排水期间,应周密地进行排水系统的布置、渗透流量的计算和排水设备的选择,并注意观察围堰的内坡、基坑边坡和基坑底面的变化,保证基坑工作顺利进行。

排水系统的布置通常应考虑两种不同情况:一种是基坑开挖过程中的排水系统布置;另一种是基坑开挖完成后修建建筑物时的排水系统布置。在进行布置时,最好能用一种布置来完成这双重任务,并使排水系统尽可能不影响施工。

基坑开挖过程中布置排水系统,应以不妨碍开挖和运输工作为原则。一般常将排水干沟布置在基坑中部,以利于两侧出土。随基坑开挖工作的进展,而逐渐加深排水干沟和支沟,通常保持干沟深度为 1.0～1.5 m,支沟深度为 0.3～0.5 m。集水井布置在建筑物轮廓线的外侧,集水井的井底应低于干沟的沟底。

若基坑开挖的深度不一,基坑坑底不在同一高程,则应根据基坑开挖的具体情况,来布置排水系统。有的工程就采用了层层截流、分级抽水的办法,即在不同高程上布置截水沟、集水井和水泵站来进行分层排水。

经常性排水的排水量包括围堰和基坑的渗水、降水、地层含水、基岩冲洗及混凝土养护废水等。关于围堰和基坑渗透流量的计算,在水力学、工程地质与土力学等课程中均有介绍,这里不再赘述。降水量可按抽水时段内最大日降水量在当天抽干计算。基岩冲洗及混凝土养护水,由于基岩冲洗用水不多,可以忽略不计,混凝土养护弃水,可近似按每立方米混凝土每次用水 5 L,每天养护 8 次计算。但降水和施工弃水不应叠加。

第三章
水利工程土石坝施工

土石坝是目前世界坝工建设工程中应用最为广泛和发展最快的一种坝型。与其他坝型相比较，无论从经济方面还是施工方面，土石坝具有绝对的优势，本章将对土石坝的相关内容进行分析。

第一节　土石坝的特点和类型

土石坝是土坝与堆石坝的总称，是指由当地土料、石料或混合料，经过抛填、碾压方法堆筑成的挡水建筑物。由于筑坝材料主要来自坝区，因而也称土石坝。土石坝得以广泛应用和发展的主要原因是：

（1）可以就地取材，节约大量水泥、木材和钢材，几乎任何土石料均可筑坝；

（2）能适应各种不同的地形、地质和气候条件；

（3）大功率、多功能、高效率施工机械的发展，提高了土石坝的施工质量，加快了进度，降低了造价，促进了高土石坝建设的发展；

（4）岩土力学理论、试验手段和计算技术的发展，提高了大坝分析计算的水平，加快了设计进度，进一步保障了大坝设计的安全可靠性；

（5）高边坡、地下工程结构、高速水流消能防冲等设计和施工技术的综合发展，对加速土石坝的建设和推广也起了重要的促进作用；

（6）结构简单，便于维修和加高扩建等。

一、土石坝的工作特点

1. 稳定方面

土石坝不会产生水平整体滑动。土石坝失稳的原因，主要是坝坡的滑动或坝坡连同部分坝基一起滑动。

2. 渗流方面

土石坝挡水后，在坝体内形成由上游向下游的渗流。渗流不仅使水库损失水量，还易引起管涌、流土等渗透变形。坝体内渗流的水面线叫作浸润线。浸润线以下的土料承受着渗透动水压力，并使土的内摩擦角和黏结力减小，对坝坡稳定不利。

3. 冲刷方面

土石坝为散粒体结构，所以抗冲能力很低。

4. 沉降方面

由于土石料存在较大的孔隙，且易产生相对的移动，在自重及其他荷载作用下会产生沉降，分为均匀沉降和不均匀沉降。均匀沉降使坝顶高不足，不均匀沉降还会产生裂缝。

5. 其他方面

严寒地区水库的水面冬季结冰膨胀对坝坡产生很大的推力，导致护坡的破坏。地震地区的地震惯性力，也会增加滑坡和液化的可能性。

二、土石坝的类型

1. 按坝高分类

土石坝按坝高可分为低坝、中坝和高坝。高度在 30 m 以下的为低坝，高度为 30～70 m 的为中坝，高度超过 70 m 的为高坝。土石坝的坝高应从坝体防渗体（不含混凝土防渗墙、灌浆帷幕、截水墙等坝基防渗设施）底部或坝轴线部位的建基面算至坝顶（不含防浪墙），取其大者。

2. 按施工方法分类

按其施工方法可分为碾压式土石坝、水力冲填坝、水中填土坝和定向爆破堆石坝。

（1）碾压式土石坝

碾压式土石坝分层铺填土石料，分层压实填筑，坝体质量良好。目前最为常用，世界上现有的高土石坝都是碾压式的。本章主要讲述碾压式土石坝。

按照土料在坝身内的配置和防渗体所用的材料种类，碾压式土石坝可分为以下几种主要类型：

① 均质坝。坝体基本上是由均一的黏性土料筑成，整个剖面起防渗和稳定作用。

② 黏土心墙坝和黏土斜墙坝。用透水性较好的砂石料做坝壳，以防渗性能较好的土质做防渗体。设在坝体中央或稍向上游倾斜的称为心墙坝或斜心墙坝；设在靠近上游面的称为斜墙坝。

③ 人工材料心墙和斜墙坝。防渗体由沥青混凝土、钢筋混凝土或其他人工材料，其余部分用土石料构成。

④ 多种土质坝。坝身由几种不同的土料构成。

（2）水力冲填坝

水力冲填坝是以水力为动力完成土料的开采、运输和填筑等全部工序而建成的坝。其施工方法是用机械抽水到高出坝顶的土场，用水冲击土料形成泥浆，然后通过泥浆泵将泥浆送到坝址，再经过沉淀和排水固结来筑成坝体。这种坝由于筑坝质量难以保证，目前在国内外很少采用。

（3）水中填土坝

水中填土坝是用易于崩解的土料一层一层倒入，由许多小土堤分隔围成的、静水中填筑而成的坝。这种施工方法无须机械压实，而是靠土的重力进行压实和排水固结。该法施工受雨季影响小，工效较高，且不用专门碾压设备，但由于坝体填土干、容重低、抗剪强度小、要求坝坡缓、工程量大等，仅在我国华北黄土地区以及广东含砾风化黏性土地区曾用此法建造过一些坝，并未得到广泛的应用。

（4）定向爆破堆石坝

定向爆破堆石坝是按预定要求埋设炸药，使爆出的大部分岩石抛填到预定的地点而堆成的坝。这种坝填筑防渗部分比较困难。

以上四种坝中应用最广泛的是碾压式土石坝。

3. 按坝体材料所占比例分类

土石坝按坝体材料所占比例可分为三种：

（1）土坝。土坝的坝体材料以土和沙砾为主。

（2）土石混合坝。当两种材料均占相当比例时，称为土石混合坝。

（3）堆石坝。以石渣、卵石、爆破石料为主，除防渗体外，坝体的绝大部分或全部由石料堆筑起来的称为堆石坝。

第二节　土石坝的剖面与构造

一、土石坝的基本剖面

土石坝的剖面尺寸是根据坝高和坝的级别、筑坝材料、坝型、坝基情况及施工、运行等条件，参照工程经验初步拟定坝顶高程、坝顶宽度和坝坡，然后通过渗流稳定分析，最终确定的合理的剖面形状。

1. 坝顶高程

坝顶高程等于水库静水位与相应的坝顶超高之和，应按以下的运用条件计算，取其最大值：

（1）设计洪水位加正常运用条件的坝顶超高；

（2）正常蓄水位加正常运用条件的坝顶超高；

（3）校核洪水位加非常运用条件的坝顶超高；

（4）正常蓄水位加非常运用条件的坝顶超高，再加地震安全加高（地震区）。

2. 坝顶宽度

坝顶宽度应根据运行施工、构造交通和人防等要求综合确定。如无特殊要求，高坝可选用 10～15 m，中低坝可选用 5～10 m。

坝顶宽度必须考虑心墙和斜墙顶部及反滤层的需求。寒冷地区还需有足够的宽度来保护黏性土料防渗体免受冻害。

3. 坝坡

坝坡应根据坝型、坝高、坝的等级，坝体和坝基材料的性质坝所承受的荷载及施工和运用条件等因素，经过技术经济比较确定，一般情况下，确定坝坡可参考如下规律：

（1）在满足稳定要求的前提下，尽可能采用较陡的坝坡，以减少工程量。

（2）从坝体的上部到下部，坝坡逐步放缓，以满足抗渗稳定性和结构稳定性的要求。

（3）均质坝的上下游坝坡常比心墙坝的坝坡缓。

（4）心墙坝两侧坝壳采用非黏性土料，土体颗粒的内摩擦角大，透水性大，上下游坝坡可陡些，坝体剖面较小，但施工干扰大。

（5）黏土斜墙坝的上游坝坡比心墙坝的坝坡缓，而下游坝坡可比心墙坝坝坡陡，施工干扰小，斜墙易断裂。

（6）土料相同时上游坝坡缓于下游坝坡，原因是上游坝坡经常浸在水中，土的抗剪强度低，库水位下降时易发生渗流破坏。

二、土石坝的构造

（一）坝顶

坝顶护面材料应根据当地材料的使用情况及坝顶用途确定，宜采用砂砾石、碎石、单层砌石或沥青混凝土等柔性材料。

坝顶面可向上、下游或下游侧放坡，坡度宜根据降雨强度，选择 2%～3%，并做好向下游的排水系统。坝顶上游侧宜设防浪墙，墙顶应高于坝顶 1.0～1.2 m，墙底必须与防渗体紧密结合。防浪墙应坚固而不透水。

（二）防渗体

设置防渗设施的目的：减少通过坝体和坝基的渗流量；降低浸润线，增加下游坝坡的稳定性；降低渗透坡降，防止渗透变形。防渗体主要是心墙斜墙、铺盖截水墙等，它的结构尺寸应能满足防渗、构造、施工和管理方面的要求。

1. 黏土心墙

心墙一般布置在坝体中部，有时稍偏上游并稍微倾斜。

心墙坝顶部厚度一般不小于 3 m，底部厚度不宜小于作用水头的 1/4。黏土心墙两侧边坡多为 1∶0.15～1∶0.3。心墙的顶部应高出设计洪水位 0.3～0.6 m，且不低于校核水位。当有可靠的防浪墙时，心墙顶部高程也不应低于设计洪水位。心墙顶与坝顶之间应设有保护层，厚度不小于该地区的冰结或干燥深度，同时按结构要求不宜小于 1 m。心墙与坝壳之间应设置过渡层，岩石地基上的心墙，一般还要设混凝土垫座，或修建 1～3 道混凝土齿墙。齿墙的高度为 1.5～2.0 m，切入岩基的深度常为 0.2～0.5 m，有时还要在下部进行帷幕灌浆。

2. 黏土斜墙

顶厚（指与斜墙上游坡面垂直的厚度）也不宜小于 3 m，底部厚度不宜小于作用水头的 1/5。墙顶应高出设计洪水位 0.6～0.8 m，且不低于校核水位。同样，如有可靠的防浪墙，斜墙顶部也不应低于设计洪水位。斜墙顶部和上游坡都必须设保护层，厚度不得小于冰冻和干燥深度，一般用 2～3 m。一般内坡不宜陡于 1：2.0，外坡常在 1：2.5 以上。斜墙与保护层及下游坝体之间，应根据需要分别设置过渡层。

3. 沥青混凝土防渗墙

沥青混凝土防渗墙的结构形式有心墙和斜墙。

沥青混凝土防渗墙的特点：

（1）沥青混凝土具有良好的塑性和柔性，渗透系数为 10^{-7}～10^{-10} cm/s，防渗性能好。

（2）沥青混凝土在产生裂缝时，有较好的自行愈合能力。

（3）施工受气候影响小。

沥青心墙受外界温度影响小，结构简单，修补困难，厚度 $H/30$，顶厚 30～40 cm，上游侧设黏性土过渡层，沥青墙坏了可修补，下游侧设排水。

沥青斜墙不漏水，不需设排水；一层即可，斜墙与基础连接要适应变形的要求，为柔性结构。

（三）排水设施

由于土石坝中渗流不可避免，因此土石坝应设置坝体排水，用以降低浸润线，改变渗流方向，防止渗流溢出处产生渗透变形，保护坝坡土不产生冻胀破坏。常用的坝体排水有以下几种形式。

1. 贴坡排水

贴坡排水可以防止坝坡土发生渗透破坏，保护坝坡免受下游波浪冲刷，对坝体施工干扰较小，易于检修，但不能有效降低浸润线，多用于浸润线很低和下游无水的情况。土质防渗体分区坝常用这种排水体。

贴坡排水设计应遵守下列规定：顶部高程应高于坝体浸润线的逸出点，超过的高度应使坝体浸润线在该地区的冻结深度以下，1、2 级坝不小于 2.0 m，3、4 级和 5 级坝不小于 1.5 m，并应超过波浪沿坡面的爬高；底部应设排水沟和排水体，材料应满足防浪护坡的要求。

2. 棱体排水

棱体排水。棱体排水可降低浸润线，防止渗透变形，保护下游坝脚不受尾水冲刷，且有支撑坝体增加稳定的作用。但石料用量较大、费用较高，与坝体施工有干扰，检修也比较困难。

棱体排水设计应遵守下列规定：在下游坝脚处用块石堆成棱体，顶部高程应超出下游最高水位，超过的高度，1、2 级坝不小于 1.0 m，3、4 级和 5 级坝不小于 0.5 m，超出高度应大于波浪沿坡面的爬高；顶部高程应使坝体浸润线距坝面的距离大于该地区的冻结深度；顶部宽度应根据施工条件及检查观测需要确定但不宜小于 1.0 m；应避免在棱体上出现锐角。

3. 褥垫排水

褥垫排水，是伸展到坝体内的排水设施，在坝基面上平铺一层厚 0.4~0.5 m 的块石，并用反滤层包裹。褥垫伸入坝体内的长度应根据渗流计算确定，对黏性土均质坝为坝底宽的 1/2，对砂性土均质坝为坝底宽的 1/3。

当下游水位低于排水设施时，褥垫排水降低浸润线的效果显著，而且有助于坝基排水固结。当坝基产生不均匀沉陷时，褥垫排水层易遭断裂，而且检修困难，施工时有干扰。

4. 管式排水

埋入坝体的暗管可以是带孔的陶瓦管、混凝土管或钢筋混凝土管，还可以由碎石堆筑而成。平行于坝轴线的集水管收集渗水，经由垂直于坝轴线的排水管排向下游。

管式排水的优缺点与褥垫排水相似，排水效果不如褥垫排水好，但用料少；一般用于土石坝岸坡地段，因为这里坝体下游经常无水，排水效果好。

5. 综合式排水

在实际工程中常根据具体情况，采用几种排水形式组合在一起的综合式排水。

三、筑坝材料选择与填筑标准

（一）坝体各组成部分对材料的要求

坝体不同部分由于任务和工作条件不同，对材料的要求也有所不同。

1. 均质坝土料

均质坝土料应具有一定的抗渗性能，其渗透系数不宜大于 1×10^{-4} cm/s；黏粒含量一般为 10%～30%；有机质含量（按质量计）不大于 5%。最常用于均质坝的土料是砂质黏土和壤土。

2. 防渗体土料

中小防渗体土料应满足下列要求：

（1）渗透系数。

（2）水溶盐（指易溶盐、中溶盐，按质量计）含量不大于 3%。

（3）有机质含量（按质量计）：均质坝应不大于 5%，心墙和斜墙应不大于 2%。

（4）具有较好的塑性和渗透稳定性。

（5）浸水与失水时体积变化较小。

以下几种黏性土不宜作为坝的防渗体填筑料，必须采用时，应根据其特性采取相应的措施，塑性指数大于 20 和液限大于 40% 的冲积黏土、膨胀土，开挖、压实困难的干硬黏土，冻土，分散性黏土。

3. 坝壳土石料

料场开采和建筑物开挖的无黏性土（包括砂、砾石、卵石和漂石等）、石料和风化料、砾石土均可作为坝壳料，并应根据材料性质用于坝壳的不同部位。均匀中细砂及粉砂可用于中低坝坝壳的干燥区，但地震区不宜采用。采用风化石料和软岩填筑坝壳时，应按压实后的级配研究来确定材料的物理力学指标，并应考虑浸水后抗剪强度的降低、压缩性增加等不利情况。对软化系数低、不能压碎成砾石的风化石料和软岩宜填筑在干燥区。下游坝壳水下部位和上游坝壳水位变动区应采用透水料填筑。

4. 排水体、护坡石料

反滤料、过渡层料和排水体料应符合下列要求：质地致密；抗水性和抗风化性能满足工程运用的技术要求；具有符合使用要求的级配和透水性；反滤料和排水体料中粒径小于 0.075 mm 的颗粒含量应不超过 5%。

反滤料可利用天然或经过筛选的砂砾石料，也可采用块石砾石轧制，或天然和轧制的掺合料。3 级低坝经过论证可采用土工织物作为反滤料。

护坡石料应采用质地致密、抗水性和抗风化性能，满足工程运用条件要求的硬岩石料。

（二）土料填筑标准的确定

1. 黏性土的压实标准

对不含砾石或含少量砾石的黏性土的填筑标准，应以压实度和最优含水率作为控制指标。黏性土压实的最优含水率多在塑限附近，设计干重度应以最大干重度乘以压实度确定。

2. 非黏性土料的压实标准

砂砾石和砂的填筑标准以相对密度为设计控制指标，并应符合下列要求：砂砾石的相对密度不应低于 0.75，砂的相对密度不应低于 0.70，反滤料宜为 0.70；砂砾料中粗粒料含量小于 50% 时，应保证细料（粒径小于 5 mm 的颗粒）的相对密度也符合上述要求。压密程度一般与含水量的关系不大，而与粒径级配和压实功能有密切关系。非黏性土料设计中的一个重要问题是防止产生液化，解决的途径除要求有较高的密实度外，还要注意颗粒不能太小，级配要适当，不能过于均匀。

堆石料的填筑标准宜用孔隙率为设计控制指标，并应符合下列要求：土质防渗体分区坝和沥青混凝土心墙坝的堆石料；沥青混凝土面板坝堆石料的孔隙率宜在混凝土面板堆石坝和土质防渗体分区坝的孔隙率之间的选择；采用软岩、风化岩石筑坝时，空隙率宜根据坝体变形、应力及抗剪强度等要求确定；设计地震烈度为 8 度、9 度的地区，可取上述孔隙率的最小值。

第三节　土石坝的稳定分析

一、稳定计算的目的

稳定分析是确定坝体设计剖面经济安全的主要依据。由于土石坝体积大、坝体重，不可能产生水平滑动，其失稳形式主要是坝坡滑动或坝坡与坝基一起滑动。

土石坝稳定计算的目的是保证土石坝在自重孔隙压力、外荷载的作用下，具有足够的稳定性，不致发生通过坝体或坝基的整体破坏或局部剪切破坏。

二、滑裂面的形状及工作情况

坝坡稳定计算时，应先确定滑裂面的形状，土石坝滑坡的形式与坝体结构、土料和地基的性质及坝的工作条件密切相关。

1. 曲线滑裂面

当滑裂面通过黏性土的部位时，其形状常是上陡下缓的曲面，由于曲线近似圆弧，因而在实际计算中常用圆弧表示。

2. 直线或折线滑裂面

滑裂面通过无黏性土时，滑裂面的形状可能是直线形或折线形：当坝坡干燥或全部浸入水中时呈直线形；当坝坡部分浸入水中时呈折线形。斜墙坝的上游坡失稳时，通常是沿着斜墙与坝体交界面滑动。

3. 复合滑裂面

当滑裂面通过性质不同的几种土料时，可能是由直线和曲线组成的复合形状滑裂面。

三、稳定安全系数标准

（一）稳定计算情况

1. 正常运用情况

（1）上游为正常蓄水位、下游为相应的最低水位或上游为设计洪水位时、下游为相应的最高水位，坝内形成稳定渗流时，上、下游坝坡的稳定计算。

（2）水库水位位于正常水位和设计水位之间范围内的正常降落，上游坝坡的稳定计算。

2. 非常运用情况 I

（1）施工期，考虑孔隙压力时的上、下游坝坡稳定计算。

（2）水库水位非常降落，如校核洪水位降落至死水位以下，以及大流量快速泄空等情况下的上游坝坡稳定计算。

（3）校核洪水位下有可能形成稳定渗流时的下游坝坡稳定计算。

3. 非常运用情况 Ⅱ

正常运用情况遇到地震时上、下游坝坡稳定验算。

（二）稳定安全系数标准

采用计入条块间作用力计算方法时，坝坡的抗滑稳定安全系数应于不小于表 3-1 规定的数值。采用不计入条块间作用力的瑞典圆弧法计算坝坡稳定时，对 1 级坝，正常应用情况下最小稳定安全系数应不小于 1.30，其他情况应比表中规定的降低 8%。

表 3-1　容许最小抗滑稳定安全系数

运用条件	工程等级			
	1	2	3	4
正常运用情况	1.50	1.35	1.30	1.25
非常运用情况 Ⅰ	1.30	1.25	1.20	1.15
非常运用情况 Ⅱ	1.20	1.15	1.15	1.10

四、土料抗剪强度指标的选取

稳定计算时应该采用黏性土固结后的强度指标。确定抗剪强度指标的方法有前述的有效应力法和总应力法两种。对 1 级坝和 2 级以下高坝在稳定渗流期必须采用有效应力法作为依据。3 级以下中低坝可采用两种方法的任一种。

土料的抗剪强度指标 ϕ 为颗粒间的内摩擦角，C 为凝聚力。对同一种土料，其抗剪强度指标的 ϕ、C 并不是一个常量，它与土的性质、土料的固结度、应力历史、荷载条件等诸多因素有关。

1. 黏性土的抗剪强度选用

施工期与竣工时，按不排水剪或快剪测定的指标 ϕ、C 进行总应力分析，但实际上施工期孔隙水压力会部分消散，故按总应力分析偏于保守。

稳定渗流期：采用有效应力强度指标进行有效应力分析具有良好的精度。

水库水位降落期：上游坝坡的控制情况，适宜采用有效应力分析。

对于重要的工程，抗剪强度指标的选择应注意填土的各向性、应力历史等。

2. 非黏性土的抗剪强度选用

非黏性土的透水性强，其抗剪强度取决于有效法向应力和内摩擦角，一般通过排水剪确定强度指标。

非黏性土的抗剪强度的选取：浸润线以上的土体，采用湿土的抗剪强度。浸润线以下的土体，采用饱和土的抗剪强度。

五、稳定分析方法

（一）圆弧滑动面稳定计算

土石坝设计中目前最广泛应用的圆弧滑动计算方法有瑞典圆弧法和简化的毕肖普法。

1. 瑞典圆弧法

瑞典圆弧法是不计条块间作用力的方法，计算简单，已积累了丰富的经验，但理论上仍有缺陷，且孔隙压力较大和地基软弱时误差较大。其基本原理是将滑动面上的土体按一定宽度分为若干个铅直土条，不计条块间作用力，计算各土条对滑动圆心的抗滑力矩和滑动力矩，再分别取其总和，其比值即为该滑动面的稳定安全系数。

计算步骤：

（1）确定圆心、半径，绘制圆弧。

（2）将土条编号。为便于计算，土条宽度取 $b=0.1R$（圆弧半径）。各块土条编号的顺序为：零号土条位于圆心之下，向上游（对下游坝坡而言）各土条的顺序为1、2、3…；往下游的顺序为 -1、-2、-3…。

（3）计算各土条重量。计算抗滑力时，浸润线以上部分用湿重度，浸润线以下用浮重度；计算滑动力时，下游水面以上部分用湿重度，下游水面以下部分则用饱和重度。

2. 考虑渗透动水压力时的坝坡稳定计算

当坝体内有渗流作用时，还应考虑渗流对坝坡稳定的影响。在工程中常采用替代法。例如，在审查下游坝坡稳定时，可将下游水位以上、浸润线与滑弧间包围的土体。在计算滑动力矩时用饱和重度，而计算抗滑力矩时则用浮重度，浸润线以上仍用湿重度计算，下游水位以下土体仍用浮重度计算。

（二）非圆弧滑动稳定计算

非黏性土坝坡，例如心墙的上、下游坡和斜墙坝的下游坝坡，以及斜墙坝的上游保护层和保护层连同斜墙一起滑动时，常形成折线滑动面。

折线法常采用两种假定：滑楔间作用力为水平向，采用与圆弧滑动法相同的安全系数；滑楔间作用力平行滑动面，采用与毕肖普法相同的安全系数。

1. 非黏性土坝坡部分浸水的稳定计算

对于部分浸水的非黏性土坝坡，由于水上与水下土的物理性质不同的原因，所以滑裂面不是一个平面，而是近似折线面。

2. 斜墙坝上游坝坡的稳定计算

斜墙坝上游坝坡的稳定计算，包括保护层沿斜墙和保护层连同斜墙沿坝体滑动两种情况。因为斜墙同保护层和斜墙同坝体的接触面是两种不同的土料填筑的，接触面处往往强度低，有可能斜墙和保护层共同沿斜墙底面折线滑动，对厚斜墙还应计算圆弧滑动稳定。

第四节　土石坝的地基处理

土石坝对地基的要求比混凝土重力坝低，可不必挖除地表透水土壤和砂砾石等，但地基性质对土石坝的构造和尺寸仍有很大的影响。据资料统计，土石坝约有 40%的失事是由地基问题所引起的。

土石坝地基处理的任务是：

（1）控制渗流，使地基与坝身不产生渗透而变形，并把渗流流量控制在允许的范围内。

（2）保证地基稳定不发生滑动。

（3）控制沉降与不均匀沉降，以限制坝体裂缝的发生。

一、砂砾石地基的处理

砂砾石地基处理的主要问题：地基透水性大。处理的目的是减少地基的渗流量并保证地基和坝体的抗渗稳定。处理方法是"上防下排"，上防包括垂直防渗措施和水平防渗措施，下排主要是排水减压。

（一）垂直防渗措施

垂直防渗措施能够截断地基渗流，可靠而有效地解决地基渗流问题。

1. 黏土截水墙

当覆盖层深度在 15 m 以内时，可开挖深槽直达不透水层或基岩，槽内回填黏性土而形成截水墙（也称截水槽），心墙坝、斜墙坝常将防渗体向下延伸至不透水层而成截水墙。

2. 混凝土防渗墙

用钻机或其他设备沿坝轴线方向造成圆孔或槽孔，在孔中浇混凝土，最后连成一片，成为整体的混凝土防渗墙，适用于透水层深度大于 50 m 的情况。

3. 帷幕灌浆

当砂卵石层很厚时，用上述处理方法都较困难或不够经济，这时可采用灌浆帷幕防渗。

帷幕灌浆的施工方法是：采用高压定向喷便可射灌浆技术，通过喷嘴的高压气流切割地层成缝槽，在缝槽中灌压水泥砂浆，凝结后形成防渗板墙。其特点是可以处理较深的砂砾石地基，但对地层的可灌性要求高。

（二）上游水平防渗铺盖

铺盖是一种由黏性土做成的水平防渗设施，是斜墙、心墙或均质坝体向上游延伸的部分。当采用垂直防渗有困难或不经济时，可考虑采用铺盖防渗。防渗铺盖构造简单，造价低，但它不能完全截断渗流，只是通过延长渗径的办法，降低渗透坡降，减小渗透流量，但防渗效果不如垂直防渗体。

（三）下游排水减压措施

常用的排水减压设施有排水沟和排水减压井。

按其构造划分，可分为暗沟和明沟两种。两者都应沿渗流方向按反滤层布置，明沟沟底与下游的河道连接。

排水减压井将深层承压水导出水面，然后从排水沟中排出。

在钻孔中插入带有孔眼的井管，周围包以反滤料，管的直径一般为 20～30 cm，井距一般为 20~30 m。

二、细砂与淤泥地基处理

（一）细砂地基

饱和的均匀细砂地基在动力作用下，特别是在地震作用下易于液化，应采取工程措施加以处理。当厚度不大时，可考虑将其挖除。当厚度较大时，可首先考虑采取人工加密措施，使之能够达到与设计地震烈度相适应的密实状态，然后采取加盖重、加强排水等附加防护设施。

（二）淤泥地基

淤泥层地基天然含水量大，重度小，抗剪强度低，承载能力小。当埋藏较浅且分布范围不大时，一般应把它全部挖除；当埋藏较深，分布范围又较宽时，则常采用压重法或设置砂井加速排水固结。

砂井排水法，是在坝基中钻孔，然后在孔中填入砂砾，在地基中形成砂桩的一种方法。设置砂井后，地基中排除孔隙水的条件能够大为改善，可有效地增加地基土的固结速度。

三、软黏土和黄土地基处理

软黏土层较薄时，一般全部挖除。当土层较薄而此种方法其强度并不太低时，可只将表面较薄的可能不稳定的部位挖除，换填较高强度的砂，称为换砂法。

黄土地基在我国西北部地区分布较广，其主要特点是浸水后沉降较大。处理的方法一般有：预先浸水，使其湿陷加固；将表层土挖除，换土压实；夯实表层土，破坏黄土的天然结构，使其密实等。

四、土石坝坝体与地基及岸坡连接

（一）坝体与土质地基及岸坡的连接

坝体与土质地基及岸坡的连接必须做到：

（1）清除坝体与地基、岸坡接触范围内的草皮、树干、树根、含有植物的表土、蛮石、垃圾及其他废料，并将清理后的地基表面土层压实；

（2）对坝体断面范围内的低强度、高压缩性软土及地震时易于液化的土层，进行清除或处理；

（3）土质防渗体必须坐落在相对不透水坝基上，否则应采取适当的防渗处理措施；

（4）地基覆盖层与下游坝壳粗粒料（如堆石）接触处，应符合反滤层要求，否则必须设置反滤层，以防止坝基土流失到坝壳中。

心墙和斜墙在与两端岸坡连接处应扩大其断面，加强连接处的防渗性。

（二）坝体与岩石地基及岸坡的连接

坝体与岩石地基及岸坡的连接必须做到：

（1）坝断面范围内的岩石地基与岸坡，应清除表面松动石块、凹处积土和突出的岩石。

（2）土质防渗体和反滤层应与相对不透水的新鲜或弱风化岩石相连接。基岩面上一般宜设混凝土盖板喷混凝土层或喷浆层，将基岩与土质防渗体分隔开来，以防止接触冲刷。

（3）对失水时很快风化变质的软岩石（如页岩、泥岩等），开挖时应预留保护层，待开始回填时，随挖除、随回填。

（4）土质防渗体与岩石或混凝土建筑物相接处，如防渗土料为细粒黏性土时，则在邻近接触面 0.5～1.0 m 范围内，在填土前用黏土浆抹面。如防渗土料为砾石土时，临近接触面应采用纯黏性土或砾石含量少的黏性土，在略高于最优含水量下填筑，使其结合良好。

第五节　面板堆石坝

一、概述

堆石坝主要由堆石作为支承体和弱透水材料作为防渗体这两部分组成。按防渗体的位置分为心墙坝和斜墙坝，按防渗体材料的性质分为刚性防渗体坝（如混凝土、钢筋混凝土、木板和钢板等）和塑性防渗体坝（如土料和沥青混凝土等），按施工方法分为抛填坝、碾压坝和定向爆破坝。

面板堆石坝与其他坝型相比有如下主要特点：

（1）就地取材，在经济上有较大的优越性。

（2）施工度汛问题比土坝较为容易解决。

（3）对地形地质和自然条件适应性较混凝土坝强。

（4）方便机械化施工，有利于加快施工工期和减少沉降。

（5）坝身不能泄洪，一般需另设泄洪和导流设施。

二、面板堆石坝的剖面设计

（一）坝顶

面板堆石坝普遍在其顶部设置 L 形的钢筋混凝土防浪墙，以便利于节省坝体堆石量，防浪墙高可采用 4～6 m。防浪墙与面板间要保证良好的止水连接，其底面与坝顶连接处的堆石宽度不宜小于 9 m，以便浇筑面板时有足够的工作场地进行滑模设备的操作。按此设计，坝顶填筑堆石后的宽度约为 5 m。

（二）坝坡

堆石坝的坝坡与石料性质、坝高、坝型和地基条件有关，其上、下游坝坡坡度可参照类似工程确定，一般多采用 1：1.3～1：1.4。对于地质条件较差或堆石体填料抗剪强度较低以及地震区的面板堆石坝，其坝坡应适当放缓。

三、面板堆石坝的构造

面板堆石坝主要由堆石体、钢筋混凝土面板及其与河床和岸坡相连接的趾板等构成的防渗系统组成。

（一）堆石体

堆石体是面板堆石坝的主体部分，根据其受力情况和坝体所发挥的功能，又可划分为垫层区、过渡区、主堆石区和次堆石区。

1. 垫层区

垫层区应选用质地新鲜、坚硬且耐久性较好的石料，可采用经筛选加工的砂砾石、人工石料或者由两者混合掺配。高坝垫层料应具有连续级配，一般最大粒径为 80～100 mm，粒径小于 5 mm 的颗粒含量为 35%～55%。

2. 过渡区

过渡区介于垫层与主堆石区之间，起过渡作用，石料的粒径级配和密实度应介于垫层与主堆石区两者之间。

3. 主堆石区

主堆石区是面板坝堆石的主体，是承受水压力的主要部分，它将面板承受的水压力传递到地基和下游次堆石区，该区既应具有足够的强度和较小的沉降量外，同时也应具有一定的透水性和耐久性。

4. 次堆石区

下游次堆石区承受水压力较小，其沉降和变形对面板变形影响也一般不大，因而对填筑要求可酌情放宽。

（二）防渗面板的构造

1. 钢筋混凝土面板

钢筋混凝土面板防渗体主要由防渗面板和趾板组成。面板是防渗的主体，对质量有较高的要求，即要求面板具有符合设计要求的强度、不透水性和耐久性。面板底部厚度宜采用最大工作水头的 1%，考虑施工要求，顶部最小厚度不宜小于 30 cm。

2. 趾板（底座）

趾板是面板的底座，其作用是保证面板与河床及岸坡之间的不透水连接，同时也作为坝基帷幕灌浆的盖板和滑模施工的起始工作面。

面板接缝设计（包括面板与趾板的周边接缝和趾板之间接缝）主要是止水布置，周边接缝止水布置最为关键。面板中间部位的伸缩缝，一般设 1～2 道止水，底部用止水铜片，上部用聚氯乙烯止水带。周边缝受力较复杂，一般采用 2～3 道止水，在上述止水布置的中部再加 PVC 止水。如布置止水困难，可将周边缝面板局部加厚。

3. 面板与岩坡的连接

为保证趾板与岸坡紧密结合和加大灌浆压重，趾板与岸坡之间应插锚筋固定。锚筋直径一般为 25～35 mm，间距 1.0～1.5 m，长 3～5 m。

趾板范围内的岸坡应满足自身稳定和防渗要求，为此，应认真做好该处岸坡的固结灌浆和帷幕灌浆设计。固结灌浆可布置两排，深 3～5 m。帷幕灌浆宜布置在两排固结灌浆之间，一般为一排，深度按相应水头的 1/3～1/2 确定。灌浆孔的间距视岸坡地质条件而定，一般取 2～4 m，重要工程应根据现场灌浆试验确定。为了保证岸坡的稳定，防止岸坡坍塌而砸坏趾板和面板，趾板高程以上的上游坝坡应按永久性边坡设计。

第四章
水闸和渠系建筑物施工

渠系建筑物布置应符合所在渠道总体设计、水土保持和环境保护等方面的要求，选线时要搜集和分析基本资料，进行必要的勘测和科学试验，积极采用新结构、新技术、新材料、新工艺、新方法。本章将对水闸和渠系建筑物施工的相关内容展开分析。

第一节　水闸施工技术

一、水闸的组成及布置

水闸是一种低水头的水工建筑物，它具有挡水和泄水的双重作用，用以调节水位和控制流量。

（一）水闸的类型

水闸有不同的分类方法。既可按其承担的任务分类，也可按其结构形式、规模等分类。

1. 按水闸承担的任务分类

水闸按其所承担的任务，可分为6种。

（1）拦河闸。建于河道或干流上，拦截河流。拦河闸控制河道下泄流量，又称为节制闸。枯水期拦截河道，抬高水位，以满足取水或航运的需要，洪水期则提闸泄洪，控制下泄流量。

（2）进水闸。建在河道，水库或湖泊的岸边，用来控制引水流量。这种水闸有开敞式及涵洞式两种，常建在渠首。进水闸又称取水闸或渠首闸。

（3）分洪闸。常建于河道的一侧，用以分洪天然河道不能容纳的多余洪水进入湖泊、洼地，以削减洪峰，确保下游安全。分洪闸的特点是泄水能力很大，而会经常没有水的作用。

（4）排水闸。常建于江河沿岸有，防江河洪水倒灌；河水退落时又可开闸排洪。排水闸双向均可能泄水，所以前后都可能承受水压力。

（5）挡潮闸。建在入海河口附近，涨潮时关闸防止海水倒灌，退潮时开闸可泄水，具有双向挡水特点。

（6）冲沙闸。建在多泥沙河流上，用于排除进水闸、节制闸前或渠系中沉积的泥沙，减少引水水流的含沙量，从而防止渠道和闸前河道淤积。

2. 按闸室结构形式分类

水闸按闸室结构形式可分为开敞式、胸墙式及涵洞式等多种形式。

（1）开敞式。过闸水流表面不受阻挡，泄流能力大。

（2）胸墙式。闸门上方设有胸墙，可以减少挡水时闸门上的力，增加挡水变幅。

（3）涵洞式。闸门后为有压或无压洞身，洞顶有填土覆盖。多用于小型水闸及穿堤取水情况。

3. 按水闸规模分类

（1）大型水闸。泄流量大于 1 000 m^3/s。

（2）中型水闸。泄流量为 100～1 000 m^3/s。

（3）小型水闸。泄流量小于 100 m^3/s。

（二）水闸的组成

水闸一般由闸室段、上游连接段和下游连接段三部分组成。

1. 闸室段

闸室是水闸的主体部分，其作用是：控制水位和流量，兼有防渗防冲作用。闸室段结构包括：闸门、闸墩、底板、胸墙、工作桥、交通桥、启闭机等。

闸门用来挡水和控制过闸流量。闸墩用来分隔闸孔和支承闸门、胸墙、工作桥、交通桥等。闸墩将闸门，胸墙以及闸最本身挡水所承受的水压力传递给底板。胸墙设于工作闸门上部，帮助闸门挡水。

底板是闸室段的基础，它将闸室上部结构的重量及荷载传至地基。建在软基上的闸室主要由底板与地基间的摩擦力来维持稳定。底板还有防渗和防冲的作用。

工作桥和交通桥用来安装启闭设备、操作闸门和联系两岸交通。

2. 上游连接段

上游连接段处于水流行进区，主要作用是引导水流从河道平稳地进入闸室，保护两岸及河床免遭冲刷，同时有防冲，防渗的作用。一般包括上游翼墙，铺盖、上游防冲槽和两岸护坡等。

上游翼墙的作用是导引水流，使之平顺地流入闸孔；抵御两岸填土压力，保护闸前河岸不受冲刷；并有侧向防渗的作用。

铺盖主要起防渗作用，其表面还应进行保护，以满足防冲要求。

上游两岸要适当进行护坡，其目的是保护河床两岸不受冲刷。

3. 下游连接段

下游连接段的作用是消除过闸水流的剩余能量，引导出闸水流均匀扩散。调整流速分布和减缓流速，防止水流出闸后对下游的冲刷。

下游连接段包括护坦（消力池）、海漫、下游防冲槽、下游翼墙、两岸护坡等。下游翼墙和护坡的基本结构和作用同上游。

（三）水闸的防渗

水闸建成后，由于上、下游水位差，在闸基及边墩和翼墙的背水一侧产生渗流。渗流对建筑物的不利影响，主要表现为：降低闸室的抗滑稳定性及两岸翼墙和边墩的侧向稳定性；可能引起地基的渗透变形，严重的渗透变形会使地基受到破坏，甚至失事损失水量；使地基内的可溶物质加速溶解。

1. 地下轮廓线布置

地下轮廓线是指水闸上游铺盖和闸底板等不透水部分和地基的接触线。地下轮廓线的布置原则是："上防下排"，即在闸基靠近上游侧以防渗为主，采取水平防渗或垂直防渗措施，阻截渗水，消耗水头。在下游侧以排水为主，尽快排除渗水、降低渗压。

地下轮廓布置与地基土质有密切关系，分述如下：

（1）黏性土地基地下轮廓布置。

黏性土壤具有凝聚力，不易产生管涌，但摩擦系数较小。因此，布置地下轮廓线，主要考虑降低渗透压力，以提高闸室稳定性。闸室上游宜设置水平钢筋混凝土或黏土铺盖，或土工膜防渗铺盖，闸室下游护坦底部应设滤层，下游排水可延伸到闸底板下。

（2）沙性土地基地下轮廓布置。

沙性土地基正好与黏性土地基相反，底板与地基之间摩擦系数较大，有利闸室稳定，但土壤颗粒之间无黏着力或黏着力很小，易产生管涌，故地下轮廓线布置的控制因素是如何防止渗透变形。

当地基砂层很厚时，一般采用铺盖加板桩的形式来延长渗径，以达到降低渗透坡降和渗透流速。而板桩多设在底板上游一侧的齿墙下端，如设置一道板桩不能满足渗径要求时，可在铺盖前端增设一道短板桩，以加长渗径。

当砂层较薄，其下部又有相对不透水层时，可用板桩切入不透水层，切入深度一般不应小于 1.0 m。

2. 防渗排水设施

防渗设施是指构成地下轮廓的铺盖、板桩及齿墙，而排水设施指铺设在护坦、浆砌石海漫底部或闸底板下游段起导渗作用的砂砾石层。排水常与反滤结合使用。

水闸的防渗有水平防渗和垂直防渗两种。水平防渗措施为铺盖，垂直防渗措施有板桩、灌浆帷幕、齿墙和混凝土防渗墙等。

（1）铺盖

铺盖有黏土和黏壤土铺盖、沥青混凝土铺盖、钢筋混凝土铺盖等。

1）黏土和黏壤土铺盖。铺盖与底板连接处为一薄弱部位，通常是在该处将铺盖加厚：将底板前端做成倾斜面，使黏土能借自重及其上的荷载与底板紧贴。在连接处铺设油毛毡等止水材料，一端用螺栓固定在斜面上，另一端埋入黏土中，为了防止铺盖在施工期遭受破坏和运行期间被水流冲刷，应在其表面铺砂层，然后在砂层上再铺设单层或双层块石护面。

2）沥青混凝土铺盖。沥青混凝土铺盖的厚度一般为 5～10 cm，在与闸室底板连接处应适当加厚，接缝多为搭接形式。

3）钢筋混凝土铺盖。钢筋混凝土铺盖的厚度不宜小于 0.4 m，在与底板连接处应加厚至 0.8～1.0 m。并用沉降缝分开，缝中设止水。在顺水流和垂直水流流向均应设沉降缝，间距不宜超过 15～20 m。在接缝处局部加厚，并设止水，用作阻滑板的钢筋混凝土铺盖。在垂直水流流向仅有施工缝，不设沉降缝。

（2）板桩

板桩长度视地基透水层的厚度而定。当透水层较薄时，可用板桩截断，并插入不透水层至少 1.0 m；若不透水层埋藏很深，则板桩的深度一般采用 0.6～1.0 倍水头。

用作板桩的材料有木材、钢筋混凝土及钢材三种。

板桩与闸室底板的连接形式有两种：一种是把板桩紧靠底板前缘，顶部嵌入黏土铺盖一定深度；另一种是把板桩顶部嵌入底板底面特设的凹槽内，桩顶填塞可塑性较大的不透水材料。前者适用于闸室沉降量较大、而板桩尖已插入坚实土层的情况；后者则适用于闸室沉降量小，而板桩桩尖未达到坚实土层的情况。

（3）齿墙

闸底板的上、下游端一般均设有浅齿墙，用来增强闸室的抗滑稳定，并可延长渗径。齿墙深一般在 1.0 m 左右。

（4）其他防渗设施

垂直防渗设施在我国有较大进展，如就地浇筑混凝土防渗墙、灌注式水泥砂浆帷幕以及用高压旋喷法构筑防渗墙等方法已成功地用于水闸建设。

（5）排水及反滤层

排水一般采用粒径 1～2 cm 的卵石、砾石或碎石平铺在护坦和浆砌石海漫的底部，或伸入底板下游齿墙稍前方，厚约 0.2～0.3 m。在排水与地基接触处（即渗流出口附近）容易发生渗透变形。应做好反滤层。

（四）水闸的消能防冲设施与布置

水闸泄水时，部分势能转为动能，流速增大，而土质河床抗冲能力低。所以，闸下冲刷是一个普遍的现象。为了防止下泄水流对河床的有害冲刷，除了加强运行管理外，还必须采取必要的消能、防冲等工程措施。水闸的消能防冲设施有下列主要形式：

1. 底流消能工

平原地区的水闸，由于水头低，下游水位变幅大，一般都采用底流式消能。消力池是水闸的主要消能区域。

底流消能工的作用是通过在闸下产生一定淹没度的水跃来保护水跃范围内的河床免遭冲刷。

当尾水深度不能满足要求时，可采取降低护坦高程：在护坦末端设消力坎；既降低护坦高程又建消力坎等措施形成消力池，有时还可用在护坦上设消力墩等辅助消能工。

消力池布置在闸室之后，池底与闸室底板之间，用 1∶3～1∶4 的斜坡连接。为防止产生波状水跃，可在闸室之后留一水平段，并在其末端设置一道小槛，为防止产生折冲水流，还可用在消力池前端设置散流墩。如果消力池深度不大（1.0 m左右），常把闸门后的闸室底板用 1.3 的坡度降至消力池底的高程。作为消力池的一部分。

消力池末端一般布置尾槛，用以调整流速分布，减小出池水流的底部流速，且可在槛后产生小横轴旋滚，防止在尾槛后发生冲刷，并有利于平面扩散和消减下游边侧回流。

在消力池中除尾坎外，有时还设有消力墩等辅助消能工，用以使水流受阻，给水流以反力，在墩后形成涡流，加强水跃中的紊流扩散，从而达到稳定水跃，减小和缩短消力池深度和长度的作用。

消力墩可设在消力池的前部或后部，但消能作用不同。消力墩可做成矩形或梯形。设两排或三排交错排列，墩顶应有足够的淹没水深，墩高约为跃后水深的 1/5～1/3，在出闸水流流速较高的情况下，宜采用设在后部的消力墩。

2. 海漫

护坦后设置海漫等防冲加固设施，以使水流均匀扩散，并将流速分布逐步调整到接近天然河道的水流形态。

一般在海漫起始段做 5～10 m 长的水平段，其顶面高程可与护坦齐平或在消力池尾坎顶以下 0.5 m 左右，水平段后做成不陡于 1∶10 的斜坡，以使水流均匀扩散，调整流速分布，保护河床不受冲刷。

对海漫的要求：表面有一定的粗糙度，以利于进一步消除余能；具有一定的透水性，以便使渗水自由排出，降低扬压力；具有一定的柔性，以适应下游河床可能的冲刷变形。

常用的海漫结构有以下几种，干砌石海漫、浆砌石海漫、混凝土板海漫、钢丝石笼海漫及其他形式海漫。

3. 防冲槽及末端加固

为保证安全和节省工程量，常在海漫末端设置防冲槽、防冲墙或采用其他加固设施。

（1）防冲槽。在海漫末端预留足够的粒径大于 30 cm 的石块，当水流冲刷河床，冲刷坑向预计的深度逐渐发展时，预留在海漫末端的石块将沿冲刷坑的斜坡陆续滚下，并散铺在冲坑的上游斜坡上，自动形成护面，使冲刷不再向上扩展。

（2）防冲墙。防冲墙有齿墙、板桩、沉井等形式。齿墙的深度一般为 1～2 m，适用于冲坑深度较小的工程。如果冲深较大,河床为粉、细砂时,则采用板桩井柱或沉井。

4. 翼墙与护坡

在与翼墙连接的一段河岸,由于水流流速较大和回流漩涡,需加做护坡。护坡在靠近翼墙处常做成浆砌石的,然后接以砌石的,保护范围稍长于海漫,包括预计冲刷坑的侧坡。干砌石护坡每隔 6~10 m 设置混凝土埂或浆砌石埂一道,其断面尺寸约为 30 cm×60 cm。在护坡的坡脚以及护坡与河岸土坡交接处应做一深 0.5 m 的齿墙,以防回流淘刷和保护坡顶。护坡下面需要铺设厚度各为 10 cm 的卵石及粗砂垫层。

(五)闸室的布置和构造

闸室由底板、闸墩、闸门、胸墙、交通桥及工作桥等组成。其布置应分别考虑分缝及止水。

1. 底板

常用的闸室底板有水平底板和反拱底板两种类型。

对多孔水闸,为适应地基不均匀沉降和减小底板内的温度应力,需要沿水流方向用横缝(温度沉降缝)将闸室分成若干段,每个闸段可为单孔、两孔或三孔。

横缝设在闸墩中间,闸墩与底板连在一起的,称为整体式底板。整体式底板闸孔两侧闸墩之间不会出现过大的不均匀沉降,对闸门启闭有利,用得较多。整体式底板常用实心结构;当地基承载力较差,如只有 30~40 kPa 时,则需另外考虑采用刚度大、重量轻的箱式底板。

在坚硬、紧密或中等坚硬、紧密的地基上,单孔底板上设双缝,将底板与闸墩分开的,称为分离式底板。分离式底板闸室上部结构的重量将直接由闸墩或连同部分底板传给地基。底板可用混凝土或浆砌块石建造,当采用浆砌块石时,应在块石表面再浇一层厚约 15 cm、强度等级为 C15 的混凝土或加筋混凝土,以使底板表面平整并具有良好的防冲性能。

如地基较好,相邻闸墩之间不致出现不均匀沉降的情况下,还可将横缝设在闸孔底板中间。

2. 闸墩

如闸墩采用浆砌块石,为保证墩头的外形轮廓,并加快施工进度,可采用预制构件。大、中型水闸因沉降缝常设在闸墩中间，故墩头多采用半圆形，有时也采用流线型闸墩。有些地区则采用框架式闸墩，这种形式既可节约钢材，又可降低造价。

3. 闸门

闸门在闸室中的位置与闸室稳定、闸墩和地基应力以及上部结构的布置有关。平面闸门一般设在靠上游侧，有时为了充分利用水重，也可移向下游侧。弧形闸门为不使闸墩过长，则需要靠上游侧布置。

平面闸门的门槽深度决定于闸门的支承形式，检修门槽与工作门槽之间应留有1.0～3.0 m净距，以便检修。

4. 胸墙

胸墙的支承形式分为简支式和固结式两种。简支胸墙与闸墩分开浇筑，缝间涂沥青；也可将预制墙体插入闸墩预留槽内，做成活动胸墙。固结式胸墙与闸墩同期浇筑，胸墙钢筋伸入闸墩内，形成刚性连接，截面尺寸较小。可以增强闸室的整体性，但受温度变化和闸墩变位影响，容易在胸墙支点附近的迎水面产生裂缝。整体式底板可用固结式，分离式底板多用简支式。

5. 交通桥

交通桥一般设在水闸下游一侧，可采用板式、梁板式或拱形结构。为了安装闸门启闭机和便于操作管理，需要在闸墩上设置工作桥。小型水闸的工作桥一般采用板式结构；而大、中型水闸多采用装配式梁板结构。

6. 分缝方式及止水设备

（1）分缝方式与布置

为了防止和减少由于地基不均匀沉降、温度变化和混凝土干缩所引起底板断裂和裂缝，对于多孔水闸需要沿轴线每隔一定距离设置永久缝。

整体式底板的温度沉降缝应设在闸墩中间，一孔、二孔或三孔成为一个独立单元。靠近岸边，为了减轻墙后填土对闸室的不利影响，特别是当地质条件较差时，最好采用单孔，再接二孔或三孔的闸室。若地基条件较好，也可将缝设在底板中间或在单孔底板上设双缝。

为避免相邻结构由于荷重相差悬殊产生不均匀沉降，也要设缝分开，如铺盖与底板、消力池与底板以及铺盖、消力池与翼墙等连接处都要分别设缝。此外，混凝土铺盖及消力池本身也需设缝分段、分块。

（2）止水设备

止水分铅直止水及水平止水两种。前者设在闸墩中间，边墩与翼墙间以及上游翼墙本身；后者则设在铺盖、消力池与底板和翼墙、底板与闸墩间以及混凝土铺盖及消力池本身的温度沉降缝内。

（六）水闸与两岸的连接建筑物的形式和布置

水闸与两岸的连接建筑物主要包括边墩（或边墩和岸墙）、上、下游翼墙和防渗刺墙，其布置应考虑防渗、排水设施。

1. 边墩和岸墙

建在较为坚实地基上、高度不大的水闸，可用边墩直接与两岸或土坝连接。边墩与闸底板的连接，可以是整体式或分离式，视地基条件而定。边墩可做成重力式、悬臂式或扶壁式。

在闸身较高且地基软弱的条件下，如仍用边墩直接挡土，则由于边墩与闸身地基所受的荷载相差悬殊，可能产生较大的不均匀沉降，影响闸门启闭，在底板内引起较大的应力，甚至产生裂缝。此时，可在边墩背面设置岸墙。边墩与岸墙之间用缝分开，边墩只起支承闸门及上部结构的作用，而土的压力则全部由岸墙承担。岸墙可做成悬臂式、扶壁式、空箱式或连拱式。

2. 翼墙

上游翼墙的平面布置要与上游进水条件和防渗设施相协调，上端插入岸坡，墙顶要超出最高水位至少 0.5～1.0 m。当泄洪过闸落差很小，流速不大时，为减小翼墙工程量，墙顶也可淹没在水下。如铺盖前端设有板桩，还应将板桩顺翼墙底延伸到翼墙的上游端。

根据地基条件，翼墙可做成重力式、悬臂式、扶臂式或空箱式等。在松软地基上，为减小边荷载对闸室底板的影响，在靠近边墩的一段，宜用空箱式。

对边墩不挡土的水闸，也可不设翼墙，采用引桥与两岸连接，在岸坡与引桥桥墩间设固定的挡水墙。在靠近闸室附近的上、下游两侧岸坡采用钢筋混凝土或浆砌块石护坡，再向上、下游延伸接以块石护坡。

3. 刺墙

当侧向防渗长度难以满足要求时，可在边墩后设置插入岸坡的防渗刺墙。

4. 防渗、排水设施

两岸防渗布置必须与闸底地下轮廓线的布置相协调。要求上游翼墙与铺盖以及翼墙插入岸坡部分的防渗布置，在空间上连成一体。若铺盖长于翼墙，在岸坡上也应设铺盖，或在伸出翼墙范围的铺盖侧部加设垂直防渗设施。

在下游翼墙的墙身上设置排水设施，形式有排水孔、连续排水垫层。

二、水闸主体结构的施工技术

水闸主体结构施工主要包括闸身上部结构预制构件的安装以及闸底板、闸墩、止水设施和门槽等方面的施工内容。

为了尽量减少不同部位混凝土浇筑时的相互干扰，在安排混凝土浇筑施工次序时，可从以下几个方面考虑：

先深后浅。先浇深基础，后浇浅基础，以避免浅基础混凝土产生裂缝。

先重后轻。荷重较大的部位优先浇筑，待其完成部分沉陷后，再浇相邻荷重较小的部位，以减小两者之间的不均匀沉陷。

先主后次。优先浇筑上部结构复杂、工种多、工序时间长、对工程整体影响大的部位或浇筑块。

穿插进行。在优先安排主要关键项目、部位的前提下，见缝插针，穿插安排一些次要、零星的浇筑项目或部位。

（一）底板施工

水闸底板有平底板与反拱底板两种，平底板为常用底板。这两种闸底板虽都是混凝土浇筑，但施工方法不一样，下面分别予以介绍。

1. 平底板的施工

（1）浇注块划分

混凝土水闸常由沉降缝和温度缝分为许多结构块，施工时应尽量利用结构缝分块。当永久缝间距很大，所划分浇筑块面积太大，以致混凝土拌和运输能力或浇筑能力满足不了需要时，则可设置一些施工缝，将浇筑块面积划小些。浇注块的大小，可根据施工条件，在体积、面积及高度三个方面进行控制。

（2）混凝土浇筑

闸室地基处理后，软基上多先铺筑素混凝土垫层 8~10 cm，以保护地基，找平基面。浇筑前先进行扎筋、立模、搭设舱面脚手架和清仓等工作。

浇筑底板时，运送混凝土入仓的方法很多。可以用载重汽车装载立罐通过履带式起重机吊运入仓，也可以用自卸汽车通过卧罐、履带式起重机入仓。采用上述两种方法时，都不需要在舱面搭设脚手架。

一般中小型水闸采用手推车或机动翻斗车等运输工具运送混凝土入仓，且需在舱面设脚手架。

水闸平底板的混凝土浇筑，一般采用平层浇筑法。但当底板厚度不大，拌和站的生产能力受到限制时，可采用斜层浇筑法。

底板混凝土的浇筑，一般先浇上、下游齿墙，然后再从一端向另一端浇筑。当底板混凝土方量较大，且底板顺水流长度在 12 m 以内时，可安排两个作业组分层浇筑。

钢筋混凝土底板，往往有上下两层钢筋。在进料口处，上层钢筋易被砸变形。故开始浇筑混凝土时，该处上层钢筋可暂不绑扎，待混凝土浇筑面将要到达上层钢筋位置时，再进行绑扎，以免因校正钢筋变形而延误浇筑时间。

2. 反拱底板的施工

（1）施工程序

由于反拱底板对地基的不均匀沉陷反应敏感，因此必须注意施工程序。目前采用有下述两种方法。

1）先浇筑闸墩及岸墙，后浇反拱底板。为减少水闸各部分在自重作用下产生不均匀沉陷，造成底板开裂破坏，应尽量将自重较大的闸墩、岸墙先浇筑到顶（以基底不产生塑性为限）。接缝钢筋应预埋在墩墙底板中，以备今后浇入反拱底板内。岸墙应及早夯填到顶，使闸墩岸墙地基预压沉实。此法目前采用较多，对于黏性土或砂性土均可采用。

2）反拱底板与闸墩岸墙底板同时浇筑。此法适用于地基较好的水闸，虽然对反拱底板的受力状态较为不利，但其保证了建筑的整体性，同时减少了施工工序，便于施工安排。对于缺少有效排水措施的砂性土地基，采用此法较为有利。

（2）施工要点

1）由于反拱底板采用土模，因此必须做好基坑排水工作。尤其是沙土地基，不做好排水工作，土模控制将很困难。

2）挖模前将基土夯实，再按设计要求放样开挖，土模挖好后，在其上先铺一层约 10 cm 厚的砂浆，具有一定强度后加盖保护，以待浇筑混凝土。

3）采用第一种施工程序，在浇筑岸、墩墙底板时，应将接缝钢筋一头埋在岸、墩墙底板之内，另一头插入土模中，以备下一阶段浇入反拱底板。岸、墩墙浇筑完毕后，应尽量推迟底板的浇筑，以便岸、墩墙基础有更多的时间夯实。反拱底板尽量在低温季节浇筑，以减小温度应力，闸墩底板与反拱底板的接缝按施工缝处理，以保证其整体性。

4）当采用第二种施工程序时，为了减少不均匀沉降对整体浇筑的反拱底板的不利影响，可在拱脚处预留一缝，缝底设临时铁皮止水，缝顶设"假铰"，待大部分上部结构荷载施加以后，便在低温期用二期混凝土封堵。

5）为了保证反拱底板的受力性能，在拱腔内浇筑的门槛、消力坎等构件，需在底板混凝土凝固后浇筑二期混凝土，且不应使两者成为一个整体。

（二）闸墩施工

由于闸墩高度大、厚度小，门槽处钢筋较密，闸墩位置要求严格，所以闸墩的立模与混凝土浇筑是施工中的主要难点。

1. 闸墩模板安装

为使闸墩混凝土一次浇筑达到设计高程，闸墩模板不仅要有足够的强度，而且要有足够的刚度。所以闸墩模板安装以往采用"铁板螺栓、对拉撑木"的立模支撑方法。此法虽需耗用大量木材（对于木模板而言）和钢材，工序繁多，但对中小型水闸施工较为方便。有条件的施工单位，在闸墩混凝土浇筑中逐渐采用翻模施工方法。

（1）"铁板螺栓、对拉撑木"的模板安装

立模前，应准备好固定模板的对销螺栓及空心钢管等。常用的对销螺栓有两种形式：一种是两端都车螺纹的圆钢；另一种是一端带螺纹另一端焊接上一块 5 mm×40 mm×400 mm 的扁铁的螺栓，扁铁上钻两个圆孔，以便将其固定在对拉撑木上。空心圆管可用长度等于闸墩厚度的毛竹或混凝土空心撑头。

闸墩立模时，其两侧模板要同时相对进行。先立平直模板，后立墩头模板。在闸底板上架立第一层模板时，必须保持模板上口水平。在闸墩两侧模板上，每隔 1 m 左右钻与螺栓直径相应的圆孔，并于模板内侧对准圆孔撑以毛竹或混凝土撑头，然后将螺栓穿入，且两头穿出横向围图和竖向围图，然后用螺帽固定在竖向围图上。铁板螺栓带扁铁的一端与水平拉撑木相接，与两端均车螺丝的螺栓相间布置。

（2）翻模施工

翻模施工法立模时一次至少立三层，当第二层模板内混凝土浇至腰箍下缘时，第一层模板内腰箍以下部分的混凝土须达到脱模强度，这样便可拆掉第一层，去架立第二层模板，并绑扎钢筋。依次类推，保持混凝土浇筑的连续性，以避免产生冷缝。

2. 混凝土浇筑

闸墩模板立好后，随即进行清仓工作。清仓用高压水冲洗模板内侧和闸墩底面，污水则由底层模板的预留孔排出，清仓完毕堵塞小孔后，即可进行混凝土浇筑。闸墩混凝土浇筑，主要是解决好两个问题：一是每块底板上闸墩混凝土的均衡上升；二是流态混凝土的入仓方式及仓内混凝土的铺筑方法。

当落差大于 2 m 时，为防止流态混凝土下落产生离析，应在仓内设置溜管，可每隔 2～3 m 设置一组。仓内可把浇筑面分划成几个区段，分段进行浇筑。每坯混凝土厚度可控制在 30 cm 左右。

（三）止水设施的施工

为了适应地基的不均匀沉降和伸缩变形，在水闸设计中均设置温度缝与沉陷缝，并常用沉陷缝代替温度缝作用。缝有铅直和水平的两种，缝宽一般为 1.0～2.5 cm。缝中填料及止水设施，在施工中应按设计要求确保质量。

1. 沉陷缝填料的施工

沉陷缝的填充材料，常用的有沥青油毛毡、沥青杉木板及泡沫板等。填料的安装有两种方法。

一种是先将填料用铁钉固定在模板内侧后，再浇混凝土，拆模后填料即粘在混凝土面上，然后再浇另一侧混凝土，填料即牢固地嵌入沉降缝内。如果沉陷缝两侧的结构需要同时浇灌，则沉陷缝的填充材料在安装时要竖立平直，浇筑时沉陷缝两侧流态混凝土的上升高度要一致。

另一种是先在缝的一侧立模浇混凝土，并在模板内侧预先钉好安装填充材料的长铁钉数排，并使铁钉的 1/3 留在混凝土外面，然后安装填料，敲弯铁尖，使填料固定在混凝土面上，再立另一侧模板和浇混凝土。

2. 止水的施工

凡是位于防渗范围内的缝，都有止水设施，止水包括水平止水和垂直止水，常用的有止水片和止水带。

（1）水平止水

水平止水大都采用塑料止水带，其安装与沉陷缝安装方法一样。

（2）垂直止水

止水部分的金属片，重要部分用浆铜片，一般用铝片、镀锌铁皮或镀铜铁皮等。

对于需灌注沥青的结构形式，可按照沥青井的形状预制混凝土槽板，每节长度可为 0.3～0.5 m，与流态混凝土的接触面应凿毛。安装时需涂抹水泥砂浆，随缝的上升分段接高。沥青井的可一次灌注，也可分段灌注。止水片接头要进行焊接。

（3）接缝交叉的处理

止水交叉有两类：一是铅直交叉（指垂直缝与水平缝的交叉），二是水平交叉（指水平缝与水平缝的交叉）。交叉处止水片的连接方式也可分为两种：一种是柔性连接，即将金属止水片的接头部分埋在沥青块体中；另一种是刚性连接，即将金属止水片剪裁后焊接成整体。在实际工程中可根据交叉类型及施工条件决定连接方法，铅直交叉常用柔性连接，而水平交叉则多用刚性连接。

（四）门槽二期混凝土施工

采用平面闸门的中小型水闸，在闸墩部位都设有门槽。为了减小闸门的启闭力及闸门封水，门槽部分的混凝土中埋有导轨等铁件，如滑动导轨、主轮、侧轮及反轮导轨、止水座等。这些铁件的埋设可采取预埋及留槽后浇混凝土两种方法。小型水闸的导轨铁件较小，可在闸墩立模时将其预先固定在模板的内侧。闸墩混凝土浇筑时，导轨等铁件即浇入混凝土中。由于大、中型水闸导轨较大、较重，在模板上固定较为困难，宜采用预留槽后，浇二期混凝土的施工方法。

1. 门槽垂直度控制

门槽及导轨必须铅直无误，所以在立模及浇筑过程中应随时用吊锤校正。校正时，可在门槽模板顶端内侧钉一根大铁钉（钉入 2/3 长度），然后把吊锤系在铁钉端部，待吊锤静止后，用钢尺量取上部与下部吊锤线到模板内侧的距离，如相等则该模板垂直，否则按照偏斜方向予以调整。

2. 门槽二期混凝土浇筑

在闸墩立模时，于门槽部位留出较门槽尺寸大的凹槽。闸墩浇筑时，预先将导轨基础螺栓按设计要求固定于凹槽的侧壁及正壁模板，模板拆除后基础螺栓即埋入混凝土中。

导轨安装前，要对基础螺栓进行校正，安装过程中必须随时用垂球进行校正，使其铅直无误。导轨就位后即可立模浇筑二期混凝土。

闸门底槛设在闸底板上，在施工初期浇筑底板时，若铁件不能完成，可在闸底板上留槽以后浇二期混凝土。

浇筑二期混凝土时，应采用较细骨料混凝土，并细心捣实，不要振动已装好的金属构件。门槽较高时，不要直接从高处下料，可以分段安装和浇筑。二期混凝土拆模后，应对埋件进行复测，并做好记录，同时检查混凝土表面尺寸，清除遗留杂物、钢筋头，以免影响闸门启闭。

3. 弧形闸门的导轨安装及二期混凝土浇筑

弧形闸门的启闭是绕水平轴转动，转动轨迹由支臂控制，所以不设门槽，但为了减小启闭门力，在闸门两侧亦设置转轮或滑块，因此也有导轨的安装及二期混凝土施工。

为了便于导轨安装，在浇筑闸墩时，根据导轨的设计位置预留 20 cm×80 cm 的凹槽，槽内埋设两排钢筋，以便用焊接方法固定导轨。安装前应对预埋钢筋进行校正，并在预留槽两侧，设立垂直闸墩侧面并能控制导轨安装在直度的若干对称控制点。安装时，先将校正好的导轨分段与预埋的钢筋临时点焊接数点。待按设计坐标位置逐一校正无误，并根据垂直平面控制点，用样尺检验调整导轨垂直度后，再电焊牢固，最后浇筑二期混凝土。

三、闸门的安装方法

闸门是水工建筑物的孔口上用来调节流量，控制上下游水位的活动结构。它是水工建筑物的一个重要组成部分。

闸门主要由三部分组成：主体活动部分，用以封闭或开放孔口，通称闸门或门叶；埋固部分，是预埋在用墩、底板和胸墙内的固定件，如支承行走埋设件、止水埋设件和护砌埋设件等；启闭设备，包括连接闸门和启闭机的螺杆或钢丝绳索和启闭机等。

闸门按其结构形式可分为平面闸门、弧形闸门及人字闸门三种。闸门按门体的材料可分为钢闸门。钢筋混凝土或钢丝水泥闸门，木闸门及铸铁闸门等。

所谓闸门安装是将闸门及其埋件装配，安置在设计部位。由于闸门结构的不同，各种闸门的安装，如平面闸门安装、弧形闸门安装、人字闸门安装等、略有差异，但一般可分为埋件安装和门叶安装两部分。

1. 平面闸门安装

主要介绍平面钢闸门的安装。

平面钢闸门的闸门主要由面板，梁格系统，支承行走部件，止水装置和吊具等组成。

（1）埋件安装

闸门的埋件是指埋设在混凝土内的门槽固定构件。包括底槛、主轨、侧轨、反轨和门棚等。安装顺序一般是设置控制点线，清理，校正预埋螺栓，吊入底槛并调整其中心、高程、里程和水平度，经调整、加固、检查合格后，浇筑底槛二期混凝土。设置主、反、侧轨安装控制点，吊装主轨、侧轨、反轨和门相并调整各部件的高程、中心、里程、垂直度及相对尺寸，经调整、加固、检查合格，分段浇筑二期混凝土。二期混凝土拆模后，复测埋件的安装精度和二期混凝土槽的断面尺寸，超出允许误差的部位须进行处理，以防闸门关闭不严，出现漏水或启闭时出现卡阻现象。

（2）门叶安装

如门叶尺寸小，则在工厂制成整体运至现场，经复测检查合格，装上止水橡皮等附件后，直接吊入门槽。如门叶尺寸大，由工厂分节制造，运到工地后，在现场组装。

① 闸门组装。组装时，要严格控制门叶的平直性和各部件的相对尺寸，分节门叶的节间联结通常采用焊接、螺栓联结、销轴联结三种方式。

② 闸门吊装。分节门叶的节间如果是螺栓和销轴联结的闸门，若起吊能力不够，在吊装时需将已组成的门叶拆开，分节吊入门槽，在槽内再联结成整体。

（3）闸门启闭试验

闸门安装完毕后，需作全行程启闭试验，要求门叶启闭灵活无卡阻现象，闸门关闭严密，漏水量不超过允许值。

2. 弧形闸门安装

弧形闸门由弧形面板、梁系和支臂组成。弧形闸门的安装，根据其安装高低位置不同，分为露顶式弧形闸门安装和潜孔式闸门安装。

（1）露顶式弧形闸门安装

露顶式弧形闸门包括底槛、侧止水座板、侧轮导板、铰座和门体。安装顺序：

① 在一期混凝土浇筑时预埋铰座基础螺栓，为保证铰座的基础螺栓安装准确，可用钢板或型钢将每个铰座的基础螺栓组焊在一起，进行整体安装、调整、固定。

② 埋件安装，先在闸孔混凝土底板和闸墩边墙上放出各埋件的位置控制点，接着安装底槛、侧止水导板、侧轮导板和铰座，并浇筑二期混凝土。

③ 门体安装，有分件安装和整体安装两种方法。分件安装是先将铰链吊起，插入铰座，于空间穿轴，再吊支臂用螺栓与铰链连接；也可先将铰链和支臂组成整体，再吊起插入铰座进行穿轴；若起吊能力许可，可在地面穿轴后，再整体吊入。2 个直臂装好后，将其调至同一高程，再将面板分块装于支臂上，调整合格后，进行面板焊接和将支臂端部与面板相连的连接板焊好。门体装完后起落 2 次，使其处于自由状态，然后安装侧止水橡皮，补刷油漆，最后再启闭弧门检查有无卡阻和止水不严现象。整体安装是在闸室附近搭设的组装平台上进行，将 2 个已分别与铰链连接的支臂按设计尺寸用撑杆连成一体，再于支臂上逐个吊装面板，将整个面板焊好，经全面检查合格，拆下面板，将 2 个支臂整体运入闸室，吊起插入铰座，进行穿轴，而后吊装面板。此法一次起吊重量大，2 个支臂组装时，其中心距要严格控制，否则会给穿轴带来困难。

（2）潜孔式弧形闸门安装

设置在深孔和隧洞内的潜孔式弧形闸门，顶部有混凝土顶板和顶止水，其埋件除与露顶式相同的部分外，一般还有铰座钢梁和顶门楣。安装顺序：

① 铰座钢梁宜和铰座组成整体，吊入二期混凝土的预留槽中安装。

② 埋件安装。深孔弧形闸门是在闸室内安装，故在浇筑闸室一期混凝土时，就需将锚钩埋好。

③ 门体安装方法与露顶式弧形闸门的基本相同，可分体装，也可整体装。门体装完后要起落数次，根据实际情况，调整顶门楣，使弧形闸门在启闭过程中不发生卡阻现象，同时门楣上的止水橡皮能和面板接触良好，以免启闭过程中门叶顶部发生涌水现象。调整合格后，浇筑顶门楣二期混凝土。

④ 为防止闸室混凝土在流速高的情况下发生空蚀和冲蚀，有的闸室内壁设钢板衬砌。钢衬可在二期混凝土时安装，也可在一期混凝土时安装。

3. 人字闸门安装

人字闸门由底枢装置、顶枢装置、支枕装置、止水装置和门叶组成。人字闸门分埋件和门叶两部分进行安装。

（1）埋件安装。包括底枢轴座、顶枢埋件、枕座、底槛和侧止水座板等。其安装顺序：设置控制点，校正预埋螺栓，在底枢轴座预埋螺栓上加焊调节螺栓和垫板，将埋件分别布置在不同位置，根据已设的控制点进行调整，符合要求后，加固并浇筑二期混凝土。为保证底止水安装质量，在门叶全部安装完毕后，进行启闭试验时安装底槛，安装时以门叶实际位置为基准，并根据门叶关闭后止水橡皮的压缩程度适当调整底槛，合格后浇筑二期混凝土。

（2）门叶安装。首先在底枢轴座上安装半圆球轴（蘑菇头），同时测出门叶的安装位置，一般设置在与闸门全开位置呈 120°～130°的夹角处，门叶安装时需有 2 个支点，底枢半圆球轴为一支点，在接近斜接柱的纵梁隔板处用方木或型钢铺设另一临时支点，根据门叶大小、运输条件和现场吊装能力，通常采用整体吊装、现场组装和分节吊装三种安装方法。

四、启闭机的安装方法

在水工建筑物中，专门用于各种闸门开启与关闭的起重设备称为闸门启闭机。将启闭闸门的起重设备装配、安置在设计确定部位的工程称作闸门启闭机安装。

闸门启闭机安装分固定式和移动式启闭机安装两类。固定式启闭机主要用于工作闸门和事故闸门，每扇闸门配备 1 台启闭机，常用的有卷扬式启闭机、螺杆式启闭机和液压式启闭机等。移动式启闭机可在轨道上行走，适用于操作多孔闸门，常用的有门式、台式和桥式等几种。

大型固定式启闭机的一般安装程序：埋设基础螺栓及支撑垫板；安装机架；浇筑基础二期混凝土；在机架上安装提升机构；安装电气设备和安保元件；联结闸门作启闭机操作试验，使各项技术参数和继电保护值达到设计要求。

移动式启闭机的一般安装程序：埋设轨道基础螺栓；安装行走轨道；并浇筑二期混凝土；在轨道上安装大车构架及行走台车；在大车梁上安装小车轨道、小车架、小车行走机构和提升设备；安装电气设备和安保元件；进行空载运行及负荷试验，使各项技术参数和继电保护值达到设计要求。

1. 固定式启闭机的安装

（1）卷扬式启闭机的安装

卷扬式启闭机由电动机、减速箱、传动轴和绳鼓所组成。卷扬式启闭机是由电力或人力驱动减速齿轮，从而驱动缠绕钢丝绳的绳鼓，借助绳鼓的转动，收放钢丝绳使闸门升降。

固定卷扬式启闭机安装顺序：在水工建筑物混凝土浇筑时埋入机架基础螺栓和支承垫板，在支承垫板上放置调整用楔形板；安装机架，按闸门实际起吊中心线找正机架的中心、水平、高程；拧紧基础螺母；浇筑基础二期混凝土；固定机架。

在机架上安装、调整传动装置，包括：电动机、弹性联轴器、制动器、减速器、传动轴，齿轮联轴器、开式齿轮、轴承、卷筒等。

固定卷扬式启闭机的调整顺序：按闸门实际起吊中心找正卷筒的中心线和水平线；并将卷筒轴的轴承座螺栓拧紧；以与卷筒相联的开式大齿轮为基础，使减速器输出端开式小齿轮与大齿轮啮合正确；以减速器输入轴为基础，安装带制动轮的弹性联轴器，调整电动机位置使联轴器的两片的同心度和垂直度符合技术要求；根据制动轮的位置，安装与调整制动器；若为双吊点启闭机，要保证传动轴与两端齿轮联轴节的同轴度；传动装置全部安装完毕后，检查传动系统动作的准确性，灵活性，并检查各部分的可靠性；安装排绳装置、滑轮组、钢丝绳、吊环、扬程指示器、行程开关、过载限制器、过速限制器及电气操作系统等。

（2）螺杆式启闭机安装

螺杆式启闭机是中小型平面闸门普遍采用的启闭机。它由摇柄，主机和螺栓组成。螺杆的下端与闸门的吊头连接，上端利用螺杆与承重螺母相扣合。当承重螺母通过与其连接的齿轮被外力（电动机或手摇）驱动面旋转时，它驱动螺杆作垂直升降运动，从而启闭闸门。

安装过程包括基础埋件的安装、启闭机安装、启闭机单机调试、启闭机负荷试验。

安装前，首先检查启闭机各传动轴，轴承及齿轮的转动灵活性和啮合情况，着重检查螺母螺纹的完整性，必要时应进行妥善处理。

检查螺杆的平直度，每米长弯曲超过 0.2 mm 或有明显弯曲处可用压力机进行机械校直。螺杆螺纹容易碰伤，要逐圈进行检查和修正。无异状时，在螺纹外表涂以润滑油脂，并将其拧入螺母，进行全行程的配合检查。不合适处应修正螺纹，然后整体竖立，将它吊入机架或工作桥上就位，以闸门吊耳找正螺杆下端连接孔，并进行连接。

挂一线锤，以螺杆下端头为准，移动螺杆启闭机底座，使螺杆处于垂直状态，对双吊点的螺杆式启闭机，两侧螺杆找正后，安装中间同步轴，螺杆找正和同步轴连接合格后，最后把机座固定。

对电动螺杆式启闭机，安装电动机及其操作系统后应作电动操作试验及行程限位整定等。

（3）液压式启闭机的安装

液压式启闭机由机架、油缸、油泵、阀门、管路、电机和控制系统等组成。油缸拉杆下端与闸门吊耳交接，液压式启闭机分单向与双向两种。

液压式启闭机通常由制造厂总装并试验合格后整体运到工地，若运输保管得当，且出厂不满一年，可直接进行整体安装。否则，要在工地进行分解，清洗，检查，处理和重新装配。安装程序：

1）安装基础螺栓，浇筑混凝土；

2）安装和调整机架；

3）油缸吊装于机架上，调整固定；

4）安装液压站与油路系统；

5）滤油和充油；

6）启闭机调试后与闸门联调。

2. 移动式启闭机的安装

移动式启闭机安装在坝顶或尾水平台上，能沿轨道移动，用于启闭多台工作闸门和检修闸门。常用的移动式启闭机有门式、台式和桥式等几种。

移动式启闭机行走轨道均采取嵌入混凝土方式，先在一期混凝土中埋入基础调节螺纹。经位置校正后，安放下部调节螺母及垫板，然后连根吊装轨道，调整轨道高程，中心，轨距及接头错位，再用上压板和夹紧螺母紧固，最后分段浇筑二期混凝土。

第二节　渠系主要建筑物的施工技术

渠系建筑物主要包括渠道、渡槽、涵洞、倒虹吸管、联水与陡坡、水闸等。本部分着重介绍渠道、渡槽、倒虹吸管的施工方法。

一、渠系建筑物组成及特点

在渠道上修建的建筑物称为渠道系统中的水工建筑物，简称渠系建筑物。

（一）渠系建筑物的分类

渠系建筑物按其作用可分为：

（1）渠道。是指为农田灌溉、水力发电、工业及生活输水用的、具有自由水面的人工水道。

（2）调节及配水建筑物。用以调节水位和分配流量，如节制闸、分水闸等。

（3）交叉建筑物。渠道与山谷、河道、道路、山岭等相交时所修建的建筑物，如渡槽、倒虹吸管、涵洞等。

（4）落差建筑物。在渠道落差集中处修建的建筑物，如跌水、陡坡等。

（5）量水建筑物。为保护渠道及建筑物安全或进行维修，用以放空集水的建筑物，如泄水闸、虹吸泄洪道等。

（6）冲沙和沉沙建筑物。为防止和减少渠道聚积，在渠首或渠系中设置的冲沙和沉沙设施，如冲沙闸、沉沙池等。

（7）量水建筑物。用以计量输配水量的设施，如量水堰等。

（二）渠系建筑物的特点

（1）面广量大，总投资多。渠系中的建筑物，一般规模不大，但数量多，总的工程量和造价在整个工程中所占比重较大。

（2）同一类型的渠系建筑物的工作条件、结构形式、构造尺寸较为近似。因此，在一个浦区内可以较多地采用同一的结构形式和施工方法，广泛采用定型设计和预制装配式结构。

（三）渠系建筑物的组成

1. 渠道

（1）渠道的分类

渠道按用途可分为灌溉渠道。动力渠道（引水发电用），供水渠道，通航渠道和排水渠道等。

（2）渠道的横断面

渠道模断面的形状，在土基上多采用梯形，两侧边坡根据土质情况和开挖深度或填筑高度确定，在岩基上接近矩形。

断面尺寸取决于设计流量和不冲不淤流速，可根据给定的设计流量，纵坡等用明渠均匀流公式计算确定。

（3）渠道防渗

实践证明，对渠道进行砌护防渗，不仅可以消除渗漏带来的危害，还能减小渠道糙率，提高输水能力和抗冲能力，进而可以减小渠道断面及渠系建筑物的尺寸。

为减小渗漏量和降低渠床糙率，一般均需在渠床加做护面，护面材料主要有：砌石、黏土、灰土、混凝土以及防渗膜等。

2. 渡槽

（1）渡槽的作用和组成

渡槽是渠道跨越河，沟，路或洼地时修建的过水桥。它由进口段、槽身、支承结构、基础和出口段等部分组成。

渡槽与倒虹吸管相比具有水头损失小，便于运行管理等优点。在渠道绕线或高填方方案不经济时，往往优先考虑渡槽方案，渡槽是渠系建筑物中应用最广的交叉建筑物之一。

渡槽除输送渠水外，还用于排洪和导流等方面。当挖方渠道与冲沟相交时，为防止山洪及泥沙入渠，在渠道上修建排洪渡槽。当在流量较小的河道上进行施工导流时，可在基坑上修建渡槽，以使上游来水通过渡槽泄向下游。

（2）渡槽的形式

渡槽根据支承结构形式可分为梁式渡槽和拱式渡槽两大类。

1）梁式渡槽

梁式渡槽的槽身搁置在槽墩或槽架上，槽身在纵向起梁的作用。

梁式渡槽的跨度大小与地形地质条件，支撑高度，施工方法等因素有关，一般不大于 20 m，常采用 8～15 m。梁式渡槽的优点是结构比较简单，施工较方便。当跨度较大时，可采用预应力混凝土结构。

2）拱式渡槽

当槽身支承在拱式支承结构上时，称为提式渡槽。其支撑结构由槽墩，主拱圈，拱上结构组成。主拱圈主要承受压应力，可用抗拉强度小面抗压强度大的材料（如石料、混凝土等）建造，并可用于大跨度。

（3）渡槽的整体布置

渡槽的整体布置包括槽址选择、结构选型、进出口段的布置。

梁式渡槽的槽身横断面常用矩形和 U 形，矩形槽身可用浆砌石成钢筋混凝土建造。携式渡槽的槽身一般为预制的钢筋混凝土 U 形槽或矩形槽。

为使槽内水流与渠道平顺衔接，在渡槽的进、出口需要设置渐变段。

3. 倒虹吸管

倒虹吸管是当渠道横跨山谷、河流、道路时，为连接渠道而设置的压力管道，其形状如倒置的虹吸管。它与渡槽相比较，具有造价低，施工方便的优点，但水头损失较大，运行管理不如渡槽方便。它应用于修建渡槽困难，或需要高填方建渠道的场合。在渠道水位与所跨越的河流或路面高程接近时，也常用倒虹吸方案。

倒虹吸管由进口段、管身和出口段三部分组成。

（1）进口段。进口段包括：渐变段、闸门、拦污栅，有的工程还设有沉沙池。进口段要与渠道平顺衔接，以减少水头损失。渐变段可以做成扭曲面或八字墙等形式。闸门用于管内清淤和检修。不设闸门的小型倒虹吸管，可在进口侧墙上预留检修门槽，需用时临时插板指水。在多泥沙河流上，为防止渠道水流携带的粗颗粒泥沙进入倒虹吸管，可在闸门与拦污栅前设置沉沙池。

（2）出口段。出口段的布置形式与进口段基本相同。单管可不设闸门；若为多管，可在出口段侧墙上预留检修门槽，出口渐变段比进口渐变段稍长。

（3）管身。管身断面可为圆形或矩形。圆形管因水力条件和受力条件较好，大、中型工程多采用这种形式；矩形管仅用于水头较低的中、小型工程，根据流量大小和运用要求；倒虹吸管可以设计成单管、双管或多管。

4. 涵洞

（1）涵洞是渠道与溪谷、道路等相交叉时。为宣泄溪谷来水或输送渠水，在填方渠道或道路下修建的交叉建筑物。

（2）涵洞由进口段，洞身和出口段三部分组成，其顶部往往有填土。涵洞一般不设闸门，有闸门时称为涵洞式或封闭式水闸。进、出口段是润身与渠道或沟溪的连接部分，其形式选择应使本流平顺地进出洞身，以减小水头损失。

（3）小型涵洞的进、出口段都用浆砌石建造。大、中型工程可采用混凝土或钢筋混凝土结构。

（4）由于水流状态的不同，涵洞可能是无压的，有压的或半有压的。有压涵洞的特点是工作时水流充满整个洞身断面，洞内水流自进口至出口均处于有压流状态；无压涵洞是渠道上输水涵洞的主要形式，其特点是洞内水流具有自由表面，自进口至出口始终保持无压流状态；半有压通洞的特点是进口洞顶水流封闭，但洞内的水流仍具有自由表面。

（5）涵洞的形式一般是指润身的形式。根据用途、工作特点、结构形式和建筑材料等常分为圆形，箱形，盖板式及拱涵等几种。圆形涵洞受力条件好，泄水能力大，宜于预制，适用于上面填土较厚的情况，为有压涵洞的主要形式；箱式涵洞多为四边封闭的矩形钢筋混凝土结构，泄量大时可用双孔或多孔，适用于填土较浅的无压或低压涵洞，也有单孔和多孔之分，适用于填土高度及跨度较大而侧压力较小的无压涵洞。

5. 跌水及陡坡

（1）当渠道通过地面坡度较陡的地段成天然跌坎，在落差集中处可建跌水或陡坡。使渠道上游水流自由跌落到下游渠道的落差建筑物称为跌水；使上游渠道沿陡槽下泄到下游渠道的落差建筑物，称为陡坡。

（2）根据地面坡度大小和上下游渠道落差的大小。可采用单级跌水或多级跌水，二者构造基本相同，跌水的上下游渠底高差称为跌差，一般土基上单级跌水的跌差小于 3～5 m，超过此值时宜做成多级跌水。

（3）单级跌水一般由进口连接段、跌水口、跌水墙、侧墙、消力池和出口连接段组成。多级跌水的组成和构造与单级跌水相同，只是将消力池做成几个阶梯，各级落差和消力池长度都相等，使每级具有相同的工作条件，并便于施工。

（4）能坡的构造与跌水相似，不同之处是陡坡段代替了跌水墙。

二、渠系主要建筑物的施工方法

（一）渠道施工

渠道施工包括渠道开挖，渠堤填筑和渠道衬砌。渠道施工的特点是工程量大，施工线路长，场地分散，但工种单纯，技术要求较低。

1. 渠道开挖

渠道开挖的施工方法有人工开挖、机械开挖和爆破开挖等。开挖方法的选择取决于技术条件、土壤特性、渠道横断面尺寸、地下水位等因素。渠道开挖的土方多堆在渠道两侧用作渠堤。因此，铲运机、推土机等机械得到广泛的应用。

（1）人工开挖

① 施工排水

渠道开挖首先要解决地表水或地下水对施工的干燥问题，办法是在渠道中设置排水沟，排水沟的布置既要方便施工，又要保证排水的通畅。

② 开挖方法

在干地上开挖，应自渠道中心向外，分层下挖，先深后宽。为方便施工，加快工程进度，边坡处可先按设计坡度要求挖成台阶状，待挖至设计深度时再进行削坡，开挖后的弃土，应先行规划，尽量做到挖填平衡。开挖方法有一次到底法和分层下挖法。

一次到底法适用于土质较好，挖深 2～3 m 的渠道，开挖时先将排水沟挖到低于渠底设计高程 0.5 m 处，然后按阶梯状向下逐层开挖至渠底。

分层下挖法适用于土质较软，含水量较高，渠道挖深较大的情况。可将排水沟布置在渠道中部，逐层下挖排水沟，直至渠底。当渠道较宽时，可采用翻滚排水沟法，用此法施工，排水沟断面小，施工安全，施工布置灵活。

③ 边坡开挖与削坡

开挖渠道如一次开挖成坡，将影响开挖进度。因此，一般先按设计坡度要求挖成台阶状，其高宽比按设计坡度要求开挖，最后进行削坡。

（2）机械开挖

① 推土机开挖。渠道深度一般不宜超过 1.5～2.0 m，填筑渠堤高度不宜超过 2～3 m，其边坡不宜陡于 1∶2。推土机还可用于平整渠底，清除腐殖土层，压实渠堤等。

② 铲运机开挖。铲运机最适宜开挖全挖方渠道或半挖半填渠道，对需要在纵向调配土方的渠道，如运距不远，也可用砂运机开挖，护运机开挖渠道的开行方式有：

环形开行：当渠道开挖宽度大于铲土长度，而填土或弃土宽度又大于卸土长度，可采用横向环形开行，反之，则采用纵向环形开行，铲土和填土位置可逐渐错动，以完成所需断面。

"8"字形开行：当工作前线较长，填挖高差较大时，则应采用"8"字形开行。其进口坡道与挖方轴线间的夹角以 40°～60° 为宜，过大则重车转弯不便，过小则加大运距。

③ 爆破开挖。采用爆破法开挖渠道时，药包可根据开挖断面的大小沿渠线布置成一排或几排。当渠底宽度大于深度的 2 倍以上时，应布置 2～3 排以上的药包，但最多不宜超过 5 排，以免爆破后回落土方过多，单个药包装药量及间隔排距应根据爆破试验确定。

2. 渠堤城筑

渠堤填筑前要进行清基。清除基础范围内的块石、树根、草皮、淤泥等杂质，并将基面略加平整，然后进行创毛，如基础过于干燥，还应洒水湿润，然后再填筑。

筑堤用的土料。以土块小的湿润散土为宜，如沙质壤土或沙质黏土。如用几种土料，应将透水性小的土料填筑在迎水面，透水性大的填筑在背水面，土料中不得掺有杂质，并应保持一定的含水量，以利压实，严禁使用冻土、淤泥、净砂等。

填方渠道的取土坑与堤脚应保持一定距离。挖土深度不宜超过 2 m，取土宜先远后近，并留有斜坡道以便运土。半填半挖渠道应尽量利用挖方填堤，只有土料不足或土质不能满足填筑要求时，才在取土坑取土。

渠堤填筑应分层进行。每层铺土厚度以 20～30 cm 为宜，并应铺平铺匀，每层铺土宽度应保证土堤断面略大于设计宽度，以免削坡后断面不足，堤顶应做成坡度为 2%～49% 的坡面，以利排水。填筑高度应考虑沉陷，一般可预加 5% 的沉陷量。

3. 渠道衬护

渠道衬护就是用灰土、水泥土、块石、混凝土、沥青、塑料薄膜等材料在渠道内壁铺砌一衬护层。在选择衬护类型时，应考虑以下原则，防漆效果好，因地制宜，就地取材，施工简便，能提高渠道输水能力。

（1）灰土衬护

灰土是由石灰和土料混合而成。衬护的灰土比一般为 1∶2～1∶6（重量比）。衬护厚度一般为 20～40 m，灰土施工时，先将过筛后的细土和石灰粉干拌均匀，再加水拌和，然后堆放一段时间，使石灰粉充分熟化，稍干后即可分层铺筑夯实，拍打坡面消除裂缝，灰土夯实后应养护一段时间再通水。

（2）砌石衬护

砌石衬护有三种形式：干砌块石、干砌卵石和浆砌块石。干砌块石用于土质较好的渠道，主要起防冲作用；浆砌块石用于土质较差的渠道，起抗冲防渗作用。

用干砌卵石衬砌施工时，应先按设计要求铺设垫层，然后再砌卵石。砌筑卵石以外形稍带自平面大小均匀的为好。砌筑时应采用直砌法，即要求卵石的长边垂直于边坡或渠底，并砌紧、砌平、错缝，且坐落在垫层上。为了防止砌面被局部冲毁而扩大，每隔 10～20 m 距离，用较大的卵石干砌或浆砌一道隔墙，隔墙深 60～80 cm，宽 40～50 cm，以增加渠底和边坡的稳定性。渠底隔墙可砌成拱形，其拱顶迎向水流方向，以提高抗冲能力。

砌筑顺序应遵循"先渠底，后边坡"的原则。

块石衬砌时，石料的规格一般以长 40～50 cm，宽 30～40 cm，厚度不小于

8～10 cm 为宜，要求有一面平整。

（3）混凝土衬护

混凝土衬护由于防漆效果好，一般能减少 90% 以上渗漏量，耐久性强、糙度小、强度高，便于管理，适应性强。因而成为一种广泛采用的衬护方法。

混凝土衬护有现场浇筑和预制装配两种形式。前者接缝少，造价低，适用于挖方渠段，后者受气候条件影响小，适用于填方渠段。

大型渠道的混凝土衬护多采用现浇施工。在渠道开挖和压实后，先设置排水，铺设垫层，然后浇筑混凝土。浇筑时按结构缝分段，一般段长为 10 m 左右，先浇渠底，后浇渠面，渠底一般多采用跳仓法浇筑。

装配式混凝土衬护，是在预制厂制作混凝土衬护板，运至现场后进行安装，然后覆注填缝材料。装配式混凝土预制板衬护，具有质量容易保证，施工受气候条件影响较小的特点，但接缝较多且防漏，抗冻性能较差，故多用于中小型渠道。

（4）沥青材料衬护

沥青材料渠道衬砌有沥青薄膜与沥青混凝土两大类。

沥青薄膜贵，防渗。按施工方法可分为现场浇筑和装配式两种。现场浇筑又可分为喷洒沥青和沥青砂浆两种。

现场喷洒沥青薄膜施工，首先要求将渠床整平，压实，并洒水少许，然后将温度为 200 ℃ 的软化沥青用喷洒机具，在 354 kPa 压力下均匀地喷洒在渠床上，形成厚 6～7 mm 的防渗薄膜。一般需喷洒两层以上，各层间需结合良好，喷洒沥青薄膜后，应及时进行质量检查和修补工作，最后在薄膜表面铺设保护层。

沥青砂浆防渗多用于渠底。施工时先将沥青和砂分别加热，然后进行拌和，排好后保持在 160～180 ℃，即行现场摊铺，然后用大方锹反复施压，蒸至出油，再作保护层。

（5）塑料薄膜衬护

用于渠道防渗的塑料薄膜厚度以 0.12～0.20 mm 为宜。塑料薄膜的铺设方式有表面式和埋藏式两种。表面式是将塑料薄膜铺干渠床表面，埋藏式是在铺好的塑料薄膜上铺筑土料或砌石作为保护层，保护层厚度一般不小于 30 cm，在寒冷地区加厚。

塑料薄膜衬砌渠道施工。大致可分为渠床开挖和修整、塑料薄膜的加工和铺设、保护层的填筑三个施工过程。塑料薄膜的接缝可采用焊接或搭接。

（二）渡槽施工

渡槽按施工方法分为装配式渡槽和现浇式渡槽两种类型。装配式渡槽具有简化施工、缩短工期、提高质量、减轻劳动强度、节约钢木材料、降低工程造价的特点，所以被广泛采用。

1. 装配式渡槽施工

装配式渡槽施工包括预制和吊装两个过程。

（1）构件的预制

① 排架的预制。槽架是渡槽的支承构件，为了便于吊装，一般选择靠近槽址的场地预制。制作的方式有地面立模和砖土胎模两种。

地面立模：在平坦夯实的地面上用 1：3：8 的水泥、黏土、砂浆抹面，厚约 1 cm 压抹光滑作为底模，立上侧模后就地自制，拆模后，当强度达到 70% 时，即可移出存放，以便重复利用场地。

砖土胎模：其底模和侧模均采用砌砖或夯实土做成，与构件接触面用水泥、黏土、砂浆抹面，并涂上脱模剂即可。使用土模应做好四周的排水工作。

② 槽身的预制。槽身的预制宜在两排架之间或排架一侧进行。槽身的方向可以垂直或平行于我槽的纵向轴线，根据吊装设备和方法而定，要避免因预制位置选择不当，从而造成起吊时发生摆动或冲击现象。

③ 预应力构件的制造。在制造装配式梁，板及柱时采取预应力钢筋混凝土结构。不仅能提高混凝土的抗裂性与耐久性，减轻构件自重，并可节约钢筋 20%～40%。预应力就是在构件使用前，预先加一个力，使构件产生应力，以抵消构件使用时荷载产生相反的应力。制造预应力钢筋混凝土构件的方法甚多，基本上可分为先张法和后张法两大类。

先张法就是在浇筑混凝土之前，先将钢筋拉张固定，然后立模浇筑混凝土，等混凝土完全硬化后，去掉拉张设备或剪断钢筋，利用钢筋弹性收缩的作用，通过钢筋与混凝土间的黏结力把压力传给混凝土，使混凝土产生预应力。

后张法就是在混凝土浇好以后再张拉钢筋。这种方法是在设计配置预应力钢筋的部位，预先留出孔道，等到混凝土达到设计强度后，再穿入钢筋进行拉张。拉张锚固后，让混凝土获得压应力，并在孔道内灌浆，最后卸去锚固外面的拉张设备。

（2）渡槽的吊装

① 排架的吊装。槽渠下部结构有支柱，槽渠和整体排架等。支柱和排架的吊装通常有垂直吊插法和就地旋转立装法两种。

垂直吊铺法是用吊装机具将整个排架垂直吊离地面后，再对准并插入基础预留的杯口中校正固定的吊装方法。

就地旋转立装法是把支架当作一旋转杠杆,其旋转轴心设于架脚,并于基础铰接好,吊装时用起重机吊钩拉吊排架顶部,排架就地旋转立于基础上。

② 槽身的吊装。槽身的吊装,基本上可分为两类,即起重设备架立于地面上吊装及起重设备架立于槽墩或槽身上吊装。

2. 现浇式渡槽施工

现浇式渡槽的施工主要包括槽墩和槽身网部分。

（1）槽墩的施工

渡槽槽墩的施工,一般采用常规方法,也可采用滑升模板施工,同时还需要在混凝土内掺速凝剂,以保证灌浇随滑升,不致使混凝土坍塌。

（2）槽身的施工

渡槽槽身的混凝土浇筑,就整座渡槽的浇筑顺序而言。有从一端向另一端推进或从两端向中部推进以及从中部增加两个工作面向两端推进等几种方式。槽身如采取分层浇筑时,必须合理选取分层高度,应尽量减小层数,并提高第一层的浇筑高度。对于断面较小的梁式渡槽一般均采用全断面一次平起浇筑的方式,U形薄壳双悬臂梁式渡槽,一般采用全断面一次平起浇筑。

（三）倒虹吸管施工

介绍现浇钢筋混凝土倒虹吸管的施工。

现浇倒虹吸管施工顺序一般为放样。清基和地基处理,管座施工,管模板的制作与安装,管钢筋的制作与安装;管道接头止水施工,混凝土浇筑,混凝土养护与拆模。

1. 管座施工

在清基和地基处理之后,即可进行管座施工。

管座的形式主要有刚性弧形管座,两节点式及中空式刚性管座。

（1）刚性弧形管座

刚性弧形管座通常是一次做好后,再进行管道施工,当管径较大时,管座事先做好,在浇筑管底混凝土时,则需在内模底部开置活动口,以便进料浇捣,为了避免在内模底部开口,也可采用管座分次施工的方法,先做好底部范围（中心角约 $80°$）的小弧座,以作为外模的一部分,待管底混凝土浇到一定程度时,即边砌小弧座旁的浆砌管座边浇混凝土，直到砌成整个管座为止。

（2）两点式及中空式刚性管座

两点式及中空式刚性管座均事先砌好管座，在基座底部挖空处可用土模代替外模。施工时，对底部回填土要仔细夯实，以防止在浇筑过程中，土壤产生压缩变形而导致混凝土开裂。

2. 混凝土的浇筑

在浦区建筑物中，倒虹吸管混凝土对抗拉、抗渗要求比一般结构的混凝土要严格得多。

要求混凝土的水灰比一般控制在 0.5～0.6，有条件时可达到 0.4 左右，坍落度用机械振捣时为 4～6 cm，人工振捣不应大于 6～9 cm，含砂率常用值为 30%～38%，以采用偏低值为宜。

（1）浇筑顺序。

为便于整个管道施工，可每次间隔一节进行浇筑，例如，先浇 1#、3#、5#管，再浇 2#、4#、6#管。

（2）浇筑方式。

一般常见的倒虹吸管有卧式和立式两种。在卧式中，又可分平卧或斜卧，平卧大都是管道通过水平或缓坡地段所采用的一般方式，斜卧多用于进出口山坡陡峻地区，至于立式管道则多采用预制管安装。

① 平卧式浇筑。此浇筑有两种方法。一种是浇筑层与管轴线平行，一般由中间向两端发展，以避免仓中积水，从而增大混凝土的水灰比。这种浇捣方式的缺点是混凝土浇筑接缝皆与管轴线平行，刚好和水压产生的拉力方向垂直。一旦发生冷缝，管道最易沿浇筑层（冷缝）产生纵向裂缝，为了克服这一缺点，有采用另一种斜向分层浇筑的，以避免浇筑接缝与水压产生的拉力正交，当斜度较大时，浇筑接缝的长度可缩短，浇筑接缝的间隙时间也可缩短，但这样浇筑的混凝土都呈斜向增高，使砂浆和粗骨料分布不太均匀，加上振捣器都是斜向振捣，不如竖向振捣能保证质量。因此，两种浇筑方法各有利弊。

② 斜卧式浇筑。进出口山坡上常有斜卧式管道，混凝土浇筑时应由低处开始逐渐向高处浇筑，使每层混凝土浇筑层保持水平。

无论平卧还是斜卧，在浇筑时，都应注意两侧或周围进料均匀，快慢一致。否则，将产生模板位移，导致管壁厚薄不一，而严重影响管道质量。

第三节 橡胶坝

橡胶坝是水利工程应用较为广泛的河道挡水建筑物,是用高强度合成纤维织物做受力骨架,内外涂敷橡胶作保护层,加工成胶布,再将其锚固于底板上成封闭状的坝袋,通过充排管路用水(气)将其充胀形成的袋式挡水坝。坝顶可以溢流,并可根据需要调节坝高,控制上游水位,以发挥灌溉、发电、航运、防洪、挡潮等效益。

在应用时以水或气充胀坝袋,形成挡水坝。不需要挡水时,泄空坝内水或气,恢复原有河渠的过流断面,在行洪河道的水或气应进行强排,以满足河道行洪在时间的要求。

一、橡胶坝的形式

橡胶坝分袋式、帆式及刚柔混合结构式三种坝型,比较常用的是袋式坝型。坝袋按充胀介质可分为充水式、充气式和气水混合式;按锚固方式可分锚固坝和无锚固坝,锚固坝又分单线锚固和双线锚固等。

橡胶坝按岸墙的结构形式可分为直墙式和斜坡式。直墙式橡胶坝的所有锚固均在底板上,橡胶坝坝袋采用堵头式,这种形式结构简单,适应面广,但充坝时在坝袋和岸墙结合部位出现拥肩现象,引起局部溢流,这就要求坝袋和岸墙结合部位尽可能光滑。斜坡式橡胶坝的端锚固设在岸墙上,这种形式坝袋在岸墙和底板的连接处易形成褶皱,在护坡式河道中,与上下游的连接容易处理。

二、橡胶坝组成及其作用

橡胶坝结构主要由三部分组成。

1. 土建部分

土建部分包括基础底板、边墩(岸墙)、中墩(多跨式)上下游翼墙、上下游护坡、上游防渗铺盖或截渗墙、下游消力池、海漫等。铺盖常采用混凝土成黏土结构,厚度视不同材料而定,一般混凝土铺盖厚 0.3 m,黏土铺盖厚不小于 0.5 m。护坦(消力池）一般采用混凝土结构，其厚度为 0.3～0.5 m。海漫一般采用浆砌石，干面石成铅丝石笼，其厚度一般为 0.3～0.5 m。

（1）底板。橡胶坝底板形式与坝型有关，一般多采用平底板，枕式坝为减小坝肩，在每跨底板端头一定范围内做成斜坡。端头锚固坝一般都要求底板面平直，对于较大跨度的单个坝段，底板在垂直水流方向上设沉降缝。

（2）中墩。中墩的作用主要是分隔坝段，安放溢流管道，支承枕式坝两端堵头。

（3）边墩。边墩的作用主要是挡土，安放溢流管道，支承枕式坝端部堵头。

2. 坝体（橡胶坝袋）

用高强合成纤维织物做受力骨架，内外涂上合成橡胶作黏结保护层的胶布，锚固在混凝土基础底板上，成封闭袋形。用水（气）的压力充胀，形成柔性挡水坝。主要作用是挡水，并通过充坍坝来控制坝上水位及过坝流量。橡胶坝主要依靠坝袋内的胶布（多采用锦纶帆布）来承受拉力，橡胶保护胶布免受外力的损害。根据坝高不同，坝袋可以选择一布二胶、二布三胶、三布四胶，采用最多的是二布三胶，一般夹层胶厚 0.3～0.5 mm，内层覆盖胶大于 2.0 mm，外层覆盖胶大于 2.5 mm，坝袋表面上涂刷耐老化涂料。

3. 控制和安全观测系统

控制和安全观测系统包括充胀和坍落坝体的充排设备，安全及检测装置。

三、橡胶坝设计要点

1. 坝址选择

设计时应根据橡胶坝特点和运用要求，综合考虑地形、地质、水流、泥沙、环境影响等因素，经过技术经济比较后确定坝址，宜选在河段相对顺直、水流常态平顺及岸坡稳定的河段，不宜选在冲刷和淤积变化大，断面变化频繁的河段；同时，应考虑施工导流、交通运输、供水供电、运行管理、坝袋检修等条件。

2. 工程布置

力求布局合理、结构简单、安全可靠、运行方便、造型美观、宜包括土建、坝体、充排和安全观测系统等；坝长应与河（渠）宽度相适应，坍坝时应能满足河道设计行洪要求。单路坝长度应满足坝袋制造，运输，安装，检修以及管理要求，取水工程应保证进水口取水和防沙的可靠性。

3. 坝袋

作用在坝袋上的主要设计荷载为坝袋外的静水压力和坝袋内的充水（气）压力。

设计内外压比值的选用应经技术经济比较后确定。充水橡胶坝内外压比值宜选用 1.25～1.60；充气橡胶坝内外压比值宜选用 0.75～1.10。

坝袋胶布除必须满足强度要求外，还应具有耐老化、耐腐蚀、耐磨损、抗冲击、抗屈挠、耐水、耐寒等性能。

4. 锚固结构

锚固结构形式可分为螺栓压板锚固、楔块挤压锚固以及胶囊充水锚固三种。应根据工程规模、加工条件、耐久性、施工、维修等条件，经过综合经济比较后选用。锚固构件必须满足强度与耐久性的要求。

锚固线布置分单锚固线和双锚固线两种。采用岸墙错固线布置的工程应满足坍坝时坝袋平整不阻水，充坝时坝袋褶皱较少的要求。对于重要的橡胶坝工程，应做专门的锚固结构试验。

5. 控制系统

坝袋的充胀与排放所需时间必须与工程的运用要求相适应。

坝袋的充排有动力式和混合式。应根据工程现场条件和使用要求等确定，充水坝的充水水源应水质洁净，充排系统的设计包括动力设备、管路、进出水（气）口装置等。

（1）动力设备的设计应根据工程情况、运用管理的可靠性，操作方便等因素，经济合理地选用水装或空压机的容量及台数，重要的橡胶坝工程应配置备用动力设备。

（2）管路设计应与充排水（气）时间相适应，做到布置合理，运行可靠及维修方便，具有足够的充排能力。

（3）充水坝袋内的充（排）水口宜设置两个水帽，出口位置应放在能排尽水（气）的地方并在坝内设置导水（气）装置。

（4）寒冷地区管路埋设应满足防冻要求。

6. 安全与观测设备

安全设备设置应满足下列要求：

（1）充水坝设置安全溢流设备和排气阀。坝袋内压不超过设计值，排气阀装设在坝袋两端顶部。

（2）充气坝设置安全阀，水封管或 U 形管等充气压力监测设备。

（3）对建在山区河道、渗流坝上或有突发洪水情况出现的充水式橡胶坝，宜设自动坍坝袋置。

观测装置设置宜满足下列要求：橡胶坝上，下游水位观测，设置连通管或水位标尺，必要时也可采用水位传感器，坝袋内压力观测设置，充水坝采用坝内连通管，充气坝安装压力表，对重要工程应安装自动监测设备。

7. 土建工程

橡胶坝土建工程应包括基础底板、边墩（岸墙）、中墩（多跨式）、上下游翼墙、上下游护坡、上游防渗铺盖或截渗墙、下游消力池、海漫等。

作用在橡胶坝上的设计荷载可分为基本荷载和特殊荷载两类。

基本荷载：结构自重、水重、正常挡水位或坝顶溢流水位时的静水压力、扬压力（包括浮托力和渗透压力）、土压力、泥沙压力等。

特殊荷载：地震荷载及温度荷载等。

坝底板、岸墙（中墩）应根据地基条件，坝高及上，下游水位差等确定其地下轮廓尺寸，其应力分析应根据不同的地基条件，参照其他规范进行计算，稳定计算可只作防渗抗滑动计算。

橡胶坝应尽量建在天然地基上，对建在较弱地基上的橡胶坝应进行基础处理。

上、下游护坡工程应根据河岸土质及水流流态分别验算边坡稳定及抗冲能力，护坡长度应大于河底防护的范围。

消力池（护坦）、海漫、铺盖除应满足消能防冲外，还应考虑减轻和防止坝袋振动。对经常溢流的橡胶坝工程，宜设陡坡段与下游消力池（护坦）衔接，应根据运用条件选择最不利的水位和流量组合进行消能防冲计算。

充气橡胶坝的消能防冲计算，应考虑坍坝时坝袋出现凹口引起单宽流量增大的因素。

控制室应满足机电设备布置和操作运行及管理需要，室内地面高程应高于校核洪水位，地下泵房应作防渗、防潮处理。

在已建拦河坝顶或溢洪道上加建橡胶坝时，应对原工程抬高水位后进行稳定及应力校核，并应考虑上游淹没影响和不得降低原有防洪标准。

四、土建工程施工

1. 基坑开挖

基坑开挖宜在准备工作就绪后进行。对于沙砾石河床，一般采用反铲挖掘机挖装，自卸汽车运至弃渣区，要求预留一定厚度（20～30 cm）的保护层，用人工挖清理至设计高程。

对于坝基础石方开挖。应自上而下进行。设计边坡轮廓面可采用预裂爆破或光面爆破，高度较大的边坡应考虑分台阶开挖，基础岩石开挖时，应采取分层梯段爆破，紧邻水平建基面，可预留保护层进行分层爆破，避免产生大量的爆破裂隙，损害岩体的完整性；设计边坡开挖前，应及时做好开挖边线外的危石处理、削坡，加固和排水等工作。

在开挖过程中，对于降雨积木或地下水渗漏必须及时抽干，不得长期积水；若地基不满足设计要求，要开挖进行处理，并防止产生局部沉陷；侧墙开挖要严防塌方，以免影响工期，并注意防渗要求，使橡胶坝能正常运行操作。

2. 混凝土施工

主要有坝底板，上游防渗铺盖，下游消力池，边墩（中墩）等混配土施工。一般从岸边向中间跳仓浇筑。先浇筑坝基混凝土，再绕上游防漆铺盖混凝土。下游消力池混凝土。

坝底板混凝土施工流程：基础开挖→垫层混凝土→供排水管道安装→钢筋制作与安装→埋件与止水安装→模板安装→混凝土浇筑→拆模养护等。混凝土入仓时。注意吊罐卸料口接近舱面，缓慢下料，可采用台阶法或斜层铺筑法，避免扰动钢筋或预埋件，先浇筑沟槽，再浇筑底板，振捣时严禁接触预埋件及钢管。

边墩（中墩）混凝土施工流程：基础开挖→混凝土垫层→供排水管道安装→基础钢筋制作与安装→基础预埋件与止水安装→基础模板制作与安装→基础混凝土烧筑→墩墙钢筋制作与安装→墩墙模板安装→墩墙混凝土浇筑→拆模养护等。边墩（中墩）混凝土施工同坝底板混凝土施工，一般先浇筑基础混凝土，后浇墩墙混凝土。墩墙混凝土施工时，在墙体顶部设置下料漏斗，均匀下料，分层振捣密实。

止水安装如橡皮止水带（条），铝皮止水等按设计要求进行。施工中按尺寸加工成型，拼组焊接，防止止水卷曲和移位，严禁止水上钉铁钉、穿孔。

3. 埋件和锚固

（1）预埋件安装。埋件安装有埋设在一期混凝土。地下和其他刷体中的预埋件。包括供排水管和套管，电气管道及电缆，设备基础，支架，吊架，坝袋锚固螺栓，垫板锚钩等固定件，接地装置等预埋件。

坝袋埋件：主要有锚固螺栓和垫板。当坝底板立模，箍筋完成后，应在钢筋上放出锚固槽位置，将垫板按要求摆放到位，在两端焊拉线固定架，拉线确定垫板的中心线和高程控制线，把垫板上抬至设计高程，中心对中然后焊接固定，再进行统一测量和检查调整，全部垫板安装完毕并检查无误后，可将锚固螺栓自下向上穿入垫板错桩孔内，测量高程，调整垂直度和固定。

锚固螺栓和垫板全部安装完成以后，可安装锚固槽模板和浇筑混凝土。

（2）锚固施工。锚固结构形式可分为螺栓压板锚固和模块挤压锚固。

螺栓压板锚固的施工。在预埋螺栓时，可采用活动木夹板固定螺栓位置，用经纬仪测量，螺栓中心线要求成一直线。用水准仪测定螺栓高度，无误差后用木支撑将活动木夹板固定于槽内。再用一根钢筋将所有的钢筋和两侧预埋件焊接在一起，使螺栓首先牢固不动，然后才可向槽内浇筑混凝土。混凝土浇筑一般分为两期：一期混凝土浇筑至距锚固槽底 100 m 时，应测量螺栓中心位置高程和间距，发现误差及时纠正；二期混凝土浇筑后，在混凝土初凝前再次进行校核工作，压板除按设计尺寸制造外，还要制备少量尺寸不同规格的压板，以适用于拐角等特殊部位。

楔块锚固。必须在基础底板上设置锚固槽，槽的尺寸允许偏差为 ±5 mm，槽口线和槽底线一定要直，槽壁要求光滑平整无凸凹现象。为了便于掌握上述标准，可采用二期混凝土施工，二期混凝土预留的范围可宽一些。浇筑混凝土模块，要严格控制尺寸，允许偏差为小于 2 mm；特别应保证所有直立面垂直前模块与后模块的斜面必须吻合，其斜坡角度一般取 75°。

锚固线布置分单线锚固、双线锚固两种。单线锚固只有上游一条锚固线，锚线短，锚固件少，但多费坝袋胶布，低坝和充气坝多采用单线锚固。由于单线锚固仅在上游侧锚固，坝袋可动范围大，对坝袋防振、防磨损不利，尤其在坝顶溢筑时，有可能在下游坝脚处产生负压。将泥沙（或漂浮物）吸进坝袋底部，造成坝袋磨损，双线锚固是将胶布分别锚固于四周，锚线长，锚固件多，安装工作量大相应地处理密封的工作量也大。但由于其四周锚固，坝袋可动范围小，有利于坝袋防振、防磨损。

五、坝袋安装

1. 安装前检查

坝袋安装前的检查主要有：

（1）模块，基础底板及岸墙混凝土的强度必须达到设计要求；

（2）坝袋与底板及岸墙接触部位应平整光滑；

（3）充排管道应畅通，无渗漏现象；

（4）预埋螺栓，垫板、压板、螺帽（或锚固槽、模块、木芯），进出水（气）口排气孔、超压溢流孔的位置和尺寸应符合设计要求；

（5）坝袋和底垫片运到现场后，应结合就位安装首先复查其尺寸和搬运过程中有无损伤，如有损伤应及时修补或更换。

2. 坝袋安装顺序及要求

（1）底垫片就位（指双铺线型坝袋）。对准底板上的中心线和锚固线的位置，将底垫片临时固定于底板锚固槽内和岸墙上，按设计位置开挖进出水口和安装水帽，孔口垫片的四周作补强处理，补强范围为孔径的 3 倍以上，为避免止水胶片在安装过程中移动，最好将止水胶片粘贴在底垫片上。

（2）坝袋就位。底垫片就位后，将坝袋胶布平铺在底垫片上，先对齐下游墙相应的锚固线和中心线，再使其与上游端锚固线和中心线对齐吻合。

（3）双线锚固型坝袋安装。按先下游，后上游，最后岸墙的顺序进行。先从下游底板中心线开始，向左右两侧同时安装，下游锚固好后，将坝袋胶布翻向下游，安装导水胶管，然后再将胶布翻向上游，对准上游锚固中心线，从底板中心线开始向左右两侧同时安装。锚固两侧边墙时，须将坝袋布挂起撑平，从下部向上部锚固。

（4）单线锚固型坝袋的安装。单线锚固只有上游一条锚固线，锚固时从底板中心线开始，向两侧同时安装，先安装底层，装设水帽及导水胶管，放置止水胶，再安装面层胶布。

（5）堵头式橡胶坝袋的安装。先将两侧堵头裙脚锚固好，从底板中线开始，向两侧连续安装锚固。为了避免误差集中在一个小段上，坝袋产生褶皱，不论采用何种方法锚固，锚固时必须严格控制误差的平均分配。

（6）螺栓压板锚固施工步骤。压板要首尾对齐，不平整时要用橡胶片垫平；紧螺帽时，要进行多次拧紧，坝袋充水试验后，再次拧紧螺帽；紧螺帽时宜用扭力扳手，按设定的扭力矩逐个螺栓进行拧紧；卷入的压轴（木芯或钢管）的对接缝应与压板接缝处错开，以免出现软缝，造成局部漏水。

（7）混凝土模块锚固施工步骤。将坝袋胶布与底垫片卷入木芯，推至锚固槽的半圆形小槽内，逐个入前模块。一个前模块在两头处打入木楔块，在前模块中间放入后楔块。用大铁锤边打木楔块，边打后楔块，反复敲打使后楔块达到设计深度并挤紧时，才将木楔块撬起换上另两块后楔块，如此反复进行；当锚固到岸墙与底板转角处，应以锚固槽底高程为控制点，坝袋胶布可在此处放宽 300 mm 左右，这样坝袋胶布就可以满足槽底最大弧度要求。

六、控制安全和观测系统

1. 控制系统

控制系统由水泵（鼓风机或空压机）。机电设备、传感器、管道和阀门等组成，其施工安装要求较高。任何部位漏水气都会影响坝袋的使用，在安装中应注意下列事项。

（1）所有闸阀在安装前。都要做压力试验，不水（气）才能安装使用，所有井表在安装前应经调试校验。

（2）充水式橡胶坝的管道大部分用钢管，其弯头。三通和闸阀的连接处均用法兰，橡胶圈止水连接，尽可能用厂家产品，管道在底板分缝处，应加橡胶伸缩节与固定法兰连接。

（3）充气式橡胶坝的管道均采用无缝钢管，为节省管道。进气和排气管路可采用一条主供排气管。管与管之间尽可能用法兰连接，坝袋内支管与坝袋内总管连接采用三通或弯头，排气管道上设置安全阀，当主供气管内压力超过设计压力时开始动作，以防坝袋超压破坏。另外要在管道上设置压力表，以监测坝袋内压力，总管与支管均设阀门控制。

2. 安全系统

安全系统由超压溢流孔、安全阀、压力表、排气孔等组成，该系统的施工要求严密，不得有漏水（气）现象。安装时注意以下几点：

（1）密封性高的设备都要在安装前进行调试，符合设计要求方能安装使用。

（2）安全装置应设置在控制室内或控制室旁，以利随时控制。

（3）超压管的设置，其超压排水（气）能力应不小于进坝的供水（气）量。

3. 观测系统

观测系统由压力表、内压检测、上下游水位观测装置等组成，施工中应注意以下几点：

（1）施工安装时一定要掌握仪器精度，要保证其灵活性、可靠性和安全性。

（2）坝袋内压的观测要求独立管理，直接从坝内引管观测上、下游水位观测要求独立埋管引水，取水点尽量离上下游远点。

（3）坝袋的经纬向拉力观测，要求厂家提供坝袋胶布的伸长率曲线。

七、工程检查与验收

（1）施工期间应检查坝袋。锚固螺栓或模块标号及外形尺寸、安装构件、管道、操作设备的性能。

（2）检查施工单位提供的质量检验记录和分部分项工程质量评定记录，同时需进行抽样检查。

（3）坝袋安装后，必须进行全面检查，在无挡水的条件下。应做坝袋充坝试验；若条件许可，还应进行挡水试验。整个过程应进行下列项目的检查：

① 坝袋及安装处的密封性；

② 锚固构件的状况；

③ 坝袋外观观察及变形观测；

④ 充排观测系统情况；

⑤ 充气坝袋内的压力下降情况。

（4）充坝检查后，应排除坝袋内水（气）体，重新紧固锚固件。

（5）坝袋以设计坝高为验收标准。验收前的管理维护工作如下：

① 工程验收前，应由施工单位负责管理维护；

② 对工程施工遗留问题，施工单位必须认真加以处理，并在验收前完成；

③ 工程竣工后，建设单位应及时组织验收。

第四节　渠道混凝土衬砌机械化施工

国外无论是长距离输水渠还是灌区渠道衬砌混凝土工程多采用机械化衬砌施工。

渠道衬砌机分类：从衬砌成型技术方面可分为两类。一类是内置式插入振捣滑模成型衬砌技术；一类是表面振动滚筒碾压成型技术。相应也产生了两类不同衬砌设备。振捣滑模衬砌机大多采用液压振捣棒，而德国采用电动振捣棒。

渠道修整机分类：在渠坡修整技术方面分为三种，即精修坡面旋转铣刨技术；螺旋旋转滚动铣刨技术；回转链斗式精修坡面技术，与其对应产生了不同的渠坡修整机。

混凝土布料技术：有螺旋布料机和皮带布料机技术，螺旋布料机有单螺旋和双螺旋之分。

渠面衬砌：有全断面衬砌，半断面衬砌和渠底衬砌。

自动化程度：有全自动履带行走，自动导向，自动找正，半自动，导轮行走，电气控制，手动操作找正。

成套设备，有修整机，衬砌垫层布料机，衬砌机，分缝处理机，人工台车。

通过大型调水工程，在衬砌技术，机械设备，施工工艺等诸多方面进行了有益的探讨，并取得了很好的效果。随着科技的发展和新材料，新技术的应用，渠道机械化衬砌施工工艺的逐步完善，渠道机械化衬砌设备的国产化程度的提高，渠道机械化衬砌的成本将越来越低。

一、混凝土机械衬砌的优点

大断面渠道衬砌，衬砌混凝土厚度一般较小。在 8~15 cm，混凝土面积较大。但不同于大体积混凝土施工，目前国内外基本可以分为人工衬砌和机械衬砌。由于人工衬砌速度较慢，质量不均一，施工缝多，逐渐被机械化衬砌所取代。

渠道混凝土机械衬砌施工的优点可归纳如下：

（1）衬砌效率高，一般可达到 200 m²/h，约 20 m；

（2）衬砌质量好，混凝土表面平整、光滑、坡脚过度圆滑、美观、密实度、强度也符合设计要求；

（3）后期维修费用低。

机械化衬砌又分为滚筒式、滑模式和复合式。一般在坡长较短的渠道上，可以采用滑模式。滚筒式的使用范围较广，可以应用各种坡长要求。根据衬砌混凝土施工工序，在渠道已经基本成型时，坡面预留一定厚度的原状土（可视土方施工者的能力，预留 5～20 cm）。

二、衬砌坡面修整

渠道开挖时，渠坡预留约 30 cm 的保护层，在衬面混凝土浇筑前，需要根据渠坡地质条件选用不同的施工方法进行修整。

坡脚齿墙按要求砌筑完后，方可进行削坡，削坡分三步进行。

粗削。削坡前先将河底塑料薄膜铺设好，然后，在每一个伸缩缝处，按设计坡面挖出一条槽，并挂出标准坡面线，按此线进行粗削找平，防止削过。

细削。是指将标准坡面线下混凝土板厚的土方削掉，相削大致平整后，在两条伸缩缝中间的三分点上加挂两条标准坡面线，从上到下挂水平线依次倒平。

刮平。细削完成后，坡面基本平整，这时要用 3～4 m 长的直杆（方木或方铝），在垂直于河中心线的方向上来回刮动，直至刮平。

清坡的方法：

人工清坡。在没有机械设备的条件下，可以使用人工清坡，在需要清理的坡面上设置网格线，根据网格线和坡面的高差，控制坡面高程。根据以往的施工经验，在大坡面上即使严格控制施工质量，误差也在 ±3 cm，这个误差对于衬砌厚度只有 8～10 cm 厚度的混凝土来说，是不允许的，即使是有垫层，也不能满足要求，对于坡长更长的坡面，人工清坡质量是难以控制的。

螺旋式清坡机。该机械在较短的坡面上（不大于 10 m）效果较好。通过一镶嵌合金的连续螺旋体旋转，将土体进行切削，弃土可以直接送至渠顶。但在过长的坡面上不适应，因为过长的螺旋需要的动力较大，且挠度问题难以解决。

滚齿式。该清坡机沿轨道顺渠道轴线方向行走。一定长度的镶齿能转切削土体，切削下来的土体抛向渠底，形成平整的原状土坡面。一幅结束后，整机前移，进行下一幅作业。

先由一台削坡机粗削坡，削坡机保留 8～4 mm 的保护层。待具备浇筑条件时，由另一台削坡机精削坡一次修至设计尺寸，并及时铺设保温防渗层。

超挖的部位用与建基面同质的土料或砂砾料补坡，采用人工或小型最压机械压实。对于因雨水冲刷或局部坍塌的部位，先将坡面清理成锯齿状，再进行补坡。补坡厚度高出设计断面，并按设计要求压实，可采用人工方式也可以使用与衬砌机配套使用的专用渠道修整机精削坡面。

修整后，渠坡上、下边线允许偏差要求控制在 ±20 mm（直线段）或 ±50 mm（曲线段），坡面平整度 ≤1 cm/2 m，当上覆沙砾料垫层时平整度 2≤2 cm/2 m，高程偏差 ≤20 mm。

渠坡修整后的平整度对保温板铺设的影响较大，土质边坡宜采用机械削坡以保证良好的平整度。

三、砂砾或者胶结砂砾垫层，保温层、防渗层铺设

1. 沙砾或者胶结砂砾垫层铺设

根据设计要求渠坡需要铺设砂砾料垫层。垫层砂砾料要求质地坚硬，清洁级配良好。铺料厚度、含水率、碾压方法及遍数通常根据现场试验确定。铺料及碾压可采用横向振动碾压衬砌机一次完成，表面平整度要求不大于 1 cm/2 m。

采用垫层摊铺机可连续将砂砾或者胶结砂砾料摊铺在坡面和坡脚上，摊铺机振动梁系统同步将其密实成型，工效高，质量好。摊铺后，垫层密实度和坡面、坡脚表面形状误差均可满足设计要求。

垫层铺设后采用灌水（砂）法取样作相对密度检验。每 600 m² 或每压实班至少检测一次，每次测点不少于 3 个，坡肩、坡脚部位均设测点，检查处人工分层回填捣实，砂砾料或砂料削坡按渠道削坡的有关要求执行。

2. 保温层铺设

为满足抗冻（胀）要求，北方冬季低温地区的渠道混凝土衬砌下铺设保温层，保温材料通常采用聚苯乙烯泡沫塑料板。保温板是否紧贴建基面对衬砌面板混凝土能否振捣密实有较大影响。

外观完整，色泽与厚度均匀，表面平整清洁，无缺角、断裂、明显变形。保温板应错缝铺设，平整牢固，板面紧贴渠床，接缝紧密平顺，两板接缝处的高差不大于 2 mm。板与板之间、板与坡面基础之间紧密结合，聚苯乙烯保温板位置放好后用 U 形卡从板面钉入砂砾料层固定（梅花状布置），铺好的板上面严禁穿戴钉鞋行走，铺板完成后，铺设复合土工膜之前同样对保温板的接缝、平整度进行检查，平整度控制在 ±5 mm，使用 2 m 靠尺进行检查，接缝控制在 0~2 mm。

3. 防渗层铺设

防渗层采用复合土工膜（两布一膜）。接缝处土工膜采用双焊缝热熔焊法拼接，充气法检查，土工布采用缝接法拼接。防渗层铺设、焊接完成后应禁止踩踏，以防损坏。

（1）复合土工膜铺设。复合土工膜施工之前首先做焊接试验，焊接抗拉强度至少不能低于母材的 80%，从试验得出适用于现场实际操作、施工的一些技术参数。

铺设时由坡肩自上而下滚铺至坡脚，中间不出现纵向连接缝。渠坡和渠底结合部以及下段待铺的复合土工膜部位预留 50～80 cm 搭接长度，坡肩处根据设计蓝图预留 80 cm 复合土工膜的长度。复合土工膜在铺设时先将土工膜按尺寸、匹幅铺好，膜与膜之间不能有褶皱，复合土工膜垂直于水流方向铺设，膜与膜重合 10 cm 进行焊接。铺时将焊接接头预留好后用剪刀剪断，土工膜铺好后进行固定，使用沙袋或其他重物将其压紧。

（2）复合土工膜裁剪。复合土工膜裁剪时以长木条作参照画线引导，保证裁剪后边缘整齐平顺，使用记号笔按照要求的最少搭接界限标识在接缝处上下两张膜上，保证焊接后的搭接宽度。

遇到建筑物时根据建筑物尺寸在复合土工膜上进行标识，并根据土工膜与建筑物的黏结宽度进行裁剪。

（3）复合土工膜与建筑物粘接。若复合土工膜与墩、柱、墙等建筑物进行粘接，粘接宽度不小于设计要求，建筑物周围复合土工膜充分松弛。保证土工膜与建筑物黏结牢固，防水密封可靠，对土工膜或墩柱进行涂胶之前，将涂胶基面清理干净，保持干燥。涂胶均匀布满黏结面，不出现过厚、漏涂现象。黏结过程和黏结后 2 h 内黏结面不承受任何拉力，并保证黏结面不发生错动。

（4）复合土工膜连接。

① 连接顺序：缝合底层土工布、热熔焊接或粘接中层土工膜、缝合上层土工布。

② 土工膜热熔焊接：采用热合爬行机焊接。每天施工前均先作工艺试验，确定当天焊机的温度，速度，挡位等工作参数。施工时应根据天气情况适时调整，环境气温在 5～35 ℃，进行正常焊接。气温低于 5 ℃时，焊接前对搭接面进行加热处理。当环境温度和不利的天气条件严重影响土工膜焊接时，不进行作业。焊接机械采用 ZPH-501 或 ZPH-210 型土工膜焊接机。温度控制在 420～450 ℃，焊机挡位控制在 3～3.5 挡，焊机行走速度控制在 4.4～4.8 m/min，保证不出现虚焊、漏焊和超量焊等现象。

土工膜焊接前将：土工膜焊接面上的尘土、现土、油污等杂物清理干净，水汽用吹风机吹干，保证焊接面清洁干燥。多块土工膜连接时，接头缝相互错开 100 cm 以上，焊接形成"T"字形结点，而不出现"十"字形。

采用双焊缝焊接。双焊缝宽度采用 2×10 mm，搭接宽度 10 cm，焊缝间留有约 1 cm 的空腔。在焊接过程中和焊接后 2b 内，保证焊接面不承受任何拉力及焊接面错动。

当施工中焊缝出现脱空、收缩起皱及扭曲鼓包等现象时，将其裁剪剔除后重新进行焊接出现虚焊、漏焊时，用特制焊枪补焊。

焊机定期进行保养和维护，及时清理杂物。

③ 土工布缝合：将上层土工布和中层土工膜向两侧翻叠，先将底层土工布铺平。搭接，对齐，进行缝合。土工布缝合采用手提缝包机，缝合时针距控制在 6 mm 左右。保证连接面松紧适度、自然平顺，土工膜与土工布联合受力。上层土工布缝合方法与下层土工布缝合方法相同，土工布缝合强度不低于母材的 70%。

（5）复合土工膜保护措施

复合土工膜专车运输、装卸、搬运时不拖拉、硬拽，不使用任何可能对复合土工膜造成损伤的机具，避免尖锐物刺伤，复合土工膜铺设人员穿软底鞋，严禁穿硬底鞋或穿钉鞋作业、铺设好的复合土工膜由专人看管。严禁在复合土工膜上进行一切可能引起复合土工膜损坏的施工作业，提顶预留的土工膜及时挖槽用土封压。坡脚部位土工膜用彩条布包裹并用沙袋覆压保护，衬砌混凝土浇筑时，保证模板的支立和固定不造成复合土工膜破坏，采用在模板的辅助装置上压置重物、设置支撑等方法支立和固定模板；铺设过程中，采用沙袋或软性重物压重的方法。防止大风对已铺设土工膜造成破坏，施工现场严禁烟火。电气焊作业远离复合土工膜。

四、浇筑衬砌

渠坡混凝土浇筑衬砌是渠道工程的核心工作内容。

渠道衬砌按部位不同可分为渠坡衬砌和渠底衬砌。按地质条件不同可分为石渠、土渠、砂砾石渠道衬砌以及膨胀土。湿陷性黄土地区的渠道衬砌，石渠段由于边坡较陡，现有渠道衬砌机尚不能满足使用要求。土质渠段和砂砾石渠段边坡通常较缓（112～103），采用衬砌机可取得良好效果。对于渠底衬砌，采用传统的人工拖模施工方法或专用的推铺设备即可满足进度和质量要求。

针对渠道衬砌混凝土面板超薄无筋，施工强度高、速度快、受气候因素影响大等特点，采用机械化施工的衬砌混凝土配合比应专门研究确定，保证混凝土下料后不分离，振捣后密实均匀。衬砌混凝土浇筑前宜进行生产性施工检验，以便验证混凝土配合比、衬砌设备工作参数及施工工艺的合理性。施工过程中，各类技术参数应根据地质、气候等实际情况适时调整。

1. 准备工作

砂砾料防冻胀层、聚苯乙烯保温板和复合土工膜经验收合格；校核基准线；拌和系统运转正常，运输车辆准备就绪；工作台车、养护洒水车等辅助施工设备运转正常；衬砌机设定到正确高度和位置；检查衬砌板厚的设置。板厚与设计值的允许偏差为 $-5\% \sim +20\%$。

2. 衬砌机的安装

国内衬砌机均为采用轨道式，控制好轨道线是衬砌机定位的关键。根据设计渠道纵轴线、梁道断面尺寸和衬砌机的特性，用全站仪放出渠顶和渠底的轨道中心线，及轨道顶面高程，人工精心铺设，轨道基底要求平整，密实便于控制梁坡衬砌厚度。渠底有地下水的情况必须先对地基进行相应处理（局部换填或浇筑混凝土垫层），难免轨道基底沉陷影响衬砌质量。

3. 模板安装

完成土工膜铺设后开始侧模安装。测量放样出面板横缝位置线和面板顶面及底面线，应严格按设计线控制其平整度，不出现陡坎接头。侧模及端头模板均采用 10 号槽钢安装模板时，在背面钢筋上加压沙袋对模板进行固定。齿槽和坡肩侧模板采用定型钢模板，混凝土衬砌施工过程中测量人员随时对模板进行校核，保证混凝土分缝顺直。

4. 混凝土拌制

渠道混凝土所用的原材料如水泥、粉煤灰、砂石骨料、外加剂等原材料要符合设计和有关规范要求。衬砌混凝土配合比由试验室提供，保证满足耐久性、强度和经济性等基本要求，并适应机械化施工的工作性要求。骨料的最大粒径不大于衬砌混凝土板厚度的 1/3，混凝土拌合物的坍落度为 7～9 m。

衬砌混凝土的用水量、砂率、水灰比及掺和料比例通过优化试验确定。配合比参数不得随意变更，当气候和运输条件变化时，微调水量，但是维持入仓坍落度不变。以此保证衬砌混凝土机械化施工的工作性。

外加剂采用后掺法掺入，以液体形式掺加，其浓度和掺量根据配合比试验确定。

混凝土的拌制时间通过试验确定，混凝土随拌，随运随用，因故发生分离、灌浆、严重泌水、坍落度降低等问题时，在浇筑现场重新拌和。若混凝土已初凝，作废料处理。

衬砌厚度的控制由衬砌机的液压升降支腿和内置的模板进行调节控制，轨道铺设纵坡比率与渠道的纵坡比率一致。在衬砌过程中使用自制的高程标签插入已铺好的混凝土中检查衬砌厚度（包括虚铺厚度及压光后的厚度）、坡肩、坡面、坡脚处均设测点，如发现厚度有误差及时进行调整。

5. 衬砌混凝土浇筑

在混凝土衬砌基层检查合格后，进行混凝土衬砌施工。混凝土熟料由混凝土搅拌车运输至布料机进料口，采用螺旋布料器布料，开动螺旋输料器均匀布置。开动振动器和纵向行走开关，边输料边振动，边行走。布料较多时，开动反转功能，将混凝土料收回。布料宽度达到 2～3 m 时，开动成型机。启动工作部分开始二次振捣、提浆、整平、施工时料位的正常高度应在螺旋布料器叶片最高点以下，保证不缺料。30 cm 段护顶混凝土与架坡混凝土一次成型，使用滑膜衬砌机时完成一段渠坡衬砌后向前行进。用同衬砌厚度相同的槽钢作为上下边模板，安装在上口设计水平段外边线和坡脚齿槽外边线处，并用钢筋桩与底基定位，防止边脚混凝土坍塌变形。

滑模衬砌机施工出现的局部混凝土面缺陷由人工进行修补，保证衬砌面的平整。

混凝土浇筑过程中应高度重视振捣工艺，确保混凝土振捣密实、表面出浆，避免漏振、过振或欠报。浇筑后应避免扰动，严禁踩踏。渠底混凝土浇筑时，要避免用水、渠坡养护水、地下水等外来水流入仓位，影响混凝土浇筑质量或对已浇筑完成的混凝土造成破坏。渠底混凝土严重的泌水问题通常会导致成品混凝土遭受冻融或表面剥蚀损坏，施工时应采取恰当的处理措施。

当衬砌机出现故障时，立即通知拌和站停止生产，在故障排除衬砌机内混凝土尚未初凝时继续衬砌。若停机时间超过 2 h，及时将衬砌机驶离工作面，清理仓内混凝土，故障出现后对已浇筑的混凝土进行严格的质量检查，并清除分缝位置以外的浇筑物，为恢复衬砌作业做好准备。混凝土终凝后及时铺盖棉毡洒水养护，制缝完成后，进行第二次覆盖。

6. 衬砌混凝土表面成形

衬砌混凝土初凝前应采用与混凝土衬砌机配套的专用抹面压光机及时进行抹面压光，表面平整度控制在 5 mm/2 m。

混凝土浇筑完成后要及时提浆抹面，确定合理的收面时机和抹面遍数，既要保证衬砌混凝土面板的平整度，又要避免过度抹充，严禁扰动已初凝的混凝土，杜绝二次洒水、撒灰抹面。

（1）采用混凝土抹光机＋人工进行表面成形

抹光机抹盘抹面具有对混凝土挤压及提浆整平功能。压光由人工完成，并配备 2 m 靠尺跟踪检测平整度，混凝土表面平整度控制在 5 mm/2 m，人工采用钢抹子抹面，一般为 2～3 遍。初凝前及时进行压光处理，清除表面气泡，使混凝土表面平整、光滑、无抹痕。衬砌林面施工严禁泗水、撒水泥、涂抹砂浆，抹光机将自下而上、由左到右按顺序有搭接地进行。

抹光机整面后，人工用钢抹子随后进行压光出面，压光由渠坡横断面最初施工的一侧向另一侧推行，在施工时及时用 2 m 靠尺检查，对不符合要求的及时处理，确保出面光滑平整。表面平整度要求控制在 5 mm/2 m 以内。

（2）采用多功能混凝土表面成型机进行表面成形

多功能混凝土表面成型机具有对混凝土表面挤压。提浆整平及压光功能，工作方式与振动碾压成型机基本相同。

7. 伸缩缝施工

（1）一般规定

① 伸缩缝按缝深分为半缝和通缝。半缝深度为混凝土板厚的 0.5～0.75 倍，通缝深度、预留缝为贯穿混凝土板厚度，制缝为混凝土板厚的 0.9 倍。

② 伸缩缝按方向可分为横缝和纵缝。横缝垂直于渠轴线，纵缝平行干渠轴线。

③ 伸缩缝宽度为 1～2 cm。

④ 伸缩缝下部用聚乙烯闭孔泡沫板填充，顶部 2 cm 用聚硫密封胶填充。

（2）施工方法

① 伸缩缝形成。

通缝可采取预留方法。按设计通缝位置支立模板，浇筑模板内混凝土，混凝土达到一定强度后，拆除模板，在混凝土立面上粘贴聚乙烯闭孔泡沫板和顶部 2 cm 的预留物（聚乙烯闭孔泡沫板、泡沫保温板等材料），再浇筑聚乙烯闭孔泡沫塑料板另一侧的混凝土，待伸缩缝两侧的衬砌混凝土达到一定强度后，取上部 2 cm 的预留物，填充聚硫密封胶。

半缝及通缝均可采用混凝土切割机切割。切缝前应按设计分缝位置，用墨斗在衬砌混凝土表面弹出切缝线。混凝土切割机宜采用桁架支撑导向，以保证切缝顺直，位置准确。如果无法使用桁架支撑导向部位（如坡肩、齿槽、桥梁、排水井等部位）人工导向切割，宜先切割通缝，后切割半缝。

混凝土切割：桁架与衬砌机共用轨道，设置自行走系统。

纵缝切割：根据纵缝数量配备混凝土切割机，调整桁架的升降系统控制切割深度，通过桁架自行走控制桁架沿纵缝方向的行走速度，一次完成多条纵缝的切割。

横缝切割：调整桁架的升降系统控制切割深度，通过牵引系统控制混凝土切割机沿横缝方向的行走速度（在支撑桁架内设置混凝土切割机的行走系统），一次完成一条横缝的切割。

人工切割：切割时通过手柄连杆机构，转动手轮使前轮升降，进行切割深度的调节。

坡面横缝一般由坡脚向坡肩切割。坡肩上固定一手动辘轳，将辘轳上的钢丝绳与切割机相连。切割时，一人操作切割机，控制切割深度和直线度。另一人控制切割速度，匀速摇动坡肩上的辘轳，牵引切割机以适宜的速度向坡肩移动。

切缝施工宜在衬砌混凝土抗压强度不低于 5 MPa，且施工人员及切割机在切缝作业时不造成混凝土表面损坏时切割。可在渠道浇筑过程中，做一组或二组同条件养护的试块，根据试块的抗压强度，确定切缝的最佳时机。可参考：当日平均气温低于 10 ℃时，最长时间不宜超过 2 d；当日平均气温在 10～15 ℃时，开始切割时间一般不超过 24 h；当日平均气温高于 15 ℃时，混凝土表面人可以行走时就开始切割。为防止混凝土初裂，采取隔缝切割方法，未切缝在 2 d 以后补切。

② 伸缩缝清理。

切割缝的缝面应用钢丝刷、手提式砂轮机修整，用空气压缩机将缝内的灰尘与余渣吹净，填充前缝面应洁净干燥，闭孔泡沫塑料板应采用专用工具压入缝内，并保证上层填充密封胶的深度符合设计要求。

③ 填充密封胶。

明渠专用聚硫密封胶由 A、B 两组分组成，施工时按厂家说明书进行配制与操作。

在清理完成的伸缩缝两侧粘贴胶带，胶带宽一般为 3～5 cm 胶带距伸缩缝边缘为 0.5 cm。用毛刷在伸缩缝两侧均匀地刷除一层底涂料，20～30 min 后用刮刀向涂胶面上涂 3～5 mm 密封胶，并反复挤压，使密封胶与被黏结界面更好地浸润。用注胶枪向伸缩缝中注胶，注胶过程中使胶料全部压入并压实，保证除胶深度。

（3）质量控制

① 切缝质量控制。

按设计伸缩缝宽度购买混凝土切割片。在切制片上用红色油做好切制深度标识。

切缝时锯片磨损较大，施工过程中应当经常用钢板尺检查切缝的宽度和深度。当不能满足设计要求时及时更换据片。

② 注胶质量控制。

伸缩缝缝面必须用手提砂轮机或钢丝刷进行表面处理，用空气压缩机将缝内的灰尘与余渣吹净，黏结面必须干燥、清洁、无油污和粉尘。

注胶前必须进行缝深、缝宽的检查，确保聚硫密封胶充填厚度。

施胶完毕的伸缩缝，其胶层表面应无裂缝和气泡，表面平整光滑，涂胶饱满且无脱胶和漏胶现象，胶体颜色均匀一致。

密封胶与伸缩缝粘接牢固，粘接缝按要求整齐平滑，经养护完全硫化成弹性体后，胶体硬度应达到设计要求。

混合后的密封胶要确保在要求的时间内用完，过期的胶料不能再同新的密封胶一起使用。

若要进行密封效果满水或带压试验，必须待密封胶完全硫化后（7～14 d）方可进行。

8. 养护

衬砌混凝土养护时间与普通混凝土一样，养护方式大致可分为喷雾养护、酒水养护、铺塑料薄膜养护、毡布等保湿养护及养护剂养护等。由于渠道衬砌施工速度快、线路长、面积大、混凝土面板厚度薄、所处环境气候变化大，因此如果养护不到位易使混凝土水分散失加快，造成水化作用不充分，从而导致混凝土强度不足、裂缝大量产生。因此，养护工作至关重要，应引起高度重视。

混凝土面层浇筑完毕后及时养护。在纵、横方向均匀洒布养护剂，喷洒要均匀，成膜厚度一致，喷洒时间在表面混凝土泌水完毕后进行，喷洒高度控制在 0.5～1 m。除喷洒上表面外，板两侧也要喷洒。然后喷洒一次水，覆盖薄膜，养护不少于 28 d，

9. 特殊天气施工

在渠道混凝土衬砌施工过程中如遇到特殊气候条件，要采取应急措施，保证衬砌混凝土施工质量。

（1）风天施工

采取必要的防范措施，防止塑性收缩裂缝产生。适当调整混凝土用水量，增加混凝土出机口的坍落度 1～2 cm。在衬砌的作业要及时收面并立即养护，对已经衬砌完成并出面的浇筑段及时采取覆盖塑料布等养护措施。

（2）雨天施工

雨天施工要收集气象资料，并制定雨季雨天衬砌施工应急预案。砂石料场做好排水通道，运输工具增加防雨及防滑措施，浇筑仓面准备防雨覆盖材料，以备突发阵雨时遮盖混凝土表面。当浇筑期间降雨时，启动应急预案，浇筑仓面搭棚建档防雨水冲刷。降雨停止后必须清除舱面积水，不得带水抹面压光作业。降雨过后若衬砌混凝土尚未初凝，对混凝土表面进行适当的处理后才能继续施工；否则应按施工缝处理。雨后继续施工，需重新检测骨料含水率，并适时调整混凝土配合比中的水量。

（3）高温季节施工

日最高气温超过 30 ℃时，应采取相应措施保证入仓混凝土温度不超过 28 ℃。加强混凝土出机口和入仓混凝土的温度检测频率，并应有专门记录。

高温季节施工可增加骨料堆高，骨料场搭设防晒遮阳棚，骨料表面洒水降温等措施降低混凝土原材料的温度，并合理安排浇筑时间，掺加高效缓凝减水剂，采用加冰或加冰水拌和，对骨料进行预冷等方法降低混凝土的入仓温度。混凝土运输罐车采取防晒措施，混凝土输送带搭建防晒棚等措施降低入仓温度。

（4）低温施工

当日平均气温连续 5 d 稳定在 5 ℃以下或现场最低气温在 0 ℃以下时，不宜施工。如因需要继续施工，应采取措施保证混凝拌合物的入仓温度不低于 5 ℃，当日平均气温低于 0 ℃时，应停止施工。

低温季节施工可增加骨料堆高和覆盖保温方式，掺加防冻剂、热水拌和等措施。拌和水温一般不超过 60 ℃，当超过 60 ℃时，改变拌和加料顺序，将骨料与水先拌和，然后加入水泥拌和，以免水泥假凝。在混凝土拌和前，用热水冲洗拌和机，并将积水或冰水排除，使拌和机体处于正温状态。混凝土拌和时间比常温季节适当延长 20%～25%。对混凝土运输车车罐采取保温措施，尽量缩短混凝土运输时间，对衬砌成型的混凝土及时覆盖保温或采取蓄热保温措施保温养护。

五、衬砌质量控制与检测

在衬砌过程中经常检查衬砌厚度，如有误差及时调整。

混凝土初凝前用 2 m 靠尺随时检测平整度、注意坡肩、坡脚模板的保护，确保坡肩\坡脚的顺直。现场混凝土质量检查以抗压强度为主，并以 150 mm 立方体试件的抗压强度为标准。混凝土试件以出机口随机取样为主。每组混凝土的 3 个试件应在同一储料斗或运输车箱内的混凝土中取样制作。浇筑地点试件取样数量宜为机口取样数量的10%。同一强度等级混凝土试件取样数量应符合下列要求：一是抗压强度。每次开盘宜取样一组，并满足以28 d龄期，每100 m³成型一组，设计龄期每200 m³成型一组的要求；二是抗冻、抗渗指标：其数量可按每季度施工的主要部位取样成型1～2组；三是抗拉强度：对于28 d龄期每2 000 m³成型一组，设计龄期每3 000 m³成型一组。混凝土浇筑施工现场应按班次详细记录本班组衬砌施工的情况。

第五节　生态护坡

生态护坡处于河流生态系统和陆地生态系统的交错带，具有明显的边缘效应。它在满足河流泄洪、排涝以及稳定堤岸的同时，对于维持河床稳定，增加动植物物种种源，提高生物多样性和生态系统生产力，提高河流自净能力，改进邻近地区的微气候，开展休闲娱乐活动等方面均有重要的现实意义和潜在价值。

生态护坡是综合工程力学、土壤学、生态学和植物学等学科的基本知识对斜坡或边坡进行防护，形成由植物成工程和植物组成的综合护坡系统的护坡技术。开挖边坡形成以后，通过种植植物，利用植物与岩土体的相互作用（根系锚固作用）对边坡表层进行防护、加固，使之既能满足对边坡表层稳定的要求，又能恢复被破坏的自然生态环境的护坡方式，是一种有效的护坡、固坡手段。

生态护坡技术应该是既满足河道护坡功能，又有利于恢复问道护坡系统生态平衡的系统工程。生态护坡技术可以分为植物护坡和植物工程措施复合护坡技术。植物护坡主要通过植被根系的力学效应（深根锚固和浅根加筋）和水文效应（降低孔压、削弱溅蚀和控制径流）来固土，防止水土面失，在满足生态环境需要的同时，还可以进行景观造景。植物工程复合护坡技术有铁丝网与碎石复合种植基、土木材料固土种植基、三维植被网、水泥生态种植基等形式。

一、生态护坡类型

1. 人工种草护坡

人工种草护坡，是通过人工在边坡坡面简单播撒草种的一种传统边坡植物防护措施，多用于边坡高度不高、坡度较缓的适宜草类生长的土质路堑和路堤边坡防护工程。

特点：施工简单、造价低廉等。

缺点：由于草籽播撒不均匀，草籽易被雨水冲走，种草成活率低等原因，往往达不到满意的边坡防护效果，而造成坡面冲沟，表土流失等边坡病害，导致大量的边坡病害整治。修复工程的出现，使得该技术近年应用较少。

2. 液压喷播植草护坡

液压喷播植草护坡是国外近十多年新开发的一项边坡植物防护措施。是将草籽、肥料、黏着剂、纸浆、土壤改良剂、上色素等按一定比例在混合箱内配水搅匀，通过机械加压喷射到边坡坡面完成植草施工的。

特点：施工简单、速度快、施工质量高、草籽喷播均匀发芽快、整齐一致、防护效果好。正常情况下，喷播一个月后坡面植物覆盖率可达 70% 以上，两个月后形成防护。

绿化功能：适用性广。

目前，国内液压喷播植草护坡在水利、公路、铁路、城市建设等部门边坡防护与绿化工程中使用较多。

缺点：固土保水能力低，容易形成径流沟和侵蚀；施工者容易偷工减料做假，形成表面现象；因品种选择不当和混合材料不够，后期容易造成水土流失或冲沟。

3. 客土植生植物护坡

客土植生植物护坡是将保水剂、黏合剂、抗蒸腾剂、团粒剂、植物纤维、泥炭土、腐殖土、缓释复合肥等一类材料制成客土经过专用机械搅拌后吹附到坡面上，形成一定厚度的客土层。然后将选好的种子同木纤维、黏合、保水剂、复合肥、缓释营养液经过喷播机搅拌后喷附到坡面客土层中。

优点：可以根据地质和气候条件进行基质和种子配方，从而具有广泛的适应性；客土与坡面的结合牢固；土层的透气性和肥力好；抗旱性较好；机械化程度高、速度快。施工简单、工期短；植被防护效果好，基本不需要养护就可维持植物的正常生长。

该法适用于坡度较小的岩基坡面、风化岩及硬质土砂地、道路边坡、矿山、库区以及贫瘠土地。

缺点：要求边坡稳定、坡面冲刷轻微、边坡坡度大的地方，已经长期浸水地区均不适合。

4. 平铺草皮

平铺草皮护坡是通过人工在边坡面铺设天然草皮的一种传统边坡植物防护措施。

特点：施工简单、工程造价低、成坪时间短、护坡功效快施工季节限制少。

适用于附近草皮来源较易，边坡高度不高且坡度较缓的各种土质及严重风化的岩层和成岩作用差的软岩层边坡防护工程，是设计应用最多的传统坡面植物防护措施之一。

缺点：由于前期养护管理困难，新铺草皮易受各种自然灾害，往往达不到满意的边坡防护效果，而造成坡面冲沟、表土流失、坍滑等边坡灾害，导致大量的边坡病害整治，修复工程。近年来，由于草皮来源紧张，使得平铺草皮护坡的作用逐渐受到了限制。

5. 生态袋护坡

生态袋护坡是利用人造土工布料制成生态袋，植物在装有土的生态袋中生长，以此来进行护坡和修复环境的一种护坡技术。

特点：透水、透气、不透土颗粒、有很好的水环境和潮湿环境的适用性，基本不对结构产生渗水压力，施工快捷、方便、材料搬运轻便。

缺点：由于空间环境所限，后期植被生存条件受到限制，整体稳定性较差。

6. 混凝土生态护坡

混凝土生态护坡是由石块、混凝土砌块、现浇混凝土等材料形成网格，在网格中栽植植物，形成网格与植物综合护坡系统，既能起到护坡作用，同时能恢复生态，保护环境。

混凝土生态护坡将工程护坡结构与植物护坡相结合，护坡效果非常好。其中现浇网格生态护坡是一种新型护坡专利技术，具有护坡能力极强、施工工艺简单、技术合理、经济实用等优点，是新一代生态护坡技术，具有很大的实用价值，本节重点介绍混凝土生态护坡技术及技术要求。

二、生态混凝土材料

1. 骨料

骨料宜采用单级配，粒径宜控制在 20～40 mm，针片状颗粒含量不宜大于 15%，粒径率不宜大于 10%，含泥（粉）总量不宜大于 1%。

2. 水泥

生态混凝土应采用通用硅酸盐水泥作为胶凝材料，包括硅酸盐水泥、普通硅酸盐水泥、矿渣硅酸盐水泥、火山灰质硅酸盐水泥、粉煤灰硅酸盐水泥成复合硅酸盐水泥。

3. 添加剂

制作用于水上护坡、护岸的生态混凝土，空隙内应添加盐碱改良材料，以改善空隙内生物生存环境。盐碱改良材料应具有下列功能：

（1）不破坏维持混凝土稳定性、耐久性的碱性环境；

（2）避免混凝土析出的盐碱性物质对生态系统的不利影响，于水上护坡、护岸的生态混凝土宜添加缓释肥，或通过盐城改良材料与混凝土析出物相互作用提供植物生长必需元素。

对有抗冻要求的地区，制作生态混凝土时应添加引气减水剂，提高抗冻融能力。

当需进一步提高生态混凝土抗压强度时，可在拌和时加入减水剂或环氧树脂，丙乳等聚合物黏合剂。

三、生态混凝土施工

1. 生态混凝土的配合比

生态混凝土的配合比应符合下列规定：

（1）生态混凝土的骨料品种和粒径、水灰比应满足防护安全要求和构建不同生态系统的需要。

（2）骨料粒径宜为 20～40 m，水泥用量宜为 280～320 kg/m³，水灰比不宜大于0.5，必要时应加入减水剂。

（3）采用碎石成砾石作为骨料的生态混凝土，其抗压强度不应小于 5 MPa。

（4）盐碱改良材料用量应根据营养基和盐碱改良材料的性能综合确定，确保植物一次播种绿化年限不应少于 5 年。

2. 生态混凝土的配制

生态混凝土的配制应符合下列规定：

（1）生态混凝土的拌和宜采取两次加水方式，即先将骨料倒入搅拌设备中，加入用水量的 50%，使骨料表面湿润，再加入水泥进行搅拌混合，然后陆续加入的 50%用水量继续进行搅拌，以骨料被水泥浆充分包裹，表面无流淌为度。

（2）生态混凝土在运送途中，应避免阳光暴晒、风吹、雨淋，防止形成表面初凝或脱浆。如有表团初凝现象，应进行人工拌和，符合要求后方可入仓。

3. 坡式结构施工

坡式结构清基及修坡应符合下列规定：

（1）坡式结构施工前应进行清基和修坡处理，不得有树根、杂草、垃圾、废渣、洞穴及粒径 50 mm 以上的土块。

（2）坡面应平整，无软基，坡面修整的坡比，表面压实度应满足设计要求和生态修复要求。

（3）修整后的坡面无天然可耕作表土时，应根据设计要求，覆盖适合植物生长的土料。

（4）对清除的表土应外运至弃土场，不得重新用于填筑边坡；对可利用的种植土料宜进行集中储备，并采取防护措施。

营养土工布铺设应符合下列规定：铺设营养土工布作为反滤层时，营养层应在上侧，反滤层在底侧；营养土工布应遮光保护，施工时应避免被阳光长时间照射，防止老化；营养土工布铺设宜采用铁丝制成的 U 形钉将其固定在坡面上，防止滑移；施工人员应穿软底鞋进行铺设；并严禁吸烟。

预制生态混凝土构件铺设应符合下列规定：预制生态混凝土块体或混凝土外框内填生态混凝土构件，应采用专用的构件成型机一次浇筑成型；构件铺设时应整齐摆放，确保平整、稳定；缝隙应紧密、规则，间隙不宜大于 4 mm 相邻构件边沿宜无错位，相对高差不宜大于 3 mm；在整体护砌面铺设后四周空缺处，应采用相应几何形状的半块构件成生态混凝土现浇补充；当遭到坡面局部不平整时，可于铺设构件前，在营养型无纺布表面用土找平或夯平；搬运、摆放时应避免磕碰、摔打、撞击；铺设时严禁采用砸、踩、摔等方式找平。

现场浇筑生态混凝土应符合下列规定：现场浇筑生态混凝土应根器设计的分仓形式先进行分仓施工，浇筑生态混凝土前应预先在底面铺设一层小粒径碎石；生态混凝土进入框架、格室内后，应及时平整，可采用微型电动抹具压平或人工压实表面，保证与框架梁或格室紧密结合，不宜采用大功率振捣器进行振捣；生态混凝土浇筑厚度应满足设计要求，浇筑作业时间不宜过长，以避免骨料表面风干。

生态混凝土生态孔隙填充应符合下列要求：填充前应按生态混凝土盐碱改良要求和营养供应要求配制好填充材料，并摊铺在生态混凝土表面，厚度为生态混凝土厚度的 25%～30%。

生态孔隙填充方式可视具体情况选用下列方法。

① 吹填法：用空气压缩机、吹风机吹镇，吹填时应减少飞溅量，以填充材料无法继续吹入为度；

② 水填法：采用低水压喷水，使填充材料随水流注入生态孔隙内。水量不宜过大，避免水流将填充材料流走；

③ 振填法：生态混凝土预制构件可采用振填方法，可采用微型平板振动器最动构件外沿，使填充材料沉入生态孔径内。

生态混凝土表面种植土回填应符合下列规定：生态混凝土表面回填种植土采用可耕作土壤；回填种植土前应在基而撒一层土，然后在生态混凝土基面施用 15～20 g/m² 的速效底肥，速效底肥宜采用磷酸二楼、尿素等氮肥；回填土料含水率不应小于 15%，土料过干时，可在回填后的土料表面喷洒少量水；回填土时可人工摊平并轻压，摊平后的土料平均厚度不宜大于 20 mm。

预制生态混凝土块体和构件的运输及安装应符合下列规定：块体和构件装运时应轻撒、轻放、轻码；运输中防止刚烈颇额，严禁抛掷和倾倒自卸；安装前坡面修整及反能材料铺设应按规定执行；安装时应从护坡基脚开始，由护坡底部向护坡顶部有序安装；安装应保持坡面平整，高差应控制在设计允许偏差范围内，不得凹凸过大；安装要符合外观质量要求，纵、横及斜向线条应平直；构件安装应稳固，不得晃动，错动，预制构件间的缝隙应紧密；在基脚，封顶处，两预制构件碰接处的空缺应用生态混凝土填实。

4. 墙式结构施工

生态混凝土墙式结构的箱式砌块制作应符合下列规定：

预制混凝土箱体应采用专用设备制作。

生态混凝土箱式砌块的内芯填浇方式可采，底层浇注生态混凝土 140 mm，中间放置营养包 60～70 mm，上层浇注生态混凝土 150 mm。

用于水上挡墙的生态混凝土箱式砌块内，应在内芯生态混凝土浇筑并养护 7 d 后，向孔隙内充灌盐碱改良材料。

生态混凝土墙式结构基础处理应符合下列规定：

应根据不同工程地质要求，选用混凝土或钢筋混凝土、浆砌石或干砌石、石笼等进行基础处理，并满足设计要求。除石笼基础外，其他形式基础应采用预留或预埋孔道方式保持水——土生态系统的联通。

采用混凝土基础时，当顶面达到设计高程面后，应保持表面平整或采用砂浆找平；采用浆砌石或干砌石基础时，应采用砂浆找平；采用石笼基础时，可在石笼顶层浇筑钢筋混凝土基础梁。

生态混凝土砌块或构件安装应符合下列规定：

生态混凝土砌块或构件宜采用水泥砂浆砌筑，砌缝宽度宜为 20～30 mm，砂浆饱满度不应小于 80%。

在不影响挡墙安全稳定性的条件下，砌块或构件可采用适当错位方式摆放，提高挡墙空间异质性程度，增加生态修复效果。

砌块或构件安装应稳固，不得有错动、晃动现象，而块顶部应设混凝土压顶，保持整体稳定。

质量检验与评定：各种原材料、配合比，施工各个主要环节均应进行检查和控制。

应建立健全质量管理和保证体系，并根据工程规模和质量控制管理的需要，配备相应的技术人员和必要的检验、试验设备。建立健全必要的技术管理与质量控制制度。

5. 柔性生态护坡

柔性生态护坡工程系统的根植土厚度达 0.3 m 以上，完全达到园林规范要求，植被土层的厚度，可为各种草本和木本植物提供良性生长的土壤环境：

（1）适合当地气候条件的植物，尽量选用乡土植物；

（2）选择不易退化的品种，尽量选择乔、灌、花、草等的立体植被形式；

（3）抗病虫害能力强，对周围环境的危害性小，选择易成活少维护的植被；

（4）寿命或者效果发挥时间长；

（5）具有足够美化环境的效果；

（6）容易维护管理。

柔性生态护坡优点：

① 结构稳定。自锁结构、整体受力、有很好的稳定性、对冲击力有很好的缓冲作用、抗震性好。生态袋具有透水，透气、不透土的性能。有很好的水环境和潮湿环境的适应性，基本不对结构产生反渗水压力。结构面通过植被的根系同原自然坡面结合成一个有机的整体，不会产生分离和坍塌等现象。对基础处理要求低。对不均匀沉降有很好的适应性，结构不产生温度应力，不需要设置伸缩缝。是永久性有生命的工程，随着时间的延续。植被根系进一步发达，结构的稳定性和牢固性也会进一步地加强。

② 生态环保。良好的生态环境系统，乔、灌、藤、花、草结合，植被不退化。不使用传统的高耗能材料，不产生建筑垃圾，没有施工噪声污染，能与生态环境很好

的融合。植物种子选择多样化，在乡土植物、地带性的前提下，充分发挥植物根系的保土、挡水、改良环境等功能。绿化生态护坡的广泛应用，比传统做法节约 80% 以上的能源消耗。可为国家节约数以亿万计的二氧化碳等有害气体排污治理费。

③ 施工快捷。施工快捷方便，施工人员专业技术要求低。管理方便，材料轻便易运易储，运输量比传统做法减少 95% 以上。

④ 维护费低。良好的生态边坡，植被持久不会退化，不需后期维护费。相比于传统护坡，延长了植被生长时间，减少了修复次数费用。植物土壤改良方便，肥效利用明显提高，减少多次补肥费用，节省维护费用。就地取土，进行土壤改良，节省二次搬运费用。

四、生态袋

生态袋护坡系统针对开挖坡度 65°～75°，甚至更大坡度，易发生滑坡和坍塌的边坡，宜采用生态袋生态护坡系统进行防护施工。其核心技术是不可替代的高分子生态袋：用由来丙烯及其他高分子材料复合制成的材料编织而成，耐腐蚀性强，耐微生物分解，抗紫外线，易于植物生长，使用寿命长达 70 年的高科技材料制成的护坡材料。主要特点是：它允许水从袋体渗出，从而减小袋体的静水压力，它不允许袋中土壤泻出袋外，达到了水土保持的目的。成为植被赖以生存的介质，袋体柔软，整体性好。

生态袋护坡系统通过将装满植物生长基质的生态袋沿边坡表面层层堆叠的方式在边坡表面形成一层适宜植物生长的环境，同时通过连接配件将袋与袋之间，层与层之间，达到牢固的护坡作用，同时随着植物在其上的生长，进一步地将边坡固定然后在堆叠好的袋面采用绿化手段播种或栽种植物，进而达到恢复植被的目的。由于采用生态袋护坡系统所创查的边坡表面生长环境较好（可达到 30～40 cm 厚的土层），草本植物、小型灌木，甚至一些小乔水都可以非常好地生长，能够形成茂盛的植被效果。近年做广泛应用于各种恶劣情况下的边坡防护植工以及其他一些防护和生态修复领域。

施工程序：施工准备，做好人员、机具、材料准备、挖好基础、清坡，清除坡面浮石，尽可能平坡面。生态袋填充，将基质材料填装入生态袋内，采用封口扎带或现场用小型封口机封制，生态袋和生态袋结构扣及加筋格册的施工，基础和上层形成的结构将生态袋结构扣水平放置两个袋之间在靠近袋子边缘的地方，摇晃扎实袋子以便每一个标准扣刺穿袋子的正下面，每层袋子铺设完成后在上面放置木板并由人在上面行走踩踏，这一操作是用来确保生态袋结构扣和生态袋之间良好的联结。铺设袋子时，注意把袋子的缝线结合一侧向内竖放，每垒砌三层生态袋便铺设一层加筋格栅，加筋格栅一墙固定在生态袋结构扣。在墙的顶部，将生态袋的长边方向水平垂直于墙面覆战，以确保压顶稳固。喷播：采用液压喷播的方式对构筑好的生态袋墙面进行喷播绿化施工，然后加盖无动布，洒水养护。栽植灌木：对照苗木带的土球大小，用刀把生态袋切制一"T"字小口，同时揭开被切的袋片，用花铲将被切位置土壤取出至适合所带土球大小，被取土壤堆置于切口旁边用枝剪把苗木的营养袋剪开，完全露出土球，适当修购苗木根系与枝叶；把苗木放到土穴中，然后用花铲将土壤回填到土穴缝边，同时扎土，直到回填完好，并且盖好袋片，对于刚植完的苗木，必须浇透淋根水，后期按绿化规范管养。

五、三维植被网

1. 三维植被网结构

三维植被网是以热塑性树脂为原料，经挤出、拉伸等工序精制而成。它无腐蚀性，化学性稳定，对大气、土壤，微生物呈惰性。

三维植被网的底层为一个高模量基础层，采用双向拉伸技术，其强度高，足以防止植被网变形，并能有效防止水土流失。三维植被网的表层为一个起泡层，膨松的网包以便填入土壤，种上草籽帮助固土，这种三维结构能更好地与土壤相结合。

作用：在边坡防护中使用三维植被能有效地保护坡面不受风、雨、洪水的侵蚀。三维植被网的初始功能是有利于植被生长。随着植被的形成，它的主要功能是帮助草根系统增强其抵抗自然水土流失能力。

2. 三维植被网的特点

由于网包的作用，能降低雨滴的冲击能量，并通过网包阻挡坡面雨水的流速，从而有效地抵御用水的冲刷。这样在雨水的冲蚀作用下就会减少流失，在边坡表层土中起着加筋加固作用，从而有效地防止了表面土层的滑移；三维植被能有助于植被的均匀生长，植被的根系很容易在坡面土层中生长固定；三维植被网能做成草毯进行异地移植，能解决需快速防护工程的植被要求。

3. 三维网植草防护的特点

使边坡具有较大的稳定性。实施三维网植草后，草根生长与三维网形成地面网系，有效防止地表径流冲刷，而根系深入原状坡面深层，使坡面土层与三维网及草坪共同组成坡面防护体系，对坡面的稳定起到重要的作用；创造一个绿意浓郁的边坡生态环境，改善高速公路的景观，符合现行环境要求；工艺简单，操作方便、施工速度快、经济可行。

4. 施工程序与施工工艺

三维网植草是一种新的边坡防护方式，该方法具有工艺操作方便、施工速度快、经济可行的特点，且一般能满足河道边坡防护和美化的要求，其施工程序与工艺如下：

边坡场地处理→挂网→固定→回填土→喷播草籽→覆盖无纺布→养护管理

（1）边坡场地处理。在修整后的坡面上进行场地处理，首先清除石头、杂草、垃圾等杂物然后平整坡面、使坡面流畅并要适当人工夯实，不要出现边坡凹凸不平、松垮现象。

（2）挂网。在坡顶延伸 50 cm 埋入截水沟或土中，然后自上而下平铺到坡肩，网与网间平搭，网紧贴坡面，无褶皱和悬空现象。

（3）固定。选用 $\phi6$ mm 钢筋和 8 号铁丝做成的 U 形钉进行固定，在坡顶、搭接处采用主锚钉固定，坡面其余部分采用辅锚钉固定。坡顶锚钉间距为 70 cm，坡面锚钉间距为 100 cm。锚钉规格：主锚钉为（$\phi6$ mm 钢筋）U 形钢钉长 20～30 cm，宽 10 cm，辅锚钉为（$\phi8$ 号铁丝）U 形铁钉长 15～20 cm，宽 5 cm，固定时，钉与网紧贴坡面。

（4）回填土。三维网固定后，采用干土施工法进行回填土，把黏性土、复合肥或沤制肥充分搅拌均匀，并分 2～3 次人工抛洒在边坡坡面上，第一次抛洒的厚度控制在 3～5 cm 为适，第二次抛洒厚度 1～2 cm，回填直至覆盖网包（指自然沉降后）。每次抛洒完毕后，在抛洒土壤层的表面机械洒水，机械洒水时，水柱要分散，洒水量不能太多，以免造成新回填土流失，目的是使回填的干土层自然沉降，并要进行适度夯实，防止局部新回填土层与三维网脱离。要求填土后的坡面平整，无网包外露。所选用的黏性土应颗粒均称，显粉末状，无石块与其他杂物存在，肥料可采用进口复合肥（N∶P∶K=15∶15∶15）或堆沤基肥，用肥量为 20 g/m^2。

采用干土施工法具有施工操作简单，对路面不会造成污染等优点。

（5）喷播草籽。喷播草籽：液压喷播绿化技术，其原理及操作方法是应用机械动力，液压传送，将附有促种子萌发小苗木生长的种子附着剂、纸纤维、复合肥、保湿剂、草种子和一定量的清水，溶于喷播机内经过机械充分搅拌，形成均匀的混合液，而通过高压泵的作用，将混合液高速均匀喷射到已处理好的坡面上，附着在地表与土壤种子形成一个有机整体，其集生物能、化学能、机械能于一体，具有效率高、成本低、劳动强度小、成坪快的优点。

草种配比：根据边坡的自然条件、立地条件、土壤类型等客观因素科学地进行草种配比，使其能在边坡坡面上良好生长，形成"自然、优美"的景观，使用的具体品种及用量视现场而定。

（6）覆盖无纺布。根据施工期间气候情况及边坡的坡度，来确定在喷播表面层盖单层或多层无纺布，以减少因强降水量造成对种子的冲刷，同时也减少边坡表面水分的蒸发，从而进一步改善种子的发芽、生长环境。

（7）养护管理。苗期注意浇水，确保种子发芽、生长所需的水分；适时揭开无纺布，保证草苗生长正常；适当施肥，一般使用进口复合肥，为草坪生长提供所需养分；定时针对性地喷洒农药，定期清除杂草，保证草坪健康生长；成坪后的草坪覆盖率达到 95% 以上，一片葱绿、无病虫害。

第五章
水利工程地下建筑施工

第一节　地下工程开挖方式选择

一、相关知识

（一）平洞的施工程序

平洞施工方法有两种，即常用的钻眼爆破法及全断面掘进法（TBM 法）。钻眼爆破法施工工序是钻孔、装药、爆破、通风散烟、清撬、出渣、检查及测量放线，在地质条件较差的地段，应增加锚杆支护、混凝土衬砌、灌浆等工序，同时，还需进行排水、照明、供水、供电、供风等辅助工作，保证平洞施工的顺利进行。因此，钻爆法施工有以下几个特点：

（1）施工作业空间狭小，工序多，交叉作业多，施工干扰大。在长隧洞施工中，由于施工进度的要求，还需开挖施工支洞以增加工作面，这样就增加了工程造价。

（2）洞线地质条件直接决定平洞的施工方法。岩石是成洞开挖的对象，又是成洞后支护的对象，在施工中应充分了解洞周的围岩性质，根据不同围岩类别，采取不同的开挖方法和支护措施，发挥围岩的自承稳定能力，加快施工进度，以节省工程造价。

（3）平洞施工基本上不受外界气候影响，但施工条件差，粉尘及有害气体不易排出，因此，在施工中必须严格遵守安全操作规程，制定相应的安全技术措施，确保施工人员生命安全。

（二）平洞的开挖方式

平洞开挖的基本要求如下：开挖断面尺寸必须符合设计要求，尽可能减少超挖及欠挖；控制装药量，尽量减小对洞周围岩的破坏，以提高围岩的自稳能力，同时使爆落的岩块大小适度，以便于出渣；合理布置炮孔位置、炮孔数量和炮孔深度，以提高爆破效果，加快施工进度，降低工程造价。因此，必须根据洞线地质条件、平洞形式和断面尺寸、施工条件及施工机械设备，选择合理的平洞开挖方法。

1. 全断面开挖法

全断面开挖法是指平洞的设计断面一次性钻孔爆破成型。平洞的衬砌或支护，可在全洞贯通后进行，也可在掘进相当距离后进行。在地质条件较好、围岩坚固稳定、不需要临时支护或仅需局部支护的大小断面平洞中，又有完善的机械设备，均可采用全断面开挖方法。

2. 导洞开挖法

导洞开挖法就是在平洞中先开挖一个小断面的洞作为先导（称为导洞），然后扩大至整个设计断面，根据导洞与扩大开挖的次序可分为导洞专进法和导洞并进法。导洞专进法是待导洞全线贯通后再开挖扩大部分；导洞并进法是待导洞开挖一定距离（一般为 10～15 m）后，导洞与扩大部分的开挖同时前进。根据导洞在整个断面中的不同位置，可分为上导洞、下导洞、中导洞、双导洞等开挖方法。

3. 导洞的形状和尺寸

导洞一般采用上窄下宽的梯形断面，这种形状施工简单、受力条件较好，可利用底角布置风、水等管线。导洞断面尺寸是根据出渣运输要求、临时支护形式和人行安全的条件确定。一般底宽为 2.5～4.5 m（其中人行通道宽度取 0.7 m），高度为 2.2～3.5 m。

（三）竖井和斜井的施工程序

竖井和斜井是水电站地下厂房中常见的建筑物，其高度较高、断面相对较小，井线与水平夹角大于 75°的是竖井；井线与水平夹角为 40°～75°的是斜井；洞线与水平夹角为 6°～40°的是斜洞。由于竖井和斜井具有各自的特点，其施工方法分述如下：

1. 竖井

竖井施工特点有二：一是竖向作业，即竖向开挖、竖向出渣和竖向衬砌；二是与水平隧洞相通，因此，可先挖通与竖井相连通的水平通道，为竖井施工创造条件。一般竖井施工有全断面法和导井法。

（1）全断面法。自上而下全断面竖井开挖法与隧洞的全断面施工类似。但由于是竖向作业，施工困难，进度较慢，适用于采用普通钻爆法开挖的小断面竖井。采用全断面竖井开挖时，应注意做好竖井锁口，确保提升安全，做好井内外排水防水设施。注意观测围岩情况，采取相应措施确保安全施工。

全断面竖井开挖，也可采用深孔爆破法，即按设计要求，断面炮孔一次钻孔，再自下而上分层爆破（或一次爆破），由下部平洞出渣。此法适用于深度不大、围岩稳定的竖井。施工时要控制钻孔的偏斜，偏斜率应小于 0.5%，同时还应控制装药量，特别是周边炮孔的装药量。

（2）导井法。导井法即在竖井中部先开挖导井（断面面积 4~5 m²），然后扩大的施工方法。导井有自上而下和自下而上的开挖方法。前者可用普通钻爆法，也可用大钻机施工，如图 5-1 所示；后者常用吊罐法（也称吊篮法）或爬罐法施工。扩大开挖可自上而下逐层下挖，也可自下而上倒井上挖。扩挖的石渣，经导井落至井底，由井底水平通道运出洞外，如图 5-2 所示。

2. 斜井

斜井的施工条件与竖井相近，可按竖井方法施工。

二、任务实施

1. 分析工程基本资料

认真阅读该隧洞的基本资料，熟悉工程要求及设计标准。

2. 隧洞施工方法选择

根据工程资料比选并拟订该隧洞的施工方法。

3. 隧洞施工程序制定

根据拟订的隧洞的施工方法，制定该隧洞施工程序。

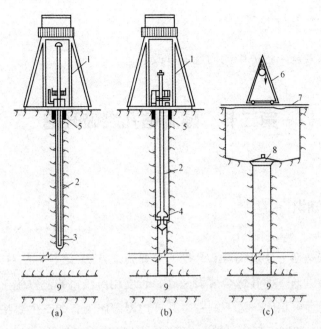

图 5-1 大钻机开挖竖井

（a）钻导井；（b）导井扩大；（c）扩挖竖井

1—钻架；2—钻杆；3—初钻钻头；4—扩孔钻头；5—混凝土井口；

6—吊车；7—钢轨；8—安全罩；9—水平通道

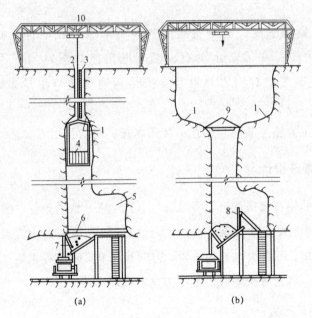

图 5-2 吊罐法开挖竖井

（a）自下而上开挖导井；（b）自上而下扩挖导井

1—开挖面；2—起吊吊罐通过钢缆中心孔；3—通过风、水管的边孔；4—吊罐；

5—吊罐安全洞；6—钢轨导架；7—集渣漏斗；8—挡板；9—安全罩；10—吊车

4. 其他

对施工方法及施工程序中的问题加以改进。

第二节　隧洞钻孔爆破开挖

一、相关知识

钻孔爆破法是地下建筑物岩石开挖的主要施工方法。这种方法对岩层地质条件适应性强、开挖成本低，尤其适合岩石坚硬、长度相对较短的洞室施工。

与露天开挖爆破相比，地下洞室岩石开挖爆破施工有如下主要特点：

（1）因照明、通风、噪声及渗水等影响，钻爆作业条件差；钻爆工作与支护、出渣运输等工序交叉进行，施工场面受到限制，增加了施工难度。

（2）爆破自由面少，岩石的夹制作用大，增大了破碎岩石的难度，使岩石爆破的单位耗药量提高。

（3）爆破质量要求高。对洞室断面的轮廓形成一般均有严格的标准，控制超挖，不允许欠挖；必须防止飞石、空气冲击波对洞室内有关设施及结构的损坏；应尽量控制爆破对围岩及附近支护结构的扰动与质量影响，确保洞室的安全稳定。

钻孔爆破法主要施工顺序是钻孔、装药爆破、出渣及相应的辅助工作。

（一）钻孔爆破设计

地下建筑物的钻孔爆破法开挖受工作面、自由面、地质条件、爆破材料及钻孔设备等条件影响较大，做好钻孔爆破设计尤为重要。钻孔爆破设计的主要任务为确定开挖断面的炮孔布置，即各类炮孔的位置、方向和深度；确保各类炮孔的装药量、装药结构及堵孔方式；确定各类炮孔的起爆方法和起爆顺序。

1. 炮孔类型及布置

由于受工作面、自由面的限制和控制开挖断面轮廓形状及尺寸的要求，根据炮孔的作用可分为掏槽孔、崩落孔和周边孔，如图 5-3 所示。

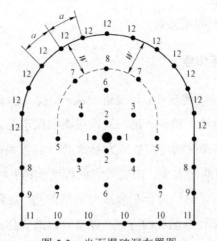

图 5-3　光面爆破洞布置图

1、2—掏槽孔；3～8—崩落孔；9～12—周边孔

掏槽孔通常布置在开挖断面的中下部。掏槽孔是整个断面炮孔中必须首先起爆的炮孔，由于其密集的布孔和装药，先在开挖面（只有一个自由面）上炸出一个槽腔，为后续炮孔的爆破创造新的自由面。周边孔是沿断面设计边线布置的炮孔，一般在断面炮孔中最后起爆。其作用是爆出较为平整的洞室开挖轮廓。崩落孔布置在掏槽孔与周边孔之间。在掏槽孔起爆后，崩落孔由中心往周边逐层顺序起爆。其作用是扩大掏槽孔炸出的槽腔，崩落开挖面上的大部分岩石，同时也为周边孔创造自由面。

2. **炮孔数量和装药量**

掘进工作面上的炮孔数量和装药量，受岩层性质、炸药性能、爆破时自由面状况、炮孔大小和深度、装药方式、工作面的形状和大小、岩渣的块度等多种因素的影响，很难用理论计算确定。在实际工作中，常采用类比法或经验公式法初步确定单位耗药量和掘进深度，估算炮孔数量和炮孔间距，然后结合具体工程进行现场试验，最后研究确定较合理的炮孔数量和各种炮孔类型的炮孔间距。

3. **炮孔深度**

炮孔深度应根据开挖断面的大小、岩层性质、掏槽形式、钻机形式和掘进循环作业时间进行选择。实践证明，加大炮孔深度可以提高掘进速度。炮孔深度增加后，相应的装药爆破、通风、出渣等工序的相对时间减少，单位时间内的进尺即可加快。但炮孔深度增加，钻孔速度和炮孔利用率将会降低，单位耗药量有所增加。因此，炮孔深度应经综合分析后确定。根据经验，炮孔深度为隧洞开挖断面宽度的 0.5～0.85，同时，还应与循环作业时间相协调。

（二）钻孔爆破循环作业

用钻孔爆破法开挖地下建筑物，每掘进一次，主要工序有钻孔准备、钻孔、装药、爆破、通风排烟、安全检查、出渣、延长运输线路和风水电管线等。掘进一次的工序组合称为循环作业。一昼夜的循环次数应为整数，因此，常采用的循环时间为 4 h、6 h、8 h、12 h 等，视开挖断面的大小、围岩稳定的程度和钻孔出渣设备的能力等因素来确定。当围岩稳定性较好，有钻架台车或多臂钻车钻孔，短臂挖掘进机或装载机配自卸汽车出渣时，宜采用深孔少循环的方式，以节省辅助工作的时间。若围岩的稳定性较差，用风钻钻孔、斗车或矿车出渣，宜采用浅孔多循环的方式，以保证围岩稳定。例如，用气腿式风钻钻孔的导洞开挖，循环进尺常取 1.8～2.0 m，每班 2～3 个循环；小断面隧洞开挖，若使用钻架台车或多臂钻车时，循环进尺可取 3～5 m，每班完成一个循环。

循环进尺是循环作业计划的核心。在确定循环进尺时，通常是根据围岩条件、钻孔出渣设备的能力，初步选定掘进深度，计算钻孔、装药爆破、出渣、临时支护等工序的时间，然后按班或日循环次数为整数的原则，再修改初选进尺，直到满足正常班次的循环作业为止。

二、任务实施

（1）分析工程基本资料。

（2）施工准备工作。

（3）制订钻孔、装药爆破、出渣及相应的辅助工作方案。

（4）及时发现并解决隧洞爆破开挖施工过程中出现的问题。

第三节　隧洞掘进机开挖

一、相关知识

岩石隧道掘进机开挖是利用岩石隧道掘进机在岩石地层中暗挖隧道的一种施工

方法。所谓岩石地层，是指该地层有硬岩、软岩、风化岩、破碎岩等类，在其中开挖的隧道称为岩石隧道。施工时所使用机械通常称为岩石隧道掘进机（Tunnel Boring Machine，TBM）。在我国，由于行业部门的习惯，也称为全断面隧道掘进机或隧道掘进机，简称掘进机。

（一）BM 掘进机施工环节

掘进机在我国甘肃引大入秦和山西万家寨引黄入晋等隧洞工程中相继应用，获得了很大效益。掘进机虽然技术先进，但是，只有完全掌握这项技术，对隧洞施工全过程中的每一个环节进行严格把关，才能真正保证掘进机隧洞施工质量。

1. 地质勘查

地质条件是影响掘进机隧洞施工质量的重要因素，也是掘进机选型的重要依据。地质勘查成果资料要求全面、真实、准确。

2. 掘进机选型

掘进机根据支护形式分为以下三种机型，分别适用于不同的地质条件：敞开式，常用于纯质岩；双护盾，常用于混合地层；单护盾，常用于劣质地层及地下水位较高的地层。掘进机根据刀盘直径大小分为 13 种，分别为 2 m、3 m、4 m、5 m、6 m、7 m、8 m、9 m、10 m、11 m、12 m、13 m、14 m。

在掘进机上安装一些特殊设备，可以避免和消除地质条件变化对隧洞施工质量的影响，如采用超前探钻、环形管片安装器、岩石锚固装置及易爆气体检测装置等。

3. 掘进机工作人员

掘进机工作人员的素质和技术水平直接影响着隧洞施工质量，只有高素质和高水平的工作人员才能保证高质量的隧洞施工。

4. 掘进机检修和维护

加强检修和维护，可保证掘进机良好运行，这对保证施工质量和延长掘进机寿命非常重要。

（1）边刀（位于刀盘周边的刀具）。隧洞洞径由边刀尺寸决定。在掘进过程中，刀具磨损特别是边刀磨损非常严重，因此，加强刀具磨损检查和更换新刀具对于保证洞径非常重要。为了延长刀具使用寿命，磨损的边刀也可以用作面刀（即位于刀盘面部的刀具）再次使用，一般边刀最大允许磨损量约等于面刀最大允许磨损量的 1/2。

当边刀达到其磨损极限时，应更换新刀具。

（2）主轴承（与刀盘连接并驱动刀盘旋转的大型轴承）。掘进机总进尺主要由主轴承使用寿命决定。在掘进机检修期间，损坏的主轴承由于受到隧洞狭小空间的限制，难以拆除和更新安装，因此，应根据隧洞长度选用主轴承型号，加强对主轴承的维护。

（3）激光导向仪。隧洞轴线主要由激光导向仪控制，为此，应加强仪器检查和校核，保证仪器精度和洞轴线在允许偏差范围之内。

5. 预制管片制作和安装

（1）预制管片制作：① 采用先进的生产工艺；② 加强预制管片原材料、每一道工序及成品质量检验；③ 加强预制管片生产模具质量检验，保证模具不变形、不扭曲。

（2）预制管片安装：① 采用先进的安装工艺；② 采用环形管片安装器安装管片，先安装底部，后安装两侧，最后安装顶部；③ 管片安装时，要采取保护措施，保证管片不被挤裂、棱角不受损坏；④ 管片安装要做到定位准确及管片间接缝严密。

6. 隧洞施工质量监督

（1）隧洞施工质量监督贯穿于隧洞施工全过程。对保证隧洞施工质量和消除质量隐患起着非常重要的作用。

（2）隧洞施工质量重点检查内容：① 隧洞直径、轴线、坡度、进尺等重要指标；② 掘进机性能和运行状况；③ 预制管片制作和安装质量。

（二）掘进机的优缺点

掘进机开挖与传统钻爆法相比，具有以下优点：

1. 它利用机械切割、挤压破碎，能使掘进、出渣、衬砌支护等作业平行连续地进行，工作条件比较安全，节省劳力，整个施工工程能较好地实现机械化和自动化控制。

2. 掘进机挖掘的洞壁比较平整，断面均匀，超欠挖量少，围岩扰动少，对衬砌支护有利。

掘进机开挖的主要缺点如下：

（1）设备复杂、昂贵、安装费时。

（2）掘进机不能灵活适应洞径、洞轴线的走向、地质条件与岩性等方面的变化。

（3）刀具更换、风管送进、电缆延伸、机器调整等辅助工作占用时间较长。

（4）掘进机掘进时释放大量热量，工作面上环境温度较高，因此要求有较大的通风设备。

由此可见，选择掘进机掘进方案，必须结合工程具体条件，通过技术经济比较确定。

二、任务实施

（1）分析工程基本资料。

（2）施工准备工作。

（3）主要工作。完成地质资料分析，确定工作人员，掘进机的选型，编制掘进机检修和维护、预制管片制作和安装、隧洞施工质量监督的工作方案。

（4）其他。及时发现并解决隧洞开挖施工过程中出现的问题。

第四节　喷锚支护施工

一、相关知识

喷锚支护是喷混凝土支护、锚杆支护、喷射混凝土锚杆支护、喷射混凝土锚杆钢丝网支护等不同支护形式的统称，是地下工程支护的一种新形式。合理应用可最大限度地发挥围岩的自承能力，也是新奥地利隧道工程法（新奥法）的主要支护措施。

喷锚支护的施工特点是，在洞室开挖后，将围岩冲洗干净，适时喷上一层厚 3～8 cm 的混凝土，防止围岩松动。如发现围岩变形过大，可视需要及时加设锚杆或加厚混凝土，使围岩稳定。因此，喷锚支护既可以做临时支护，也可以做永久支护。它适用于各种地质条件、不同断面大小的地下洞室，但不适用于地下水丰富的地区。

近年来，凡是正确应用喷锚支护，并且与新奥法紧密相连的工程，都收到了良好的技术经济效益。它与沿用的现浇混凝土衬砌相比，混凝土量减少 50% 以上，开挖量减少 15%～25%，可省去支模和灌浆工序，劳动力节省 50% 左右，施工速度加快一倍以上，造价降低 50% 左右。

（一）喷锚支护原理

喷锚支护是充分利用围岩的自承能力和具有弹塑性变形的特点，有效控制和维护围岩稳定的、最大限度发挥围岩自承能力的新型支护。其原理是把岩体视为具有黏性、弹性和塑性等物理性质的连续介质，洞室开挖后，洞室周围的岩体（围岩）将向着临空面变形，变形随时间的延长而增大，增大到一定程度，围岩将产生坍塌。因此，在围岩产生一定变形前，应及时采用既有一定刚度又有一定柔性的薄层支护结构，使支护与围岩紧密地黏结成一个整体，既限制围岩变形，又可与围岩"同步变形"，从而加固和保护围岩，使围岩成为支护的主体，充分发挥围岩自身承载能力，以增加围岩的稳定性。

喷锚支护原理与传统的现浇混凝土衬砌的松动围岩压力理论有着本质的不同。后者认为洞室的衬砌或支护结构，完全是为了承担洞壁邻近部分松塌岩体所形成的松动围岩而设置的，并且认为围岩的松塌是不可避免的，围岩越差，洞室越大，松塌的范围也就越大，因此，所用支护结构必然是坚固的、较厚的混凝土或钢筋混凝土衬砌。实践证明，传统的衬砌理论不能正确地反映围岩的自承能力，这种理论只适用于围岩非常松散破碎的洞室衬砌。

（二）喷射混凝土支护施工

喷射混凝土是将水泥、砂、石等集料，按一定配合比拌和后，装入喷射机中，用压缩空气将混合料压送到喷头处，与水混合后高速喷到作业面上，快速凝固成一种薄层支护结构。这种支护结构的主要作用是，喷射混凝土不但与围岩表面有一定的黏结力，而且能充填围岩的缝隙，提高围岩的整体性和强度，增强围岩抵抗位移和松动的能力，同时，还能起到封闭围岩、防止风化的作用，是一种高效、早强、经济的轻型支护结构。当岩体比较破碎时，还可以利用丝网拉挡锚杆之间的小岩块，增强混凝土喷层，辅助喷锚支护。

1. 喷射混凝土支护的特点

锚混凝土支护施作及时，喷层紧贴岩面，会有一定的早强性能，因而能及时控制围岩变形，防止围岩的松散和坍塌，由于它具有柔性，所以能与围岩共同变形。这样，一方面岩体释放变形，另一方面喷层提供抗力阻止变形，因此，喷层所受的力不是松散压力，而是喷层限制围岩变形过程中所受的变形压力，所以，受力条件最好，所受的力最小。

2. 喷射混凝土支护的作用

（1）充填裂隙，加强围岩，能把一部分水泥砂浆渗透到围岩的节理裂隙中去，并填补岩面坑洼，将应力松散区一定范围的松动岩块重新胶结起来，因而能够加固围岩，消除局部应力集中。

（2）抑制围岩变形的发展，提高了围岩的稳定性，由于喷混凝土能及时施作，具有较高的早期强度，因此，围岩的变形被抑制了，同时还封闭了岩面，防止围岩因风化、潮解而产生蚀变。

（3）与围岩共同作用以改善衬砌受力条件，喷混凝土具有一定的黏结强度和抗剪强度，它能与围岩紧密地黏结在一起，可以充分地利用围岩的抗力，因而大大降低了衬砌内的弯矩，同时组成了衬砌与围岩共同工作的体系。

（4）喷射混凝土的作用视围岩条件而异。围岩中层理、节理等不连续面支配隧道动态的场合中，对中硬岩、硬岩等节理间距比较大的情形，喷混凝土可按防止局部岩块掉落和弱层补强效果考虑。

3. 喷射混凝土的施工工艺

喷射混凝土的施工方法有干喷、潮喷、湿喷和半湿喷四种。其主要区别是投料的程序不同，尤其是加水和速凝剂的时机不同。

（1）干喷和潮喷。干喷是将集料、水泥和速凝剂按设计比例干拌均匀，然后装入喷射机，用压缩空气将混合的干集料压送到喷枪，再在喷嘴处与高压水混合，以较高速度喷射到岩面上。其优点是喷射机械较简单，机械清洗和故障处理容易；缺点是产生的粉尘量大，回弹量大，水灰比不易控制。

潮喷只是在集料中预加少量水，从而降低上料、拌和和喷射时的粉尘。其他方面与干喷工艺一样。由于潮喷可降低一定的粉尘。目前使用较多。

（2）湿喷。湿喷是将集料、水泥和水按设计比例拌和均匀，用湿式喷射机压送到喷头处，再在喷头上添加速凝剂后喷出。

湿喷的优点是粉尘少、回弹量小、混凝土质量容易控制；缺点是对喷射机械要求较高，机械清洗和故障处理较麻烦。

（3）半湿喷。半湿喷又称混合喷射或水泥裹砂造壳喷射。其施工程序是先将一部分砂加第一次水拌湿，再投入全部水泥预制搅拌造壳，然后加第二次水和减水剂拌和成 SEC 砂浆,同时将另一部分砂和石及速凝剂强制搅拌均匀,最后分别用砂浆泵和干式喷射机压送到混合管喷出。

半湿喷所使用的主要机械设备与干喷基本相同。但由于半湿喷是分次投料搅拌,混凝土的质量较干喷时要好,粉尘和回弹率也有大幅度降低。但机械数量较多,工艺较复杂,机械清洗和故障处理很麻烦,尤其是水泥裹砂造壳技术的质量,直接影响到喷射混凝土的质量,施工技术要求高。

由于湿喷和半湿喷工作面粉尘小,混凝土强度高,回弹率小,所以湿喷和半湿喷被广泛应用。小浪底洞室壁几乎全部采用湿喷。

4. 喷射混凝土机械设备

(1)喷射机。喷射机是喷射混凝土的主要设备,有干式喷射机和湿式喷射机。干式喷射机有双罐式喷射机、转体式喷射机和转盘式喷射机;湿式喷射机有挤压泵式喷射机、转体活塞式喷射机和螺杆泵式喷射机。泵式喷射机要求混凝土具有较大的流动性和大于 70% 的含砂率,机械构造较为复杂,清洗和故障处理麻烦,机械使用费用较高,目前现场使用较少,有待进一步改进推广。

(2)机械手。喷头的喷射方向和距离的控制,可采用人工控制或机械手控制。人工控制虽然可以近距离随时观察喷射情况,但劳动强度大,粉尘危害大,易危及人身安全,现场只用于解决少量和局部的喷射工作。机械手控制可避免以上缺点,喷射灵活方便,工作范围大,效率高。

5. 喷前检查及准备

喷射前应做好以下工作:

(1)对开挖断面尺寸进行检查,清除松动危石,用高压风和水清洗受喷面,对欠挖、超挖严重的,应予以处理。

(2)受喷岩面有集中渗水处,应做好排水的引流处理,并根据岩面潮湿程度,适当调整水灰比。

(3)埋设喷层厚度检查标志。可在石缝处钉铁钉,安设钢筋头等方法做标志。

(4)检查、调试好各机械设备的工作状态。

6. 施喷注意事项

(1)喷射时应分段(不超过 6 m)、分部(先下后上)、分块(2 m×2 m)进行,严格按先墙后拱、先下后上的顺序进行,以减少混凝土因重力作用而引发的滑动或脱落现象。

（2）喷头要垂直于受喷面，倾斜角度不大于 10°，距离受喷面 0.8～1.2 m。喷头移动可采用 S 形往返移动前进，也可采用螺旋形移动前进。

（3）喷射时，一次喷射厚度不得太薄或太厚，对于岩面凹陷处，应先喷且多喷，凸出处，应后喷且少喷。

（4）若设计喷射混凝土较厚，应分 2～3 层喷射。分层时间间隔不能太短，在初喷混凝土终凝后，即可复喷。喷射混凝土的终凝时间与水泥品种、施工温度、速凝剂类型及掺量等因素有关。间隔时间较长时，应将初喷面清洗干净后再进行复喷。

（5）喷射混凝土的养护应在其终凝 1～2 h 后进行，养护时间不得小于 7 d。

（6）冬期施工时，喷射混凝土作业区的气温不得低于 5 ℃；混凝土强度未达到设计强度的 50% 时，若气温降于 5 ℃以下，则应注意采取保温防冻措施。

（7）回弹物料的利用。采用干法喷射混凝土时，一般边墙的回弹率为 10%～20%、拱部为 20%～35%，故应将回弹混凝土回收利用。常用的方法是及时将洁净的尚未凝结的回弹物回收，掺入混合料重新搅拌，但掺量不宜超过 15%，且不宜用于顶拱；也可将回弹混凝土掺入普通混凝土中，但掺量也应加以控制。

7. 其他形式的喷射混凝土支护施工

目前常用喷射混凝土除了素喷射混凝土外，还有钢纤维喷射混凝土和钢筋网喷射混凝土。

（1）钢纤维喷射混凝土。钢纤维喷射混凝土的一系列性能都优于普通喷混凝土，国内外试验资料表明，与不掺钢纤维的同级喷混凝土相比，钢纤维喷射混凝土的抗压强度提高 5%～10%，抗拉强度增加 30%～60%，抗弯曲强度提高 30%～90%，但它的费用较高，一般仅用于塑性岩体、膨胀性岩体、土质浅埋隧道、高速水冲刷的隧洞、洞内塌方抢险工程及净空受限制的运营隧道裂损衬砌加固。钢纤维喷射混凝土用的钢纤维应满足下列要求：

① 普通碳素钢纤维的抗拉强度不得低于 380 MPa。

② 钢纤维的长度宜为 20～25 mm，且不得大于 25 mm。

③ 钢纤维的直径宜为 0.3～0.5 mm。

④ 钢纤维掺量宜为混合料重量的 3%～6%。钢纤维喷射混凝土的容重为 23～24 kN/m³。当钢纤维体积百分率不变时，其直径减少则钢纤维间距也随之减小，而对混凝土裂缝扩展的约束能力也就越强，使混凝土的各种性能得到强化。但直径过小，

会使钢纤维添加多，使其搅拌合施工发生困难。而钢纤维长度大于 25 mm，掺量超过混合料的 6% 时，搅拌的均匀性和喷射施工的流畅性则会发生困难。

（2）钢筋网喷射混凝土。钢筋网喷射混凝土是在喷射混凝土之前，在岩面上挂设钢筋网，然后再喷射素混凝土。主要用于软弱破碎围岩，更多的是与锚杆构成联合支护，在我国隧洞工程中应用较多。其施工时应注意以下几点：

① 钢筋使用前应清除污锈。钢筋网宜在现场预制点焊成网片，也可就地绑扎。

② 成品钢筋网安设时，其搭接长度不小于 200 mm。

③ 钢筋网宜在岩面喷一层混凝土后攀岩面起伏铺设，既可保证作业安全，又可使岩面平整。钢筋与壁面的间隙，宜为 30 mm，不宜小于 20 mm。当采用光爆，岩面比较平整时，也可先挂网，再喷混凝土（挂网在锚杆安设后进行）。

④ 采用双层钢筋网时，第二层钢筋网应在第一层钢筋网被混凝土覆盖后铺设。

⑤ 钢筋网应与锚杆、钢架或其他锚定装置连接牢固，喷射时钢筋不得晃动。当与锚杆尾连接时需在 3 d 后进行。

二、任务实施

（1）分析工程基本资料。

（2）施工准备工作。

（3）主要工作。完成地质资料分析，确定工作人员，确定支护方式、支护机械、支护材料，编制机械检修和维护、锚杆制作和安装，喷锚支护施工质量监督的工作方案。

（4）其他。及时发现并解决隧道喷锚支护施工过程中出现的问题。

第五节　衬砌施工

一、相关知识

地下洞室开挖后，为了防止围岩风化和坍落，保证围岩稳定，往往要对洞壁进行衬砌。衬砌类型有现浇混凝土或钢筋混凝土衬砌、混凝土预制块或条石安砌、预填集料压浆衬砌等。下面仅介绍隧洞现浇混凝土及钢筋混凝土衬砌施工。

（一）平洞衬砌的分段分块及浇筑顺序

水工隧洞较长，纵向需要分段进行浇筑，分段长度根据围岩约束特性、隧洞断面大小、混凝土浇筑能力和模板结构形式等因素确定，一般分段长度以 4～15 m 为宜。当结构上设有永久伸缩缝时，可利用结构永久缝分段；当结构永久缝间距离过大或无永久缝时，可设施工缝分段，并做好施工缝的处理。

分段浇筑可分为跳仓浇筑、分段流水浇筑和分段留空档浇筑三种方式。

分段流水浇筑时，必须等先浇筑段混凝土达到一定强度后，才能浇筑相邻后段，影响施工进度。跳仓浇筑可避免窝工，因此，隧洞衬砌常采用跳仓浇筑或分段留空档浇筑。对于无压平洞，结构上按允许开裂设计时，也可采用滑动模板连续施工的浇筑方式，但施工工艺必须严格控制。

衬砌施工除在纵向分段外，在横断面上也采用分块浇筑，一般分为底拱（底板）、边拱（边墙）和顶拱。常采用的浇筑顺序为先底拱（底板）、后边拱（边墙）和顶拱。可以连续浇筑，也可以分开浇筑，视浇筑能力或模板形式而定。地质条件较差时，可采用先顶拱、后边拱（边墙）和底拱（底板）的浇筑顺序。当采用开挖和衬砌平行作业时，由于底板清渣无法完成，可采用先边拱（边墙）和顶拱，最后浇筑底拱（底板）的浇筑顺序。当采用底拱（底板）最后浇筑的顺序时，应注意已衬砌的边墙顶拱混凝土的位移和变形，并做好接头处反缝的处理，必要时反缝要进行灌浆。

（二）衬砌混凝土的浇筑

由于隧洞衬砌的工作面狭窄，混凝土的运输和浇筑，以及浇筑前钢筋的绑扎、安装等工作都较困难，采用合理的施工方案、先进的施工技术和组织设计尤为重要。隧洞衬砌内的钢筋，是在洞外制作，运入洞内安装绑扎。扎筋工作常在立好模板并预留端部挡板的时候进行。

隧洞混凝土浇筑的关键是混凝土的运输组合。混凝土水平运输有自卸汽车、搅拌运输车、专用梭车、搅拌罐车等。混凝土的入仓运输常用混凝土泵，常用型号为液压活塞泵。

混凝土泵的给料设备是保证混凝土泵生产率的重要配套设备，应根据混凝土泵进料高度、运输车辆出料高度及工作面等进行选择。

在浇筑顶拱时，浇筑段的最后一个预留窗口的混凝土封堵，称为封拱。由于受仓内工作条件限制，为使混凝土形成完整拱圈的封拱工作，常采取以下两种措施：

1. 封拱盒封拱

当最后一个顶拱预留窗口，工人无法操作时，退出窗口，并在窗口四周装上模框，将窗口浇筑成长方形，待混凝土强度达到 1 N/mm² 后，拆除模框，洞口凿毛，装上封拱盒封拱。

2. 混凝土泵封拱

使用混凝土泵浇筑顶拱混凝土时，封拱布置即将导管的末端接上冲天尾管，垂直地穿过模板伸入仓内，冲天尾管的位置应用钢筋固定，尾管之间的间距根据混凝土扩散半径确定，一般为 4～6 m，离端部约 1.5 m，尾管出口与岩面的距离一般为 20 cm 左右，其原则是在保证出的混凝土能自由扩散的前提下，越贴近岩面，封拱效果越好。为了排除仓内空气和检查拱顶混凝土充填情况，应在仓内最高处设置通气孔。为了便于人进仓工作，应在仓的中央设置进入孔。

混凝土泵封拱的步骤如下：当混凝土浇筑至顶拱舱面时，撤出仓内各种器材，并尽量填高；当混凝土浇筑至与进入孔齐平时，撤出仓内人员，封闭进入孔，增大混凝土坍落度（达 14～16 cm），并加快泵送速度，直至通气管开始漏浆或压入混凝土超过预计量时止，停止压送混凝土后，拆除尾管上包住预留孔眼的铁箍，从孔眼中插入钢筋，防止混凝土下落，并拆除尾管。待顶拱混凝土凝固后，将外伸的尾管割除，用灰浆抹平。

（三）隧洞灌浆

隧洞灌浆有回填灌浆和固结灌浆。前者的作用是填塞围岩与衬砌间空隙，因此只限于拱顶一定范围内；后者的作用是加固围岩，提高围岩的整体性和强度，因此，其范围包括断面四周的围岩。

灌浆孔可在衬砌时预留，孔径为 38～50 mm。灌浆孔沿洞轴线 2～4 m 布置一排，各排孔位交叉排列。同时还需布置一定数量的检查孔，用以检查灌浆质量。

水工隧洞灌浆应按先回填后固结的顺序进行，回填灌浆应在衬砌混凝土达到 70% 设计强度后尽早进行。回填灌浆结束 7 d 后再进行固结灌浆。灌浆前应对灌浆孔进行冲洗，冲洗压力不宜大于本段灌浆压力的 80%。回填灌浆须按分序加密原则进行，固结灌浆应遵循环间分序、环内加密的原则进行，灌浆压力、浆液浓度、升压顺序和结束灌浆标准，应符合设计要求。

二、任务实施

（1）分析工程基本资料。

（2）施工准备工作。

（3）主要工作。完成基础资料分析，确定工作人员，确定施工工序、混凝土衬砌的施工方案（总体施工方案、底板及边墙下部施工方案、洞室边顶拱施工方案）、混凝土的配合比，编制机械检修和维护、钢筋制作和安装、衬砌施工质量监督的工作方案。

第六章
水利工程施工组织管理

第一节　水利工程施工组织概述

随着人类社会在经济、技术、社会和文化等各方面的发展，建设工程项目管理理论与知识体系的逐渐完善，进入 21 世纪以后，在工程项目管理方面出现了以下新的发展趋势。

一、建设工程项目管理的国际化

随着经济全球化的逐步深入，工程项目管理的国际化已经形成潮流。工程项目的国际化要求项目按国际惯例进行管理。按国际惯例就是依照国际通用的项目管理程序、准则与方法以及统一的文件形式进行项目管理，使参与项目的各方（不同国家、不同种族、不同文化背景的人及组织）在项目实施中建立起统一的协调基础。

我国加入 WTO 后，我国的行业壁垒下降、国内市场国际化、国内外市场全面融合，外国工程公司利用其在资本、技术、管理、人才、服务等方面的优势进入我国国内市场，尤其是工程总承包市场，国内建设市场竞争日趋激烈。工程建设市场的国际化必然导致工程项目管理的国际化，这对我国工程管理的发展既是机遇也是挑战。一方面，随着我国改革开放的步伐加快，我国经济日益深刻地融入全球市场，我国的跨国公司和跨国项目越来越多。许多大型项目要通过国际招标、国际咨询或 BOT 等方式运行。这样做不仅可以从国际市场上筹措到资金，加快国内基础设施、能源交通等重大项目的建设，而且可以从国际合作项目中学习到发达国家工程项目管理的先进管理制度与方法；另一方面，入世后根据最惠国待遇和国民待遇准则，我国将获得更多的机会，并能更加容易地进入国际市场。加入 WTO 后，作为一名成员国，我国的工程建设企业可以与其他成员国企业拥有同等的权利，并享有同等的关税减免待遇，将有更多的国内工程公司从事国际工程承包，并逐步过渡到工程项目自由经营。国内企业可以走出国门在海外投资和经营项目，也可在海外工程建设市场上竞争，锻炼队伍培养人才。

二、建设工程项目管理的信息化

伴随着计算机和互联网走进人们的工作与生活，以及知识经济时代的到来，工程项目管理的信息化已成必然趋势。作为当今更新速度最快的计算机技术和网络技术在企业经营管理中普及应用的速度迅猛，而且呈现加速发展的态势。这给项目管理带来很多新的生机，在信息高度膨胀的今天，工程项目管理越来越依赖于计算机和网络，无论是工程项目的预算、概算、工程的招标与投标、工程施工图设计、项目的进度与费用管理、工程的质量管理、施工过程的变更管理、合同管理，还是项目竣工决算都离不开计算机与互联网，工程项目的信息化已成为提高项目管理水平的重要手段。目前西方发达国家的一些项目管理公司已经在工程项目管理中运用了计算机与网络技术，开始实现了项目管理网络化、虚拟化。另外，许多项目管理公司也开始大量使用工程项目管理软件进行项目管理，同时还从事项目管理软件的开发研究工作。为此，21 世纪的工程项目管理将更多地依靠计算机技术和网络技术，新世纪的工程项目管理必将成为信息化管理。

三、建设工程项目全寿命周期管理

建设工程项目全寿命周期管理就是运用工程项目管理的系统方法、模型、工具等对工程项目相关资源进行系统地集成，对建设工程项目寿命期内各项工作进行有效的整合，并达成工程项目目标和实现投资效益最大化的过程。

建设工程项目全寿命周期管理是将项目决策阶段的开发管理，实施阶段的项目管理和使用阶段的设施管理集成为一个完整的项目全寿命周期管理系统，是对工程项目实施全过程的统一管理，使其在功能上满足设计需求，在经济上可行，达到业主和投资人的投资收益目标。所谓项目全寿命周期是指从项目前期策划、项目目标确定，直至项目终止、临时设施拆除的全部时间年限。建设工程项目全寿命周期管理既要合理确定目标、范围、规模、建筑标准等，又要使项目在既定的建设期限内，在规划的投资范围内，保质保量地完成建设任务，确保所建设的工程项目满足投资商、项目的经营者和最终用户的要求；还要在项目运营期间，对永久设施物业进行维护管理、经营管理，使工程项目尽可能创造最大的经济效益。这种管理方式是工程项目更加面对市场，直接为业主和投资人服务的集中体现。

四、建设工程项目管理专业化

现代工程项目投资规模大、应用技术复杂、涉及领域多、工程范围广泛的特点，带来了工程项目管理的复杂性和多变性，对工程项目管理过程提出了更新更高的要求。因此，专业化的项目管理者或管理组织应运而生。在项目管理专业人士方面，通过 IPMP（国际项目管理专业资质认证）和 PMP（国际资格认证）认证考试的专业人员就是一种形式。在我国工程项目领域的执业咨询工程师、监理工程师、造价工程师、建造师，以及在设计过程中的建设工程师、结构工程师等，都是工程项目管理人才专业化的形式。而专业化的项目管理组织—工程项目（管理）公司是国际工程建设界普遍采用的一种形式。除此之外，工程咨询公司、工程监理公司、工程设计公司等也是专业化组织的体现。可以预见，随着工程项目管理制度与方法的发展，工程管理的专业化水平还会有更大的提高。

第二节　水利工程施工项目管理

一、建立施工项目管理组织

项目经理作为企业法人代表的代理人，对工程项目施工全面负责，一般不准兼管其他工程，当其负责管理的施工项目临近竣工阶段且经建设单位同意，可以兼任另一项工程的项目管理工作。项目经理通常由企业法人代表委派或组织招聘等方式确定。项目经理与企业法人代表之间需要签订工程承包管理合同，明确工程的工期、质量、成本、利润等指标要求和双方的责、权、利以及合同中止处理、违约处罚等项内容。

项目经理以及各有关业务人员组成、人数根据工程规模大小而定。各成员由项目经理聘任或推荐确定，其中技术、经济、财务主要负责人需经企业法人代表或其授权部门同意。项目领导班子成员除了直接受项目经理领导，实施项目管理方案外，还要按照企业规章制度接受企业主管职能部门的业务监督和指导。

项目经理应有一定的职责，如贯彻执行国家和地方的法律、法规；严格遵守财经制度、加强成本核算；签订和履行"项目管理目标责任书"；对工程项目施工进行有效控制等。项目经理应有一定的权力，如参与投标和签订施工合同；用人决策权；财务决策权；进度计划控制权；技术质量决定权；物资采购管理权；现场管理协调权等。项目经理还应获得一定的利益，如物质奖励及表彰等。

二、项目经理的地位

项目经理是项目管理实施阶段全面负责的管理者，在整个施工活动中有举足轻重的地位。确定施工项目经理的地位是搞好施工项目管理的关键。

从企业内部看，项目经理是施工项目实施过程中所有工作的总负责人，是项目管理的第一责任人。从对外方面来看，项目经理代表企业法定代表人在授权范围内对建设单位直接负责。由此可见，项目经理既要对有关建设单位的成果性目标负责，又要对建筑业企业的效益性目标负责。

项目经理是协调各方面关系，使之相互紧密协作与配合的桥梁与纽带。要承担合同责任、履行合同义务、执行合同条款、处理合同纠纷、受法律的约束和保护。

项目经理是各种信息的集散中心。通过各种方式和渠道收集有关的信息，并运用这些信息，达到控制的目的，使项目获得成功。

项目经理是施工项目责、权、利的主体。这是因为项目经理是项目中人、财、物、技术、信息和管理等所有生产要素的管理人。项目经理首先是项目的责任主体，是实现项目目标的最高责任者。责任是实现项目经理责任制的核心，它构成了项目经理工作的压力，也是确定项目经理权力和利益的依据。其次，项目经理必须是项目的权力主体。权力是确保项目经理能够承担起责任的条件和手段。如果不具备必要的权力，项目经理就无法对工作负责。项目经理还必须是项目利益的主体。利益是项目经理工作的动力。如果没有一定的利益，项目经理就不愿负相应的责任，难以处理好国家、企业和职工的利益关系。

三、项目经理的任职要求

项目经理的任职要求包括执业资格的要求、知识方面的要求、能力方面的要求和素质方面的要求。

（一）执业资格的要求

项目经理的资质分为一、二、三、四级。其中：

（1）一级项目经理应担任过一个一级建筑施工企业资质标准要求的工程项目，或两个二级建筑施工企业资质标准要求的工程项目施工管理工作的主要负责人，并已取得国家认可的高级或者中级专业技术职称。

（2）二级项目经理应担任过两个工程项目，其中至少一个为二级建筑施工企业资质标准要求的工程项目施工管理工作的主要负责人，并已取得国家认可的中级或初级专业技术职称。

（3）三级项目经理应担任过两个工程项目，其中至少一个为三级建筑施工企业资质标准要求的工程项目施工管理工作的主要负责人，并已取得国家认可的中级或初级专业技术职称。

（4）四级项目经理应担任过两个工程项目，其中至少一个为四级建筑施工企业资质标准要求的工程项目施工管理工作的主要负责人，并已取得国家认可的初级专业技术职称。

项目经理承担的工程规模应符合相应的项目经理资质等级。一级项目经理可承担一级资质建筑施工企业营业范围内的工程项目管理；二级项目经理可承担二级以下（含二级）建筑施工企业营业范围内的工程项目管理；三级项目经理可承担三级以下（含三级）建筑企业营业范围内的工程项目管理；四级项目经理可承担四级建筑施工企业营业范围内的工程项目管理。

项目经理每两年接受一次项目资质管理部门的复查。项目经理达到上一个资质等级条件的，可随时提出升级的要求。

在过渡期内，大、中型工程项目施工的项目经理逐渐由取得建造师执业资格人员担任，小型工程项目施工的项目经理可由原三级项目经理资质的人员担任。即在过渡期内，凡持有项目经理资质证书或建造师注册证书的人员，经企业聘用均可担任工程项目施工的项目经理。过渡期满后，大、中型工程项目施工的项目经理必须由取得建造师注册证书的人员担任。取得建造师执业资格的人员是否能聘用为项目经理由企业来决定。

（二）知识方面的要求

通常项目经理应接受过大专、中专以上相关专业的教育，必须具备专业知识，如土木工程专业或其他专业工程方面的专业，一般应是某个专业工程方面的专家，否则很难被人们接受或很难开展工作。项目经理还应受过项目管理方面的专门培训或再教育,掌握项目管理的知识。作为项目经理需要的广博的知识,能迅速解决工程项目实施过程中遇到的各种问题。

（三）能力方面的要求

项目经理应具备以下几方面的能力:

（1）必须具有一定的施工实践经历和按规定经过一段实践锻炼,特别是对同类项目有成功的经历。对项目工作有成熟的判断能力、思维能力和随机应变的能力。

（2）具有很强的沟通能力、激励能力和处理人事关系的能力,项目经理要靠领导艺术、影响力和说服力而不是靠权力和命令行事。

（3）有较强的组织管理能力和协调能力。能协调好各方面的关系,能处理好与业主的关系。

（4）有较强的语言表达能力,有谈判技巧。

（5）在工作中能发现问题,提出问题,能够从容地处理紧急情况。

（四）素质方面的要求

（1）项目经理应注重工程项目对社会的贡献和历史作用。在工作中能注重社会公德,保证社会的利益,严守法律和规章制度。

（2）项目经理必须具有良好的职业道德,将用户的利益放在第一位,不牟私利,必须有工作的积极性、热情和敬业精神。

（3）具有创新精神,务实的态度,勇于挑战,勇于决策,勇于承担责任和风险。

（4）敢于承担责任,特别是有敢于承担错误的勇气,言行一致,正直,办事公正、公平,实事求是。

（5）能承担艰苦的工作,任劳任怨,忠于职守。

（6）具有合作的精神,能与他人共事,具有较强的自我控制能力。

四、项目经理的责、权、利

（一）项目经理的职责

（1）贯彻执行国家和地方政府的法律制度,维护企业的整体利益和经济利益。法规和政策,执行建筑业企业的各项管理制度。

（2）严格遵守财经制度，加强成本核算，积极组织工程款回收，正确处理国家、企业和项目及单位个人的利益关系。

（3）签订和组织履行"项目管理目标责任书"，执行企业与业主签订的"项目承包合同"中由项目经理负责履行的各项条款。

（4）对工程项目施工进行有效控制，执行有关技术规范和标准，积极推广应用新技术、新工艺、新材料和项目管理软件集成系统，确保工程质量和工期，实现安全、文明生产，努力提高经济效益。

（5）组织编制施工管理规划及目标实施措施，组织编制施工组织设计并实施之。

（6）根据项目总工期的要求编制年度进度计划，组织编制施工季（月）度施工计划，包括劳动力、材料、构件及机械设备的使用计划，签订分包及租赁合同并严格执行。

（7）组织制定项目经理部各类管理人员的职责和权限、各项管理制度，并认真贯彻执行。

（8）科学地组织施工和加强各项管理工作。做好内、外各种关系的协调，为施工创造优越的施工条件。

（9）做好工程竣工结算，资料整理归档，接受企业审计并做好项目经理部解体与善后工作。

（二）项目经理的权力

为了保证项目经理完成所担负的任务，必须授予相应的权力。项目经理应当有以下权力：

（1）参与企业进行施工项目的投标和签订施工合同。

（2）用人决策权。项目经理应有权决定项目管理机构班子的设置，选择、聘任班子内成员，对任职情况进行考核监督、奖惩，乃至辞退。

（3）财务决策权。在企业财务制度规定的范围内，根据企业法定代表人的授权和施工项目管理的需要，决定资金的投入和使用，决定项目经理部的计酬方法。

（4）进度计划控制权。根据项目进度总目标和阶段性目标的要求，对项目建设的进度进行检查、调整，并在资源上进行调配，从而对进度计划进行有效的控制。

（5）技术质量决策权。根据项目管理实施规划或施工组织设计，有权批准重大技术方案和重大技术措施，必要时召开技术方案论证会，把好技术决策关和质量关，防止技术上决策失误，主持处理重大质量事故。

（6）物资采购管理权。按照企业物资分类和分工，对采购方案、目标、到货要求，以及对供货单位的选择、项目现场存放策略等进行决策和管理。

（7）现场管理协调权。代表公司协调与施工项目有关的内外部关系，有权处理现场突发事件，事后及时报公司主管部门。

（三）项目经理的利益

施工项目经理最终的利益是其行使权力和承担责任的结果，也是市场经济条件下责、权、利、效相互统一的具体体现。项目经理应享有以下的利益：

（1）获得基本工资、岗位工资和绩效工资。

（2）在全面完成"项目管理目标责任书"确定的各项责任目标，交工验收交结算后，接受企业考核和审计，可获得规定的物质奖励外，还可获得表彰、记功、优秀项目经理等荣誉称号和其他精神奖励。

（3）经考核和审计，未完成"项目管理目标责任书"确定的责任目标或造成亏损的，按有关条款承担责任，并接受经济或行政处罚。

项目经理责任制是指以项目经理为主体的施工项目管理目标责任制度，用以确保项目履约，用以确立项目经理部与企业、职工三者之间的责、权、利关系。项目经理开始工作之前由建筑业企业法人或其授权人与项目经理协商、编制"项目管理目标责任书"，双方签字后生效。

项目经理责任制是以施工项目为对象，以项目经理全面负责为前提，以"项目管理目标责任书"为依据，以创优质工程为目标，以求得项目的最佳经济效益为目的，实行的一次性、全过程的管理。

五、项目经理责任制的特点

（一）项目经理责任制的作用

实行项目管理必须实现项目经理责任制。项目经理责任制是完成建设单位和国家对建筑业企业要求的最终落脚点。因此，必须规范项目管理，通过强化建立项目经理全面组织生产诸要素优化配置的责任、权力、利益和风险机制，更有利于对施工项目、工期、质量、成本、安全等各项目标实施强有力的管理，使项目经理有动力和压力，也有法律依据。

（二）项目经理责任制的特点

1. 对象终一性

以工程施工项目为对象，实行施工全过程的全面一次性负责。

2. 主体直接性

在项目经理负责的前提下，实行全员管理，指标考核、标价分离、项目核算，确保上缴集约增效、超额奖励的复合型指标责任制。

3. 内容全面性

根据先进、合理、可行的原则，以保证工程质量、缩短工期、降低成本、保证安全和文明施工等各项指标为内容的全过程的目标责任制。

4. 责任风险性

项目经理责任制充分体现了"指标突出、责任明确、利益直接、考核严格"的基本要求。

六、项目经理部的作用

项目经理部是施工项目管理的工作班子，置于项目经理的领导之下。在施工项目管理中有以下作用：

（1）项目经理部在项目经理的领导下，作为项目管理的组织机构，负责施工项目从开工到竣工的全过程施工生产的管理，是企业在某一工程项目上的管理层，同时对作业层负有管理与服务的双重职能。

（2）项目经理部是项目经理的办事机构，为项目经理决策提供信息依据，当好参谋。同时又要执行项目经理的决策意图，向项目经理负责。

（3）项目经理部是一个组织体，其作用包括：完成企业所赋予的基本任务——项目管理与专业管理等。要具有凝聚管理人员的力量并调动其积极性，促进管理人员的合作；协调部门之间、管理人员之间的关系，发挥每个人的岗位作用；贯彻项目经理责任制，搞好管理；做好项目与企业各部门之间、项目经理部与作业队之间、项目经理部与建设单位、分包单位、材料和构件供方等的信息沟通。

（4）项目经理部是代表企业履行工程承包合同的主体，对项目产品和业主全面、全过程负责；通过履行合同主体与管理实体地位的影响力，使每个项目经理部成为市场竞争的成员。

七、项目经理部建立原则

（1）要根据所选择的项目组织形式设置项目经理部。不同的组织形式对施工项目管理部的管理力量和管理职责提出了不同的要求，同时也提供了不同的管理环境。

（2）要根据施工项目的规模、复杂程度和专业特点设置项目经理部。项目经理部规模大、中、小的不同，职能部门的设置相应不同。

（3）项目经理部是一个弹性的、一次性的管理组织，应随工程任务的变化而进行调整。工程交工后项目经理部应解体，不应有固定的施工设备及固定的作业队伍。

（4）项目经理部的人员配置应面向施工现场，满足施工现场的计划与调度、技术与质量、成本与核算、劳务与物资、安全与文明施工的需要，而不应设置研究与发展、政工与人事等与项目施工关系较少的非生产性管理部门。

（5）应建立有益于组织运转的管理制度。

八、项目经理部的机构设置

项目经理部的部门设置和人员的配置与施工项目的规模和项目的类型有关，要能满足施工全过程的项目管理，成为全体履行合同的主体。

项目经理部一般应建立工程技术部、质量安全部、生产经营部、物资（采购）部及综合办公室等。复杂及大型的项目还可设机电部。项目经理部人员由项目经理、生产或经营副经理、总工程师及各部门负责人组成。管理人员持证上岗。一级项目部由30～45人组成，二级项目部由20～30人组成，三级项目部由10～20人组成，四级项目部由5～10人组成。

项目经理部的人员实行一职多岗、一专多能、全部岗位职责覆盖项目施工全过程的管理，不留死角，以避免职责重叠交叉，同时实行动态管理，根据工程的进展程度，调整项目的人员组成。

九、施工项目的合同管理

由于施工项目管理是在市场条件下进行的特殊交易活动的管理，这种交易活动从投标开始，持续于项目实施的全过程，因此必须依法签订合同。合同管理的好坏直接关系到项目管理及工程施工技术经济效果和目标的实现,因此要严格执行合同条款约定,进行履约经营,保证工程项目顺利进行。合同管理势必涉及国内和国际上有关法规和合同文本、合同条件,在合同管理中应予以高度重视。为了取得更多的经济效益,还必须重视索赔,研究索赔方法、策略和技巧。

十、施工项目的信息管理

项目信息管理旨在适应项目管理的需要,为预测未来和正确决策提供依据,提高管理水平。项目经理部应建立项目信息管理系统,优化信息结构,实现项目管理信息化。项目信息包括项目经理部在项目管理过程中形成的各种数据、表格、图纸、文字、音像资料等。项目经理部应负责收集、整理、管理本项目范围内的信息。项目信息收集应随工程的进展进行,保证真实、准确。

施工项目管理是一项复杂的现代化的管理活动,要依靠大量信息及对大量信息进行管理。进行施工项目管理和施工项目目标控制、动态管理,必须依靠计算机项目信息管理系统,获得项目管理所需要的大量信息,并使信息资源共享。另外要注意信息的收集与储存,使本项目的经验和教训得到记录和保留,为以后的项目管理提供必要的资料。

十一、组织协调

组织协调是指以一定的组织形式、手段和方法,对项目管理中产生的关系不畅进行疏通,对产生的干扰和障碍进行排出的活动。

(1)协调要依托一定的组织、形式的手段。

(2)协调要有处理突发事件的机制和应变能力。

(3)协调要为控制服务,协调与控制的目的,都是保证目标实现。

第三节　水利工程建设项目管理模式

建设项目管理模式对项目的规划、控制、协调起着重要的作用。不同的管理模式有不同的管理特点。目前国内外较为常用的建设工程项目管理模式有:工程建设指挥部模式、传统管理模式、建筑工程管理模式(CM 模式)、设计—采购—建造(EPC)

交钥匙模式、BOT（建造—运营—移交）模式、设计—管理模式、管理承包模式、项目管理模式、更替型合同模式（NC 模式）。其中工程建设指挥部模式是我国计划经济时期最常采用的模式，在今天的市场经济条件下，仍有相当一部分建设工程项目采用这种模式。国际上通常采用的模式是后面的八大管理模式，在八大管理模式中，最常采用的是传统管理模式，目前世界银行、亚洲开发银行以及国际其他金融组织贷款的建设工程项目，包括采用国际惯例 FIDIC（国际咨询工程师联合会）合同条件的建设工程项目均采用这种模式。

一、工程建设指挥部模式

工程建设指挥部是我国计划经济体制下，大中型基本建设项目管理所采用的一种模式，它主要是以政府派出机构的形式对建设项目的实施进行管理和监督，依靠的是指挥部领导的权威和行政手段，因而在行使建设单位的职能时有较大的权威性，决策、指挥直接有效。尤其是有效地解决征地、拆迁等外部协调难题，以及在建设工期要求紧迫的情况下，能够迅速集中力量，加快工程建设进度。但是由于工程建设指挥部模式采用纯行政手段来管理技能管理活动，存在着以下弊端。

（一）工程建设指挥部缺乏明确的经济责任

工程建设指挥部不是独立的经济实体，缺乏明确的经济责任。政府对工程建设指挥部没有严格、科学的经济约束，指挥部拥有投资建设管理权，却对投资的使用和回收不承担任何责任。也就是说，作为管理决策者，却不承担决策风险。

（二）管理水平低，投资效益难以保证

工程建设指挥部中的专业管理人员是从本行业相关单位抽调并临时组成的团队，应有的专业人员素质难以保障。而当他们在工程建设过程中积累了一定经验之后，又随着工程项目的建成而转入其他工程岗位。以后即使是再建设新项目，也要重新组建工程建设指挥部。为此，导致工程建设的管理水平难以提高。

（三）忽视了管理的规划和决策职能

工程建设指挥部采用行政管理手段，甚至采用军事作战的方式来管理工程建设，而不善于利用经济的方式和手段。它着重于工程的实现，而忽视了工程建设投资、进

度、质量三大目标之间的对立统一关系。它努力追求工程建设的进度目标，却往往不顾投资效益和对工程质量的影响。

由于这种传统的建设项目管理模式自身的先天不足，使得我国工程建设的管理水平和投资效益长期得不到提高，建设投资和质量目标的失控现象也在许多工程中存在。随着我国社会主义市场经济体制的建立和完善，这种管理模式将逐步为项目法人责任制所替代。

二、传统管理模式

传统管理模式又称为通用管理模式。采用这种管理模式，业主通过竞争性招标将工程施工的任务发包给或委托给报价合理和最具有履约能力的承包商或工程咨询、工程监理单位，并且业主与承包商、工程师签订专业合同。承包商还可以与分包商签订分包合同。涉及材料设备采购的，承包商还可以与供应商签订材料设备采购合同。

这种模式形成于 19 世纪，目前仍然是国际上最为通用的模式，世界银行贷款、亚洲开发银行贷款项目和采用国际咨询工程师联合会（FIDIC）的合同条件的项目均采用这种模式。

传统管理模式的优点是：由于应用广泛，因而管理方法成熟，各方对有关程序比较熟悉；可自由选择设计人员，对设计进行完全控制；标准化的合同关系；可自由选择咨询人员；采用竞争性投标。

传统管理模式的缺点是：项目周期长，业主的管理费用较高；索赔和变更的费用较高；在明确整个项目的成本之前投入较大。此外，由于承包商无法参与设计阶段的工作，设计的"可施工性"较差，当出现重大的工程变更时，往往会降低施工的效率，甚至造成工期延误等。

三、建筑工程管理模式（CM 模式）

采用建筑工程管理模式，是以项目经理为特征的工程项目管理方式，是从项目开始阶段就由具有设计、施工经验的咨询人员参与到项目实施过程中来，以便为项目的设计、施工等方面提供建议。为此，又称为"管理咨询方式"。

建筑工程管理模式的特点，与传统的管理模式相比较，具有的主要优点有以下几个方面。

（一）设计深度到位

由于承包商在项目初期（设计阶段）就任命了项目经理，他可以在此阶段充分发挥自己的施工经验和管理技能，协同设计班子的其他专业人员一起做好设计，提高设计质量，为此，其设计的"可施工性"好，有利于提高施工效率。

（二）缩短建设周期

由于设计和施工可以平行作业，并且设计未结束便开始招标投标，使设计施工等环节得到合理搭接，可以节省时间，缩短工期，可提前运营，提高投资效益。

四、设计—采购—建造（EPC）交钥匙模式

EPC 模式是从设计开始，经过招标，委托一家工程公司对"设计—采购—建造"进行总承包，采用固定总价或可调总价合同方式。

EPC 模式的优点是：有利于实现设计、采购、施工各阶段的合理交叉和融合，提高效率，降低成本，节约资金和时间。

EPC 模式的缺点是：承包商要承担大部分风险，为减少双方风险，一般均在基础工程设计完成、主要技术和主要设备均已确定的情况下进行承包。

五、BOT 模式

BOT 模式即建造—运营—移交模式，它是指东道国政府开放本国基础设施建设和运营市场，吸收国外资金、本国私人或公司资金，授给项目公司特许权，由该公司负责融资和组织建设，建成后负责运营及偿还贷款。在特许期满时将工程移交给东道国政府。

BOT 模式作为一种私人融资方式，其优点是：可以开辟新的公共项目资金渠道，弥补政府资金的不足，吸收更多投资者；减轻政府财政负担和国际债务，优化项目，降低成本；减少政府管理项目的负担；扩大地方政府的资金来源，引进外国的先进技术和管理，转移风险。

BOT 模式的缺点是：建造的规模比较大，技术难题多，时间长，投资高。东道

国政府承担的风险大,较难确定回报率及政府应给予的支持程度,政府对项目的监督、控制难以保证。

六、国际采用的其他管理模式

（一）设计—管理模式

设计—管理合同通常是指一种类似 CM 模式但更为复杂的,由同一实体向业主提供设计和施工管理服务的工程管理方式,在通常的 CM 模式中,业主分别就设计和专业施工过程管理服务签订合同。采用设计—管理合同时,业主只签订一份既包括设计也包括类似 CM 服务在内的合同。在这种情况下,设计师与管理机构是同一实体。这一实体常常是设计机构与施工管理企业的联合体。

设计—管理模式的实现可以有两种形式:一是业主与设计—管理公司和施工总承包商分别签订合同,由设计—管理公司负责设计并对项目实施进行管理;另一种形式是业主只与设计—管理公司签订合同,由设计公司分别与各个单独的承包商和供应商签订分包合同,由他们施工和供货。这种方式看作是 CM 与设计—建造两种模式相结合的产物,这种方式也常常对承包商采用阶段发包方式以加快工程进度。

（二）管理承包模式

业主可以直接找一家公司进行管理承包,管理承包商与业主的专业咨询顾问（如建筑师、工程师、测量师等）进行密切合作,对工程进行计划管理、协调和控制。工程的实际施工由各个承包商承担。承包商负责设备采购、工程施工以及对分包商的管理。

（三）项目管理模式

目前许多工程日益复杂,特别是当一个业主在同一时间内有多个工程处于不同阶段实施时,所需执行的多种职能超出了建筑师以往主要承担的设计、联络和检查的范围,这就需要项目经理。项目经理的主要任务是自始至终对一个项目负责,这可能包括项目任务书的编制,预算控制,法律与行政障碍的排除,土地资金的筹集,同时使设计者、计量工程师、结构、设备工程师和总承包商的工作协调地、分阶段地进行。在适当的时候引入指定分包商的合同,使业主委托的工作顺利进行。

（四）更替型合同模式（NC 模式）

NC 模式是一种新的项目管理模式，即用一种新合同更替原有合同，而二者之间又有密不可分的联系。业主在项目实施初期委托某设计咨询公司进行项目的初步设计，当这一部分工作完成（一般达到全部设计要求的 30%～80%）时，业主可开始招标选择承包商，承包商与业主签约时承担全部未完成的设计与施工工作，由承包商与原设计咨询公司签订设计合同，完成后一部分设计。设计咨询公司成为设计分包商，对承包商负责，由承包商对设计进行支付。

这种方式的主要优点是：既可以保证业主对项目的总体要求，又可以保持设计工作的连贯性，还可以在施工详图设计阶段吸收承包商的施工经验，有利于加快工程进度、提高施工质量，还可以减少施工中设计的变更，由承包商更多地承担这一实施期间的风险管理，为业主方减轻了风险，后一阶段由承包商承担了全部设计建造责任，合同管理也比较容易操作。采用 NC 模式，业主方必须在前期对项目有一个周密的考虑，因为设计合同转移后，变更就会比较困难，此外，在新旧设计合同更替过程中要细心考虑责任和风险的重新分配，以免引起纠纷。

第四节　水利工程建设程序

水利水电工程的建设周期长，施工场面布置复杂，投资金额巨大，对国民经济的影响不容忽视。工程建设必须遵守合理的建设程序，才能顺利地按时完成工程建设任务，并且能够节省投资。

在计划经济时代，水利水电工程建设一直沿用自建自营模式。在国家总体计划安排下，建设任务由上级主管单位下达，建设资金由国家拨款。建设单位一般是上级主管单位、已建水电站、施工单位和其他相关部门抽调的工程技术人员和工程管理人员临时组建的工程筹备处或工程建设指挥部。在条块分割的计划经济体制下，工程建设指挥部除了负责工程建设外，还要平衡和协调各相关单位的关系和利益。工程建成后，工程建设指挥部解散。其中一部分人员转变为水电站运行管理人员，其余人员重新回到原单位。这种体制形成于新中国成立初期。那时候国家经济实力薄弱，建筑材料匮乏，技术人员稀缺。集中财力、物力、人力于国家重点工程，对于新中国成立后的经济恢复和繁荣起到了重要作用。随着国民经济的发展和经济体制的转型，原有的这种建设管理模式已经不能适应国民经济的迅速发展,甚至严重地阻碍了国民经济的健康发展。经过 10 多年的改革,终于在 20 世纪 90 年代后期初步建立了既符合社会主义市场经济运行机制,又与国际惯例接轨的新型建设管理体系。在这个体系中,形成了项目法人责任制、投标招标制和建设监理制三项基本制度。在国家宏观调控下,建立了"以项目法人责任制为主体,以咨询、科研、设计、监理、施工、物供为服务、承包体系"的建设项目管理体制。投资主体可以是国资,也可以是民营或合资,充分调动各方的积极性。

项目法人的主要职责是:负责组建项目法人在现场的管理机构;负责落实工程建设计划和资金进行管理、检查和监督;负责协调与项目相关的对外关系。工程项目实行招标投标,将建设单位和设计、施工企业推向市场,达到公平交易、平等竞争。通过优胜劣汰,优化社会资源,提高工程质量,节省工程投资。建设监理制度是借鉴国际上通行的工程管理模式。监理为业主提供费用控制、质量控制、合同管理、信息管理、组织协调等服务。在业主授权下,监理对工程参与者进行监督、指导、协调,使工程在法律、法规和合同的框架内进行。

水利工程建设程序一般分为项目建议书、可行性研究、初步设计、施工准备(包括投标设计)、建设实施、生产准备、竣工验收、后评价等阶段,根据国民经济总体要求,项目建议书在流域规划的基础上,提出工程开发的目标和任务,论证工程开发的必要性。可行性研究阶段,对工程进行全面勘测、设计,进行多方案比较,提出工程投资估算,对工程项目在技术上是否可行和经济上是否合理进行科学的论证和分析,提出可行性研究报告。项目评估由上级组织的专家组进行,全面评估项目的可行性和合理性。项目立项后,顺序进行初步设计、技术设计(招标设计)和技施设计,并进行主体工程的实施。工程建成后经过试运行期,即可投产运行。

第五节 水利工程施工组织

一、施工方案、设备的确定

在施工工程的组织设计方案研究中,施工方案的确定和设备及劳动力组合的安排和规划是重要的内容。

（一）施工方案选择原则

在具体施工项目的方案确定时，需要遵循以下几条原则。

（1）确定施工方案时尽量选择施工总工期时间短、项目工程辅助工程量小、施工附加工程量小、施工成本低的方案。

（2）确定施工方案时尽量选择先后顺序工作之间、土建工程和机电安装之间、各项程序之间互相干扰小、协调均衡的方案。

（3）确定施工方案时要确保施工方案选择的技术先进、可靠。

（4）确定施工方案时着重考虑施工强度和施工资源等因素，保证施工设备、施工材料、劳动力等需求之间处于均衡状态。

（二）施工设备及劳动力组合选择原则

在确定劳动力组合的具体安排以及施工设备的选择上，施工单位要尽量遵循以下几条原则。

1. 施工设备选择原则

施工单位在选择和确定施工设备时要注意遵循以下原则。

（1）施工设备尽可能地符合施工场地条件，符合施工设计和要求，并能保证施工项目保质保量地完成。

（2）施工项目工程设备要具备机动、灵活、可调节的性质，并且在使用过程中能达到高效低耗的效果。

（3）施工单位要事先进行市场调查，以各单项工程的工程量、工程强度、施工方案等为依据，确定何时的配套设备。

（4）尽量选择通用性强，可以在施工项目的不同阶段和不同工程活动中反复使用的设备。

（5）应选择价格较低，容易获得零部件的设备，尽量保证设备便于维护、维修、保养。

2. 劳动力组合选择原则

施工单位在选择和确定劳动力组合时要注意遵循以下原则。

（1）劳动力组合要保证生产能力可以满足施工强度要求。

（2）施工单位需要事先进行调查研究，确保劳动力组合能满足各个单项工程的工程量和施工强度。

（3）在选择配套设备的基础上，要按照工作面、工作班制、施工方案等确定最合理的劳动力组合，混合劳动力工种，实现劳动力组合的最优化。

二、主体工程施工方案

水利工程涉及多种工种，其中主体工程施工主要包括地基处理、混凝土施工、碾压式土石坝施工等。而各项主体施工还包括多项具体工程项目。本节重点研究在进行混凝土施工和碾压式土石坝施工时，施工组织设计方案的选择应遵循的原则。

（一）混凝土施工方案选择原则

混凝土施工方案选择主要包括混凝土主体施工方案选择、浇筑设备确定、模板选择、坝体选择等内容。

1. 混凝土主体施工方案选择原则

在进行混凝土主体施工方案确定时，施工单位应该注意以下几部分的原则。

（1）混凝土施工过程中，生产、运输、浇筑等环节要保证衔接的顺畅和合理。

（2）混凝土施工的机械化程度要符合施工项目的实际需求，保证施工项目按质按量完成，并且能在一定程度上促进工程工期和进度的加快。

（3）混凝土施工方案要保证施工技术先进，设备配套合理，生产效率高。

（4）混凝土施工方案要保证混凝土可以得到连续生产，并且在运输过程中尽可能减少中转环节，缩短运输距离，保证温控措施可控、简便。

（5）混凝土施工方案要保证混凝土在初期、中期以及后期的浇筑强度可以得到平衡的协调。

（6）混凝土施工方案要尽可能保证混凝土施工和机电安装之间存在的相互干扰尽可能少。

2. 混凝土浇筑设备选择原则

混凝土浇筑设备的选择要考虑多方面的因素，比如混凝土浇筑程序能否适应工程强度和进度、各期混凝土浇筑部位和高程与供料线路之间能否平衡协调等。具体来说，在选择混凝土浇筑设备时，要注意以下几条原则。

（1）混凝土浇筑设备的起吊设备能保证对整个平面和高程上的浇筑部位形成控制。

（2）保持混凝土浇筑主要设备型号统一，确保设备生产效率稳定、性能良好，其配套设备能发挥主要设备的生产能力。

（3）混凝土浇筑设备要能在连续的工作环境中保持稳定的运行，并具有较高的利用效率。

（4）混凝土浇筑设备在工程项目中不需要完成浇筑任务的间隙可以承担起模板、金属构件、小型设备等的吊运工作。

（5）混凝土浇筑设备不会因为压块而导致施工工期的延误。

（6）混凝土浇筑设备的生产能力要在满足一般生产的情况下，尽可能满足浇筑高峰期的生产要求。

（7）混凝土浇筑设备应该具有保证混凝土质量的保障措施。

3．模板选择原则

在选择混凝土模板时，施工单位应当注意以下原则。

（1）模板的类型要符合施工工程结构物的外形轮廓，便于操作。

（2）模板的结构形式应该尽可能标准化、系列化，保证模板便于制作、安装、拆卸。

（3）在有条件的情况下，应尽量选择混凝土或钢筋混凝土模板。

4．坝体接缝灌浆设计原则

在坝体的接缝灌浆时应注意考虑以下几个方面。

（1）接缝灌浆应该发生在灌浆区及以上部位达到坝体稳定温度时，在采取有效措施的基础上，混凝土的保质期应该长于四个月。

（2）在同一坝缝内的不同灌浆分区之间的高度应该为 10～15 m。

（3）要根据双曲拱坝施工期来确定封拱灌浆高程，以及浇筑层顶面间的限定高度差值。

（4）对空腹坝进行封顶灌浆，火堆受气温影响较大的坝体进行接缝灌浆时，应尽可能采用坝体相对稳定且温度较低的设备进行。

（二）碾压式土石坝施工方案选择原则

在进行碾压式土石坝施工方案选择时，要事先对工程所在地的气候、自然条件进行调查，搜集相关资料，统计降水、气温等多种因素的信息，并分析它们可能对碾压式土石坝材料的影响程度。

1. 碾压式土石坝料场规划原则

在确定碾压式土石坝的料场时，应注意遵循以下原则。

（1）碾压式土石坝料场的料物物理学性质要符合碾压式土石坝坝体的用料要求，尽可能保证物料质地的统一。

（2）料场的物料应相对集中存放，总储量要保证能满足工程项目的施工要求。

（3）碾压式土石坝料场要保证有一定的备用料区，并保留一部分料场以供坝体合龙和抢拦洪高时使用。

（4）以不同的坝体部位为依据，选择不同的料场进行使用，避免不必要的坝料加工。

（5）碾压式土石坝料场最好具有剥离层薄、便于开采的特点，并且应尽量选择获得坝料效率较高的料场。

（6）碾压式土石坝料场应满足采集面开阔、料场运输距离短的要求，并且周围存在足够的废料处理场。

（7）碾压式土石坝料场应尽量少地占用耕地或林场。

2. 碾压式土石坝料场供应原则

碾压式土石坝料场的供应应当遵循以下原则。

（1）碾压式土石坝料场的供应要满足施工项目的工程和强度需求。

（2）碾压式土石坝料场的供应要充分利用开挖渣料，通过高料高用、低料低用等措施保证料物的使用效率。

（3）尽量使用天然砂石料用作垫层、过滤和反滤，在附近没有天然砂石料的情况下，再选择人工料。

（4）应尽可能避免料物的堆放，如果避免不了，就将堆料场安排在坝区上坝道路上，并要保证防洪、排水等一系列措施的跟进。

（5）碾压式土石坝料场的供应尽可能减少料物和弃渣的运输量，保证料场平整，防止水土流失。

3. 土料开采和加工处理要求

在进行土料开采和加工处理时，要注意满足以下要求。

（1）以土层厚度、土料物理学特征、施工项目特征等为依据，确定料场的主次并进行区分开采。

（2）碾压式土石坝料场土料的开采加工能力应能满足坝体填筑强度的需求。

（3）要时刻关注碾压式土石坝料场天然含水量的高低，一旦出现过高或过低的状况，要采用一定具体措施加以调整。

（4）如果开采的土料物理力学特性无法满足施工设计和施工要求，那么应选择对采用人工砾质土的可能性进行分析。

（5）对施工场地、料场输送线路、表土堆存场等进行统筹规划，必要情况下还要对还耕进行规划。

4. 坝料上坝运输方式选择原则

在选择坝料上坝运输方式的过程中，要考虑运输量、开采能力、运输距离、运输费用、地形条件等多方面因素，具体来说，要遵循以下原则。

（1）坝料上坝运输方式要能满足施工项目填筑强度的需求。

（2）坝料上坝的运输在过程中不能和其他物料混掺，以免污染和降低料物的物理力学性能。

（3）各种坝料应尽量选用相同的上坝运输方式和运输设备。

（4）坝料上坝使用的临时设备应具有设施简易、便于装卸、装备工程量小的特点。

（5）坝料上坝尽量选择中转环节少、费用较低的运输方式。

5. 施工上坝道路布置原则

施工上坝道路的布置应遵循以下原则。

（1）施工上坝道路的各路段要能满足施工项目坝料运输强度的需求，并综合考虑各路段运输总量、使用期限、运输车辆类型和气候条件等多项因素，最终确定施工上坝的道路布置。

（2）施工上坝道路要能兼顾当地形条件，保证运输过程中不出现中断的现象。

（3）施工上坝道路要能兼顾其他施工运输，如施工期过坝运输等，尽量和永久公路相结合。

（4）在限制运输坡长的情况下，施工上坝道路的最大纵坡不能大于15%。

6. 碾压式土石坝施工机械配套原则

确定碾压式土石坝施工机械的配套方案时应遵循以下原则。

（1）确定碾压式土石坝施工机械的配套方案要能在一定程度上保证施工机械化水平的提升。

（2）各种坝面作业的机械化水平应尽可能保持一致。

（3）碾压式土石坝施工机械的设备数量应该以施工高峰时期的平均强度进行计算和安排，并适当留有余地。

第六节 水利工程进度控制

一、概念

水利水电建设项目进度控制是指对水电工程建设各阶段的工作内容、工作秩序、持续时间和衔接关系。根据进度总目标和资源的优化配置原则编制计划，将该计划付诸实施，在实施的过程中经常检查实际进度是否按计划要求进行，对出现的偏差分析原因，采取补救措施或调整、修改原计划，直到工程竣工验收交付使用。进度控制的最终目的是确保项目进度目标的实现，水利水电建设项目进度控制的总目标是建设工期。

水利水电建设项目的进度受许多因素的影响，项目管理者需事先对影响进度的各种因素进行调查，预测他们对进度可能产生的影响，编制可行的进度计划，指导建设项目按计划实施。然而在计划执行过程中，必然会出现新的情况，难以按照原定的进度计划执行。这就要求项目管理者在计划的执行过程中，掌握动态控制原理，不断进行检查，将实际情况与计划安排进行对比，找出偏离计划的原因，特别是找出主要原因，然后采取相应的措施。措施的确定有两个前提：一是通过采取措施，维持原计划，使之正常实施；二是采取措施后不能维持原计划，要对进度进行调整或修正，再按新的计划实施。这样不断地计划、执行、检查、分析、调整计划的动态循环过程，就是进度控制。

二、影响进度因素

水利工程建设项目由于实施内容多、工程量大、作业复杂、施工周期长及参与施工单位多等特点，影响进度的因素很多，主要可归为人为因素，技术因素，项目合同因素，资金因素，材料、设备与配件因素，水文、地质、气象及其他环境因素，社会因素及一些难以预料的偶然突发因素等。

三、工程项目进度计划

工程项目进度计划可以分为进度控制计划、财务计划、组织人事计划、供应计划、劳动力使用计划、设备采购计划、施工图设计计划、机械设备使用计划、物资工程验收计划等。其中工程项目进度控制计划是编制其他计划的基础，其他计划是进度控制计划顺利实施的保证。施工进度计划是施工组织设计的重要组成部分，并规定了工程施工的顺序和速度。水利工程项目施工进度计划主要有两种：一是总进度计划，即对整个水利工程编制的计划，要求写出整个工程中各个单项工程的施工顺序和起止日期及主体工程施工前的准备工作和主体工程完工后的结尾工作的施工期限；二是单项工程进度计划，即对水利枢纽工程中主要工程项目，如大坝、水电站等组成部分进行编制的计划，写出单项工程施工的准备工作项目和施工期限，要求进一步从施工方法和技术供应等条件论证施工进度的合理性和可靠性，研究加快施工进度和降低工程成本的具体方法。

四、进度控制措施

进度控制的措施主要有组织措施、技术措施、合同措施、经济措施和信息措施。

（1）组织措施包括落实项目进度控制部门的人员、具体控制任务和职责分工；项目分解、建立编码体系；确定进度协调工作制度，包括协调会议的时间，人员等；对影响进度目标实现的干扰和风险因素进行分析。

（2）技术措施是指采用先进的施工工艺、方法等，以加快施工进度。

（3）合同措施主要包括分段发包、提前施工以及合同期与进度计划的协调等。

（4）经济措施是指保证资金供应。

（5）信息管理措施主要是通过计划进度与实际进度的动态比较，收集有关进度的信息。

五、进度计划的检查和调整方法

在进度计划执行过程中，应根据现场实际情况不断进行检查，将检查结果进行分析，而后确定调整方案，这样才能充分发挥进度计划的控制功能，实现进度计划的动态控制。为此，进度计划执行中的管理工作包括：检查并掌握实际进度情况；分析产生进度偏差的主要原因；确定相应的纠偏措施或调整方法等 3 个方面。

（一）进度计划的检查

1. 进度计划的检查方法

（1）计划执行中的跟踪检查

在网络计划的执行过程中，必须建立相应的检查制度，定时定期地对计划的实际执行情况进行跟踪检查，搜集反映实际进度的有关数据。

（2）搜集数据的加工处理

搜集反映实际进度的原始数据量大面广，必须对其进行整理、统计和分析，形成与计划进度具有可比性的数据，以便在网络图上进行记录。根据记录的结果可以分析判断进度的实际状况，及时发现进度偏差，为网络图的调整提供信息。

（3）实际进度检查记录的方式

① 当采用时标网络计划时，可采用实际进度前锋线记录计划实际执行情况，进行实际进度与计划进度的比较。

实际进度前锋线是在原时标网络计划上，自上而下从计划检查时刻的时标点出发，用点画线依次将各项工作实际进度达到的前锋点连接成的折线。通过实际进度前锋线与原进度计划中的各项工作箭线交点的位置可以判断实际进度与计划进度的偏差。

② 当采用无时标网络计划时，可在图上直接用文字、数字、适当符号或列表记录计划的实际执行状况，进行实际进度与计划进度的比较。

2. 网络计划检查的主要内容

（1）关键工作进度；

（2）非关键工作的进度及时差利用的情况；

（3）实际进度对各项工作之间逻辑关系的影响；

（4）资源状况；

（5）成本状况；

（6）存在的其他问题。

3. 对检查结果进行分析判断

通过对网络计划执行情况检查的结果进行分析判断，可为计划的调整提供依据。一般应进行如下分析判断：

（1）对时标网络计划可利用绘制的实际进度前锋线，分析计划的执行情况及其发展趋势，对未来的进度做出预测、判断，找出偏离计划目标的原因及可供挖掘的潜力所在。

（2）对无时标网络计划可根据实际进度的记录情况对计划中未完的工作进行分析判断。

（二）进度计划的调整

进度计划的调整内容包括：调整网络计划中关键线路的长度、调整网络计划中非关键工作的时差、增（减）工作项目、调整逻辑关系、重新估计某些工作的持续时间、对资源的投入作相应调整。网络计划的调整方法如下。

1. 调整关键线路法

（1）当关键线路的实际进度比计划进度拖后时，应在尚未完成的关键工作中，选择资源强度小或费用低的工作缩短其持续时间，并重新计算未完成部分的时间参数，将其作为一个新的计划实施。

（2）当关键线路的实际进度比计划进度提前时，若不想提前工期，应选用资源占有量大或者直接费用高的后续关键工作，适当延长期持续时间，以降低其资源强度或费用；当确定要提前完成计划时，应将计划尚未完成的部分作为一个新的计划，重新确定关键工作的持续时间，按新计划实施。

2. 非关键工作时差的调整方法

非关键工作时差的调整应在其时差范围内进行，以便更充分地利用资源、降低成本或满足施工的要求。每一次调整后都必须重新计算时间参数，观察该调整对计划全局的影响，可采用以下几种调整方法：

（1）将工作在其最早开始时间与最迟完成时间范围内移动；

（2）延长工作的持续时间；

（3）缩短工作的持续时间。

3. 增减工作时的调整方法

增减工作项目时应符合这样的规定：不打乱原网络计划总的逻辑关系，只对局部逻辑关系进行调整；在增减工作后应重新计算时间参数，分析对原网络计划的影响。当对工期有影响时，应采取调整措施，以保证计划工期不变。

4. 调整逻辑关系

逻辑关系的调整只有当实际情况要求改变施工方法或组织方法时才可进行，调整时应避免影响原定计划工期和其他工作的顺利进行。

5. 调整工作的持续时间

当发现某些工作的原持续时间估计有误或实现条件不充分时，应重新估算其持续时间，并重新计算时间参数，尽量使原计划工期不受影响。

6. 调整资源的投入

当资源供应发生异常时，应采用资源优化方法对计划进行调整，或采取应急措施，使其对工期的影响最小。

网络计划的调整可以定期调整，也可以根据检查的结果随时调整。

第七章
水利工程质量管理

水利工程施工时，因其位置险恶，因此在施工管理中应当着重加强质量管理，严格按照先关质量要求进行管理把控，保障后期水利工程的使用。本章主要介绍了水利工程的质量管理技术。

第一节　水利工程质量管理规定

一、工程质量监督管理

（1）政府对水利工程的质量实行监督的制度。

水利工程按照分级管理的原则由相应水行政主管部门授权的质量监督机构实施质量监督。

（2）水利工程质量监督机构，必须按照水利部有关规定设立，经省级以上水行政主管部门资质审查合格，方可承担水利工程的质量监督工作。

各级水利工程质量监督机构，必须建立健全质量监督工作机制，完善监督手段，增强质量监督的权威性和有效性。

各级水利工程质量监督机构，要加强对贯彻执行国家和水利部有关质量法规、规范情况的检查，坚决查处有法不依、执法不严违法不究以及滥用职权的行为。

（3）水利部水利工程质量监督机构负责对流域机构、省级水利工程质量监督机构和水利工程质量检测单位进行统一规划、管理和资质审查。

各省、自治区、直辖市设立的水利工程质量监督机构负责本行政区域内省级以下水利工程质量监督机构和水利工程质量检测单位统一规划管理和资质审查。

（4）水利工程质量监督机构负责监督设计、监理、施工单位在其资质等级允许范围内从事水利工程建设的质量工作；负责检查督促建设、监理、设计、施工单位建立健全质量体系。

水利工程质量监督机构，按照国家和水利行业有关工程建设法规技术标准和设计文件实施工程质量监督，对施工现场影响工程质量的行为进行监督检查。

（5）水利工程质量监督实施以抽查为主的监督方式，运用法律和行政手段，做好监督抽查后的处理工作。工程竣工验收时，质量监督机构应对工程质量等级进行核定。

未经质量核定或核定不合格的工程，施工单位不得交验，工程主管部门不能验收，工程不得投入使用。

（6）根据需要，质量监督机构可委托经计量认证合格的检测单位，对水利工程有关部位以及所采用的建筑材料和工程设备进行抽样检测。

水利部水利工程质量监督机构认定的水利工程质量检测机构出具的数据是全国水利系统的最终检测。

各省级水利工程质量监督机构认定的水利工程质量检测机构所出具的检测数据是本行政区域内水利系统的最高检测。

二、项目法人（建设单位）质量管理

（1）项目法人（建设单位）应根据国家和水利部有关规定依法设立，主动接受水利工程质量监督机构对其质量体系的监督检查。

（2）项目法人（建设单位）应根据工程规模和工程特点，按照水利部有关规定，通过资质审查招标选择勘测设计施工、监理单位并实行合同管理。

在合同文件中，必须有工程质量条款，明确图纸、资料、工程、材料、设备等的质量标准及合同双方的质量责任。

（3）项目法人（建设单位）要加强工程质量管理，建立健全施工质量检查体系，根据工程特点建立质量管理机构和质量管理制度。

（4）项目法人（建设单位）在工程开工前，应按规定向水利工程质量监督机构办理工程质量监督手续。在工程施工过程中，应主动接受质量监督机构对工程质量的监督检查。

（5）项目法人（建设单位）应组织设计和施工单位进行设计交底；施工中应对工程质量进行检查，工程完工后，应及时组织有关单位进行工程质量验收、签证。

三、监理单位质量管理

（1）监理单位必须持有水利部颁发的监理单位资格等级证书，依照核定的监理范围承担相应水利工程的监理任务。监理单位必须接受水利工程质量监督机构对其监理资格质量检查体系及质量监理工作的监督检查。

（2）监理单位必须严格执行国家法律、水利行业法规技术标准，严格履行监理合同。

（3）监理单位根据所承担的监理任务向水利工程施工现场派出相应的监理机构，人员配备必须满足项目要求。监理工程师上岗必须持有水利部颁发的监理工程师岗位证书，一般监理人员上岗要经过岗前培训。

（4）监理单位应根据监理合同参与招标工作，从保证工程质量全面履行工程承建合同出发，签发施工图纸；审查施工单位的施工组织设计和技术措施；指导监督合同中有关质量标准、要求的实施；参加工程质量检查、工程质量事故调查处理和工程验收工作。

四、设计单位质量管理

（1）设计单位必须按其资质等级及业务范围承担勘测设计任务，并应主动接受水利工程质量监督机构对其资质等级及质量体系的监督检查。

（2）设计单位必须建立健全设计质量保证体系，加强设计过程质量控制，健全设计文件的审核、会签批准制度，做好设计文件的技术交底工作。

（3）设计文件必须符合下列基本要求：

① 设计文件应当符合国家、水利行业有关工程建设法规、工程勘测设计技术规程、标准和合同的要求。

② 设计依据的基本资料应完整、准确、可靠，设计论证充分，计算成果可靠。

③ 设计文件的深度应满足相应设计阶段有关规定要求，设计质量必须满足工程质量安全需要，并符合设计规范的要求。

（4）设计单位应按合同规定及时提供设计文件及施工图纸，在施工过程中要随时掌握施工现场情况，优化设计，解决有关设计问题。对大中型工程，设计单位应按合同规定在施工现场设立设计代表机构或派驻设计代表。

（5）设计单位应按水利部有关规定在阶段验收、单位工程验收和竣工验收中，对施工质量是否满足设计要求提出评价意见。

五、施工单位质量管理

（1）施工单位必须按其资质等级和业务范围承揽工程施工任务，接受水利工程质量监督机构对其资质和质量保证体系的监督检查。

（2）施工单位必须依据国家水利行业有关工程建设法规技术规程、技术标准的规定以及设计文件和施工合同的要求进行施工，并对其施工的工程质量负责。

（3）施工单位不得将其承接的水利建设项目的主体工程进行转包。对工程的分包，分包单位必须具备相应资质等级，并对其分包工程的施工质量向总包单位负责，总包单位对全部工程质量向项目法人（建设单位）负责。工程分包必须经过项目法人（建设单位）的认可。

（4）施工单位要推行全面质量管理，建立健全质量保证体系，制定和完善岗位质量规范、质量责任及考核办法，落实质量责任制。在施工过程中要加强质量检验工作，认真执行"三检制"，切实做好工程质量的全过程控制。

（5）工程发生质量事故，施工单位必须按照有关规定向监理单位、项目法人（建设单位）及有关部门报告，并保护好现场接受工程质量事故调查，认真进行事故处理。

（6）竣工工程质量必须符合国家和水利行业现行的工程标准及设计文件要求，并应向项目法人（建设单位）提交完整的技术档案、试验成果及有关资料。

六、建筑材料、设备采购的质量管理和工程保修

（1）建筑材料和工程设备的质量由采购单位承担相应责任。凡进入施工现场的建筑材料和工程设备均应按有关规定进行检验。经检验不合格的产品不得用于工程。

（2）建筑材料和工程设备的采购单位具有按合同规定自主采购的权利，其他单位或个人不得干预。

（3）建筑材料或工程设备应当符合下列要求：有产品质量检验合格证明；有中文标明的产品名称、生产厂名和厂址；产品包装和商标式样符合国家有关规定和标准要求；工程设备应有产品详细的使用说明书，电气设备还应附有线路图；实施生产许可证或实行质量认证的产品，应当具有相应的许可证或认证证书。

（4）水利工程保修期从工程移交证书写明的工程完工日起一般不少于一年。有特殊要求的工程，其保修期限在合同中规定。

工程质量出现永久性缺陷的，承担责任的期限不受以上保修期限制。

（5）水利工程在规定的保修期内，出现工程质量问题，一般由原施工单位承担保修，所需费用由责任方承担。

第二节　水利工程质量监督管理规定

一、质量监督

（1）水利工程建设项目质量监督方式以抽查为主。大型水利工程应建立质量监督项目站，中、小型水利工程可根据需要建立质量监督项目站（组），或进行巡回监督。

（2）从工程开工前办理质量监督手续始，到工程竣工验收委员会同意工程交付使用止，为水利工程建设项目的质量监督期（含合同质量保修期）。

（3）项目法人（或建设单位）应在工程开工前到相应的水利工程质量监督机构办理监督手续，签订《水利工程质量监督书》，并按规定缴纳质量监督费，同时提交以下材料：工程项目建设审批文件；项目法人（或建设单位）与监理、设计、施工单位签订的合同（或协议）副本；建设监理、设计施工等单位的基本情况和工程质量管理组织情况等资料。

（4）质量监督机构根据受监督工程的规模、重要性等，制订质量监督计划，确定质量监督的组织形式。在工程施工中，根据本规定对工程项目实施质量监督。

（5）工程质量监督的主要内容为：

① 对监理、设计、施工和有关产品制作单位的资质进行复核。

② 对建设、监理单位的质量检查体系和施工单位的质量保证体系以及设计单位现场服务等实施监督检查。

③ 对工程项目的单位工程分部工程、单元工程的划分进行监督检查。

④ 监督检查技术规程、规范和质量标准的执行情况。

⑤ 检查施工单位和建设、监理单位对工程质量检验和质量评定情况。

⑥ 在工程竣工验收前，对工程质量进行等级核定，编制工程质量评定报告，并向工程竣工验收委员会提出工程质量等级的建议。

（6）工程质量监督权限如下：

① 对监理、设计、施工等单位的资质等级、经营范围进行核查，发现越级承包工程等不符合规定要求的，责成建设单位限期改正，并向水行政主管部门报告。

② 质量监督人员需持"水利工程质量监督员证"进入施工现场执行质量监督。对工程有关部位进行检查，调阅建设、监理单位和施工单位的检测试验成果、检查记录和施工记录。

③ 对违反技术规程、规范、质量标准或设计文件的施工单位，通知建设、监理单位采取纠正措施。问题严重时，可向水行政主管部门提出整顿的建议。

④ 对使用未经检验或检验不合格的建筑材料、构配件及设备等，责成建设单位采取措施纠正。

⑤ 提请有关部门奖励先进质量管理单位及个人。

⑥ 提请有关部门或司法机关追究造成重大工程质量事故的单位和个人的行政、经济、刑事责任。

二、质量检测

（1）工程质量检测是工程质量监督和质量检查的重要手段。水利工程质量检测单位，必须取得省级以上计量认证合格证书，并经水利工程质量监督机构授权，方可从事水利工程质量检测工作，检测人员必须持证上岗。

（2）质量监督机构根据工作需要，可委托水利工程质量检测单位承担以下主要任务：

① 核查受监督工程参建单位的试验室装备、人员资质、试验方法及成果等；

② 根据需要对工程质量进行抽样检测，提出检测报告；

③ 参与工程质量事故分析和研究处理方案；

④ 质量监督机构委托的其他任务。

（3）质量检测单位所出具的检测鉴定报告必须实事求是，数据准确可靠，并对出具的数据和报告负法律责任。

（4）工程质量检测实行有偿服务，检测费用由委托方支付。收费标准按有关规定确定。在处理工程质量争端时，发生的一切费用由责任方支付。

三、工程质量监督费

（1）项目法人（或建设单位）应向质量监督机构缴纳工程质量监督费。工程质量监督费属事业性收费。工程质量监督收费，根据国家计委等部门的有关文件规定，收费标准按水利工程所在地域确定。原则上，大城市按受监工程建筑安装工作量的 0.15%，中等城市按受监工程建筑安装工作量的 0.20%，小城市按受监工程建筑安装工作量的 0.25%收取。城区以外的水利工程可比照小城市的收费标准适当提高。

（2）工程质量监督费由工程建设单位负责缴纳。大中型工程在办理监督手续时，应确定缴纳计划，每年按年度投资计划，年初一次结清年度工程质量监督费。中小型水利工程在办理质量监督手续时交纳工程质量监督费的 50%，余额由质量监督部门根据工程进度收缴。

水利工程在工程竣工验收前必须缴清全部的工程质量监督费。

（3）质量监督费应用于质量监督工作的正常经费开支，不得挪作他用。其使用范围主要为：工程质量监督、检测开支以及必要的差旅费开支等。

第三节　工程质量管理的基本概念

水利水电工程项目的施工阶段是根据设计图纸和设计文件的要求，通过工程参建各方及其技术人员的劳动形成工程实体的阶段。这个阶段的质量控制无疑是极其重要的，其中心任务是通过建立健全有效的工程质量监督体系，确保工程质量达到合同规定的标准和等级要求。为此，在水利水电工程项目建设中，建立了质量管理的三个体系，即施工单位的质量保证体系、建设（监理）单位的质量检查体系和政府部门的质量监督体系。

一、工程项目质量和质量控制的概念

（一）工程项目质量

质量是反映实体满足明确或隐含需要能力的特性之总和。工程项目质量是国家现

行的有关法律、法规技术标准、设计文件及工程承包合同对工程的安全适用、经济、美观等特征的综合要求。

从功能和使用价值来看，工程项目质量体现在适用性、可靠性、经济性、外观质量与环境协调等方面。由于工程项目是依据项目法人的需求而兴建的，故各工程项目的功能和使用价值的质量应满足于不同项目法人的需求，并无一个统一的标准。

从工程项目质量的形成过程来看，工程项目质量包括工程建设各个阶段的质量，即可行性研究质量、工程决策质量、工程设计质量、工程施工质量、工程竣工验收质量。

工程项目质量具有两个方面的含义：一是指工程产品的特征性能，即工程产品质量；二是指参与工程建设各方面的工作水平、组织管理等，即工作质量。工作质量包括社会工作质量和生产过程工作质量。社会工作质量主要是指社会调查、市场预测、维修服务等。

生产过程工作质量主要包括管理工作质量、技术工作质量、后勤工作质量等，最终将反映在工序质量上，而工序质量的好坏，直接受人、原材料，机具设备、工艺及环境等五方面因素的影响。因此，工程项目质量的好坏是各环节、各方面工作质量的综合反映，而不是单纯靠质量检验查出来的。

（二）工程项目质量控制

质量控制是指为达到质量要求所采取的作业技术和活动，工程项目质量控制，实际上就是对工程在可行性研究勘测设计、施工准备、建设实施后期运行等各阶段、各环节、各因素的全过程、全方位的质量监督控制。工程项目质量有个产生、形成和实现的过程，控制这个过程中的各环节，以满足工程合同、设计文件、技术规范规定的质量标准。在我国的工程项目建设中，工程项目质量控制按其实施者的不同，包括如下三个方面。

1. 项目法人的质量控制

项目法人方面的质量控制，主要是委托监理单位依据国家的法律、规范、标准和工程建设的合同文件，对工程建设进行监督和管理。其特点是外部的、横向的，不间断的控制。

2. 政府方面的质量控制

政府方面的质量控制是通过政府的质量监督机构来实现的，其目的在于维护社会公共利益，保证技术性法规和标准的贯彻执行。其特点是外部的、纵向的、定期或不定期的抽查。

3. 承包人方面的质量控制

承包人主要是通过建立健全质量保证体系，加强工序质量管理，严格施行"三检制"（即初检、复检、终检），避免返工，提高生产效率等方式来进行质量控制。其特点是内部的、自身的连续的控制。

二、工程项目质量的特点

建筑产品位置固定、生产流动性、项目单件性、生产一次性、受自然条件影响大等特点，决定了工程项目质量具有以下特点。

1. 影响因素多

影响工程质量的因素是多方面的，如人的因素、机械因素、材料因素、方法因素、环境因素等均直接或间接地影响着工程质量。尤其是水利水电工程项目主体工程的建设，一般由多家承包单位共同完成，故其质量形式较为复杂，影响因素多。

2. 质量波动大

由于工程建设周期长，在建设过程中易受到系统因素及偶然因素的影响，产品质量产生波动。

3. 质量变异大

由于影响工程质量的因素较多，任何因素的变异，均会引起工程项目的质量变异。

4. 质量具有隐蔽性

由于工程项目实施过程中，工序交接多，中间产品多，隐蔽工程多，取样数量受到各种因素、条件的限制，产生错误判断的概率增大。

5. 终检局限性大

建筑产品位置固定等自身特点，使质量检验时不能解体、拆卸，所以在工程项目终检验收时难以发现工程内在的、隐蔽的质量缺陷。

此外，质量、进度和投资目标三者之间既对立又统一的关系，使工程质量受到投资进度的制约。因此，应针对工程质量的特点，严格控制质量，并将质量控制贯穿于项目建设的全过程。

三、工程项目质量控制的任务

工程项目质量控制的任务就是根据国家现行的有关法规、技术标准和工程合同规定的工程建设各阶段质量目标实施全过程的监督管理。由于工程建设各阶段的质量目标不同，因此需要分别确定各阶段的质量控制对象和任务。

（一）工程项目决策阶段质量控制的任务

（1）审核可行性研究报告是否符合国民经济发展的长远规划、国家经济建设的方针政策。

（2）审核可行性研究报告是否符合工程项目建议书或业主的要求。

（3）审核可行性研究报告是否具有可靠的基础资料和数据。

（4）审核可行性研究报告是否符合技术经济方面的规范标准和定额等指标。

（5）审核可行性研究报告的内容、深度和计算指标是否达到标准要求。

（二）工程项目设计阶段质量控制的任务

（1）审查设计基础资料的正确性和完整性。

（2）编制设计招标文件，组织设计方案竞赛。

（3）审查设计方案的先进性和合理性，确定最佳设计方案。

（4）督促设计单位完善质量保证体系，建立内部专业交底及专业会签制度。

（5）进行设计质量跟踪检查，控制设计图纸的质量。在初步设计和技术设计阶段，主要检查生产工艺及设备的选型，总平面布置建筑与设施的布置，采用的设计标准和主要技术参数；在施工图设计阶段，主要检查计算是否有错误，选用的材料和做法是否合理，标注的各部分设计标高和尺寸是否有错误，各专业设计之间是否有矛盾等。

（三）工程项目施工阶段质量控制的任务

施工阶段质量控制是工程项目全过程质量控制的关键环节。根据工程质量形成的时间，施工阶段的质量控制又可分为质量的事前控制、事中控制和事后控制，其中事前控制为重点控制。

1. 事前控制

（1）审查承包商及分包商的技术资质。

（2）协助承建商完善质量体系，包括完善计量及质量检测技术和手段等，同时对承包商的实验室资质进行考核。

（3）督促承包商完善现场质量管理制度，包括现场会议制度、现场质量检验制度、质量统计报表制度和质量事故报告及处理制度等。

（4）与当地质量监督站联系，争取其配合、支持和帮助。

（5）组织设计交底和图纸会审，对某些工程部位应下达质量要求标准。

（6）审查承包商提交的施工组织设计，保证工程质量具有可靠的技术措施。审核工程中采用的新材料新结构新工艺新技术的技术鉴定书；对工程质量有重大影响的施工机械、设备，应审核其技术性能报告。

（7）对工程所需原材料、构配件的质量进行检查与控制。

（8）对永久性生产设备或装置，应按审批同意的设计图纸组织采购或订货，到场后进行检查验收。

（9）对施工场地进行检查验收。检查施工场地的测量标桩、建筑物的定位放线以及高程水准点，重要工程还应复核，落实现场障碍物的清理、拆除等。

（10）把好开工关。对现场各项准备工作检查合格后，方可发开工令；停工的工程，未发复工令者不得复工。

2. 事中控制

（1）督促承包商完善工序控制措施。工程质量是在工序中产生的，工序控制对工程质量起着决定性的作用。应把影响工序质量的因素都纳入控制状态中，建立质量管理点，及时检查和审核承包商提交的质量统计分析资料和质量控制图表。

（2）严格工序交接检查。主要工作作业包括隐蔽作业需按有关验收规定经检查验收后，方可进行下一工序的施工。

（3）重要的工程部位或专业工程（如混凝土工程）要做试验或技术复核。

（4）审查质量事故处理方案，并对处理效果进行检查。

（5）对完成的分项分部工程，按相应的质量评定标准和办法进行检查验收。

（6）审核设计变更和图纸修改。

（7）按合同行使质量监督权和质量否决权。

（8）组织定期或不定期的质量现场会议，及时分析、通报工程质量状况。

3. 事后控制

（1）审核承包商提供的质量检验报告及有关技术性文性。

（2）审核承包商提交的竣工图。

（3）组织联动试车。

（4）按规定的质量评定标准和办法，进行检查验收。

（5）组织项目竣工总验收。

（6）整理有关工程项目质量的技术文件，并编目、建档。

4. 工程项目保修阶段质量控制的任务

（1）审核承包商的工程保修书。

（2）检查、鉴定工程质量状况和工程使用情况。

（3）对出现的质量缺陷，确定责任者。

（4）督促承包商修复缺陷。

（5）在保修期结束后，检查工程保修状况，移交保修资料。

第四节 质量体系建立与运行

一、施工阶段的质量控制

（一）质量控制的依据

施工阶段的质量管理及质量控制的依据，大体上可分为两类，即共同性依据及专门技术法规性依据。

共同性依据是指那些适用于工程项目施工阶段与质量控制有关的，具有普遍指导意义和必须遵守的基本文件。主要有工程承包合同文件，设计文件，国家和行业现行的有关质量管理方面的法律、法规文件。

工程承包合同中分别规定了参与施工建设的各方在质量控制方面的权利和义务，并据此对工程质量进行监督和控制。

有关质量检验与控制的专门技术法规性依据是指针对不同行业、不同的质量控制对象而制定的技术法规性的文件，主要包括：

（1）已批准的施工组织设计。它是承包单位进行施工准备和指导现场施工的规划性、指导性文件，详细规定了工程施工的现场布置，人员设备的配置，作业要求，施工工序和工艺，技术保证措施，质量检查方法和技术标准等，是进行质量控制的重要依据。

（2）合同中引用的国家和行业的现行施工操作技术规范施工工艺规程及验收规范。它是维护正常施工的准则，与工程质量密切相关，必须严格遵守执行。

（3）合同中引用的有关原材料、半成品、配件方面的质量依据。如水泥、钢材、骨料等有关产品技术标准；水泥、骨料、钢材等有关检验、取样方法的技术标准；有关材料验收、包装、标志的技术标准。

（4）制造厂提供的设备安装说明书和有关技术标准。这是施工安装承包人进行设备安装必须遵循的重要技术文件，也是进行检查和控制质量的依据。

（二）质量控制的方法

施工过程中的质量控制方法主要有旁站检查、测量、试验等。

1. 旁站检查

旁站是指有关管理人员对重要工序（质量控制点）的施工所进行的现场监督和检查，以避免质量事故的发生。旁站也是驻地监理人员的一种主要现场检查形式。根据工程施工难度及复杂性，可采用全过程旁站和部分时间旁站两种方式。对容易产生缺陷的部位，或产生了缺陷难以补救的部位，以及隐蔽工程，应加强旁站检查。主动在旁站检查中，必须检查承包人在施工中所用的设备、材料及混合料是否符合已批准的文件要求，检查施工方案、施工工艺是否符合相应的技术规范。

2. 测量

测量是对建筑物的尺寸控制的重要手段。应对施工放样及高程控制进行核查，不合格者不准开工。对模板工程、已完工程的几何尺寸、高程、宽度、厚度、坡度等质量指标，按规定要求进行测量验收，不符合规定要求的需进行返工。测量记录，均要事先经工程师审核签字后方可使用。

3. 试验

试验是工程师确定各种材料和建筑物内在质量是否合格的重要方法。所有工程使用的材料，都必须事先经过材料试验，质量必须满足产品标准，并经工程师检查批准后，方可使用。材料试验包括水源、粗骨料、沥青、土工织物等各种原材料，不同等级混凝土的配合比试验，外购材料及成品质量证明和必要的试验鉴定，仪器设备的校调试验，加工后的成品强度及耐用性检验，工程检查等。没有试验数据的工程不予验收。

（三）工序质量监控

1. 工序质量监控的内容

工序质量控制主要包括对工序活动条件的监控和对工序活动效果的监控。

（1）工序活动条件的监控

所谓工序活动条件监控，就是指对影响工程生产因素进行的控制。工序活动条件的控制是工序质量控制的手段。尽管在开工前对生产活动条件已进行了初步控制，但在工序活动中有的条件还会发生变化，使其基本性能达不到检验指标，这正是生产过程产生质量不稳定的重要原因。因此，只有对工序活动条件进行控制，才能达到对工程或产品的质量性能特性指标的控制。工序活动条件包括的因素较多，要通过分析，分清影响工序质量的主要因素，抓住主要矛盾，逐渐予以调节，以达到质量控制的目的。

（2）工序活动效果的监控

工序活动效果的监控主要反映在对工序产品质量性能的特征指标的控制上。通过对工序活动的产品采取一定的检测手段进行检验，根据检验结果分析，判断该工序活动的质量效果，从而实现对工序质量的控制，其步骤如下：首先是工序活动前的控制，主要要求人、材料、机械、方法或工艺、环境能满足要求；然后采用必要的手段和工具，对抽出的工序子样进行质量检验；应用质量统计分析工具（如直方图、控制图、排列图等）对检验所得的数据进行分析，找出这些质量数据所遵循的规律。根据质量数据分布规律的结果，判断质量是否正常；若出现异常情况，寻找原因，找出影响工序质量的因素，尤其是那些主要因素，采取对策和措施进行调整；再重复前面的步骤，检查调整效果，直到满足要求，这样便可达到控制工序质量的目的。

2. 工序质量监控实施要点

对工序活动质量监控，首先应确定质量控制计划，它是以完善的质量监控体系和质量检查制度为基础。一方面，工序质量控制计划要明确规定质量监控的工作程序、流程和质量检查制度；另一方面，需进行工序分析，在影响工序质量的因素中，找出对工序质量产生影响的重要因素，进行主动的、预防性的重点控制。例如，在振捣混凝土这一工序中，振捣的插点和振捣时间是影响质量的主要因素，为此，应加强现场监督并要求施工单位严格予以控制。

同时，在整个施工活动中，应采取连续的动态跟踪控制，通过对工序产品的抽样检验，判定其产品质量波动状态，若工序活动处于异常状态，则应查出影响质量的原因，采取措施排除系统性因素的干扰，使工序活动恢复到正常状态，从而保证工序活动及其产品质量。此外，为确保工程质量，应在工序活动过程中设置质量控制点，进行预控。

3. 质量控制点的设置

质量控制点的设置是进行工序质量预防控制的有效措施。质量控制点是指为保证工程质量而必须控制的重点工序、关键部位、薄弱环节。应在施工前，全面、合理地选择质量控制点，并对设置质量控制点的情况及拟采取的控制措施进行审核。必要时，应对质量控制实施过程进行跟踪检查或旁站监督，以确保质量控制点的施工质量。

设置质量控制点的对象，主要有以下几方面：

（1）关键的分项工程。如大体积混凝土工程，土石坝工程的坝体填筑，隧洞开挖工程等。

（2）关键的工程部位。如混凝土面板堆石坝面板趾板及周边缝的接缝，土基上水闸的地基基础，预制框架结构的梁板节点，关键设备的设备基础等。

（3）薄弱环节。指经常发生或容易发生质量问题的环节，或承包人无法把握的环节，或采用新工艺（材料）施工的环节等。

（4）关键工序。如钢筋混凝土工程的混凝土振捣，灌注桩钻孔，隧洞开挖的钻孔布置、方向、深度用药量和填塞等。

（5）关键工序的关键质量特性。如混凝土的强度耐久性，土石坝的干容重、黏性土的含水率等。

（6）关键质量特性的关键因素。如冬季混凝土强度的关键因素是环境（养护温度），支模的关键因素是支撑方法，泵送混凝土输送质量的关键因素是机械，墙体垂直度的关键因素是人等。

4. 见证点、停止点的概念

在工程项目实施控制中，通常是由承包人在分项工程施工前制定施工计划时，就选定设置控制点，并在相应的质量计划中进一步明确哪些是见证点，哪些是停止点。所谓见证点和停止点是国际上对于重要程度不同及监督控制要求不同的质量控制对象的一种区分方式。见证点监督也称为 W 点监督。凡是被列为见证点的质量控制对象，在规定的控制点施工前，施工单位应提前 24 h 通知监理人员在约定的时间内到现场进行见证并实施监督。如监理人员未按约定到场，施工单位有权对该点进行相应的操作和施工。停止点也称为待检查点或 H 点，它的重要性高于见证点，是针对那些由于施工过程或工序施工质量不易或不能通过其后的检验和试验而充分得到论证的"特殊过程"或"特殊工序"而言的。凡被列入停止点的控制点，要求必须在该控制点来临之前 24 h 通知监理人员到场实验监控，如监理人员未能在约定时间内到达现场，施工单位应停止该控制点的施工，并按合同规定等待监理方，未经认可不能超过该点继续施工，如水闸闸墩混凝土结构在钢筋架立后，混凝土浇筑之前，可设置停止点。

在施工过程中，应加强旁站和现场巡查的监督检查；严格实施隐蔽式工程工序间交接检查验收、工程施工预检等检查监督；严格执行对成品保护的质量检查。只有这样才能及早发现问题，及时纠正，防患于未然，确保工程质量，避免导致工程质量事故。

为了对施工期间的各分部、分项工程的各工序质量实施严密细致和有效的监督、控制，应认真地填写跟踪档案，即施工和安装记录。

二、全面质量管理

全面质量管理（TQM）是企业管理的中心环节，是企业管理的纲，它和企业的经营目标是一致的。这就是要求将企业的生产经营管理和质量管理有机地结合起来。

全面质量管理是以组织全员参与为基础的质量管理模式，它代表了质量管理的最新阶段，最早起源于美国，菲根堡姆指出：全面质量管理是为了能够在最经济的水平上，并充分考虑到满足用户的要求的条件下进行市场研究、设计（生产和服务，把企业内各部门研制质量，维持质量和提高质量的活动构成为一体的一种有效体系。他的理论经过世界各国的继承和发展，得到了进一步的扩展和深化。

（一）全面质量管理的基本要求

1. 全过程的管理

任何一个工程（和产品）的质量，都有一个产生形成和实现的过程；整个过程是由多个相互联系、相互影响的环节所组成的，每一环节都或重或轻地影响着最终的质量状况。

因此，要搞好工程质量管理，必须把形成质量的全过程和有关因素控制起来，形成一个综合的管理体系，做到以防为主，防检结合，重在提高。

2. 全员的质量管理

工程（产品）的质量是企业各方面、各部门、各环节工作质量的反映。每一环节，每一个人的工作质量都会不同程度地影响着工程（产品）最终质量。工程质量人人有责，只有人人都关心工程的质量，做好本职工作，才能生产出好质量的工程。

3. 全企业的质量管理

全企业的质量管理一方面要求企业各管理层次都要有明确的质量管理内容，各层次的侧重点要突出，每个部门应有自己的质量计划、质量目标和对策，层层控制；另一方面就是要把分散在各部门的质量职能发挥出来。如水利水电工程中的"三检制"，就充分反映这一观点。

4. 多方法的管理

影响工程质量的因素越来越复杂：既有物质的因素，又有人为的因素；既有技术因素，又有管理因素；既有内部因素，又有企业外部因素。要搞好工程质量，就必须把这些影响因素控制起来，分析它们对工程质量的不同影响。灵活运用各种现代化管理方法来解决工程质量问题。

（二）全面质量管理的工作原则

1. 预防原则

在企业的质量管理工作中，要认真贯彻预防为主的原则，凡事要防患于未然。在产品制造阶段应该采用科学方法对生产过程进行控制，尽量把不合格品消灭在发生之前。在产品的检验阶段，不论是对最终产品或是在制品，都要把质量信息及时反馈并认真处理。

2. 经济原则

全面质量管理强调质量，但无论质量保证的水平或预防不合格的深度都是没有止境的，必须考虑经济性，建立合理的经济界限，这就是所谓经济原则。因此，在产品设计制定质量标准时，在生产过程进行质量控制时，在选择质量检验方式为抽样检验或全数检验时等场合，都必须考虑其经济效益。

3. 协作原则

协作是大生产的必然要求。生产和管理分工越细，就越要求协作。一个具体单位的质量问题往往涉及许多部门，如无良好的协作是很难解决的。因此，强调协作是全面质量管理的一条重要原则，也反映了系统科学全局观点的要求。

4. 按照 PDCA 循环组织活动

PDCA 循环是质量体系活动所应遵循的科学工作程序，周而复始，内外嵌套，循环不已，以求质量不断提高。

（三）全面质量管理的运转方式

质量保证体系运转方式是按照计划（P）、执行（D）、检查（C）、处理（A）的管理循环进行的。它包括四个阶段和八个工作步骤。

1. 四个阶段

（1）计划阶段

按使用者要求，根据具体生产技术条件，找出生产中存在的问题及其原因，拟定生产对策和措施计划。

（2）执行阶段

按预定对策和生产措施计划，组织实施。

（3）检查阶段

对生产成品进行必要的检查和测试，即把执行的工作结果与预定目标对比，检查执行过程中出现的情况和问题。

（4）处理阶段

把经过检查发现的各种问题及用户意见进行处理。凡符合计划要求的予以肯定，成文标准化。对不符合设计要求和不能解决的问题，转入下一循环以进一步研究解决。

2. 八个步骤

（1）分析现状，找出问题，不能凭印象和表面作判断。结论要用数据表示。

（2）分析各种影响因素，要把可能因素加以分析。

（3）找出主要影响因素，要努力找出主要因素进行解剖，才能改进工作，提高产品质量。

（4）研究对策，针对主要因素拟定措施，制订计划，确定目标。

以上属 P 阶段工作内容。

（5）执行措施为 D 阶段的工作内容。

（6）检查工作成果，对执行情况进行检查，找出经验教训，为 C 阶段的工作内容。

（7）巩固措施，制定标准，把成熟的措施订成标准（规程、细则）形成制度。

（8）遗留问题转入下一个循环。

3. PDCA 循环的特点

（1）四个阶段缺一不可，先后次序不能颠倒。就好像一只转动的车轮，在解决质量问题中滚动前进逐步使产品质量提高。

（2）企业的内部 PDCA 循环各级都有，整个企业是一个大循环，企业各部门又有自己的循环。大循环是小循环的依据，小循环又是大循环的具体和逐级贯彻落实的体现。

（3）PDCA 循环不是在原地转动，而是在转动中前进。每个循环结束，质量便提高一步。每一个 PDCA 循环都不是在原地周而复始地转动，而是像爬楼梯那样，每转一个循环都有新的目标和内容。因而就意味前进了一步，从原有水平上升到了新的水平，每经过一次循环，也就解决了一批问题，质量水平就有新的提高。

（4）A 阶段是一个循环的关键，这一阶段（处理阶段）的目的在于总结经验，巩固成果，纠正错误，以利于下一个管理循环。为此必须把成功和经验纳入标准，定为规程，使之标准化、制度化，以便在下一个循环中遵照办理，使质量水平逐步提高。

必须指出，质量的好坏反映了人们质量意识的强弱，也反映了人们对提高产品质量意义的认识水平。有了较强的质量意识，还应使全体人员对全面质量管理的基本思想和方法有所了解。这就需要开展全面质量管理，必须加强质量教育的培训工作，贯彻执行质量责任制并形成制度，持之以恒，才能使工程施工质量水平不断提高。

第五节　工程质量统计与分析

一、质量数据

利用质量数据和统计分析方法进行项目质量控制，是控制工程质量的重要手段。

通常，通过收集和整理质量数据，进行统计分析比较，找出生产过程的质量规律，判断工程产品质量状况，发现存在的质量问题，找出引起质量问题的原因，并及时采取措施，预防和纠正质量事故，使工程质量始终处于受控状态。

质量数据是用以描述工程质量特征性能的数据。它是进行质量控制的基础，没有质量数据，就不可能有现代化的科学的质量控制。

1. 质量数据的类型

质量数据按其自身特征，可分为计量值数据和计数值数据；按其收集目的可分为控制性数据和验收性数据。

（1）计量值数据

计量值数据是可以连续取值的连续型数据。如长度、质量面积、标高等特征，一般都是可以用量测工具或仪器等量测，一般都带有小数。

（2）计数值数据

计数值数据是不连续的离散型数据。如不合格品数、不合格的构件数等，这些反映质量状况的数据是不能用量测器具来度量的，采用计数的办法，只能出现 0、1、2 等非负数的整数。

（3）控制性数据

控制性数据一般是以工序作为研究对象，是为分析、预测施工过程是否处于稳定状态，而定期随机地抽样检验获得的质量数据。

（4）验收性数据

验收性数据是以工程的最终实体内容为研究对象，以分析、判断其质量是否达到技术标准或用户的要求，而采取随机抽样检验而获取的质量数据。

2. 质量数据的波动及其原因

在工程施工过程中常可看到在相同的设备、原材料、工艺及操作人员条件下，生产的同一种产品的质量不同，反映在质量数据上，即具有波动性，其影响因素有偶然性因素和系统性因素两大类。偶然性因素引起的质量数据波动属于正常波动，偶然因素是无法或难以控制的因素，所造成的质量数据的波动量不大，没有倾向性，作用是随机的，工程质量只有偶然因素影响时，生产才处于稳定状态。由系统因素造成的质量数据波动属于异常波动，系统因素是可控制、易消除的因素，这类因素不经常发生，但具有明显的倾向性，对工程质量的影响较大。

质量控制的目的就是要找出出现异常波动的原因，即系统性因素是什么，并加以排除，使质量只受随机性因素的影响。

3. 质量数据的收集

质量数据的收集总的要求应当是随机地抽样，即整批数据中每一个数据都有被抽到的同样机会。常用的方法有随机法、系统抽样法、二次抽样法和分层抽样法。

4. 样本数据特征

为了进行统计分析和运用特征数据对质量进行控制，经常要使用许多统计特征数据。统计特征数据主要有均值、中位数极值极差、标准偏差、变异系数，其中均值、中位数表示数据集中的位置；极差、标准偏差、变异系数表示数据的波动情况，即分散程度。

二、质量控制的统计方法简介

通过对质量数据的收集、整理和统计分析，找出质量的变化规律和存在的质量问题，提出进一步的改进措施，这种运用数学工具进行质量控制的方法是所有涉及质量管理的人员所必须掌握的，它可以使质量控制工作定量化和规范化。下面介绍几种在质量控制中常用的数学工具及方法。

1. 直方图法

（1）直方图的用途

直方图又称频率分布直方图，它们将产品质量频率的分布状态用直方图形来表示，根据直方图形的分布形状和与公差界限的距离来观察探索质量分布规律，分析和判断整个生产过程是否正常。

利用直方图可以制定质量标准，确定公差范围，可以判明质量分布情况是否符合标准的要求。

（2）直方图的分析

1）正常对称型。说明生产过程正常，质量稳定。

2）锯齿型。原因一般是分组不当或组距确定不当。

3）孤岛型。原因一般是材质发生变化或他人临时替班。

4）绝壁型。一般是剔除下限以下的数据造成的。

5）双峰型。把两种不同的设备或工艺的数据混在一起造成的。

6）平峰型。生产过程中有缓慢变化的因素起主导作用。

（3）注意事项

1）直方图属于静态的，不能反映质量的动态变化。

2）画直方图时，数据不能太少，一般应大于 50 个数据，否则画出的直方图难以正确反映总体的分布状态。

3）直方图出现异常时，应注意将收集的数据分层，然后画直方图。

4）直方图呈正态分布时，可求平均值和标准差。

2. 排列图法

排列图法又称巴雷特法、主次排列图法，是分析影响质量主要问题的有效方法，将众多的因素进行排列，主要因素就一目了然。

排列图法是由一个横坐标、两个纵坐标、几个长方形和一条曲线组成的。左侧的纵坐标是频数或件数，右侧纵坐标是累计频率，横轴则是项目或因素，按项目频数大小顺序在横轴上自左而右画长方形，其高度为频数，再根据右侧的纵坐标，画出累计频率曲线，该曲线也称巴雷特曲线。

3. 因果分析图法

因果分析图也叫鱼刺图、树枝图，这是一种逐步深入研究和讨论质量问题的图示方法。在工程建设过程中，任何一种质量问题的产生，一般都是多种原因造成的，这些原因有大有小，把这些原因按照大小顺序分别用主干、大枝、中枝、小枝来表示，这样，就可一目了然地观察出导致质量问题的原因，并以此为据，制定相应对策。

4. 管理图法

管理图也称控制图，它是反映生产过程随时间变化而变化的质量动态，即反映生产过程中各个阶段质量波动状态的图形。管理图利用上下控制界限，将产品质量特性控制在正常波动范围内，一旦有异常反应，通过管理图就可以发现，并及时处理。

5. 相关图法

产品质量与影响质量的因素之间，常有一定的相互关系，但不一定是严格的函数关系，这种关系称为相关关系，可利用直角坐标系将两个变量之间的关系表达出来。相关图的形式有正相关、负相关、非线性相关和无相关。

此外，还有调查表法、分层法等。

第六节　工程质量事故的处理

工程建设项目不同于一般工业生产活动，其项目实施的一次性、生产组织特有的流动性、综合性、劳动的密集性、协作关系的复杂性和环境的影响，均导致建筑工程质量事故具有复杂性严重性、可变性及多发性的特点，事故是很难完全避免的。因此，必须加强组织措施、经济措施和管理措施，严防事故发生，对发生的事故应调查清楚，按有关规定进行处理。

需要指出的是，不少事故开始时经常只被认为是一般的质量缺陷，容易被忽视。随着时间的推移，待认识到这些质量缺陷问题的严重性时，则往往处理困难，或难以补救，或导致建筑物失事。因此，除明显的不会有严重后果的缺陷外，对其他的质量问题，均应分析，进行必要处理，并做出处理意见。

一、工程事故的分类

凡水利水电工程在建设中或完工后，由于设计、施工、监理、材料、设备、工程管理和咨询等方面造成工程质量不符合规程规范和合同要求的质量标准，影响工程的使用寿命或正常运行，一般需作补救措施或返工处理的，统称为工程质量事故。日常所说的事故大多指施工质量事故。

在水利水电工程中，按对工程的耐久性和正常使用的影响程度，检查和处理质量事故对工期影响时间的长短以及直接经济损失的大小，将质量事故分为一般质量事故、较大质量事故、重大质量事故和特大质量事故。

一般质量事故是指对工程造成一定经济损失，经处理后不影响正常使用，不影响工程使用寿命的事故。小于一般质量事故的统称为质量缺陷。

较大质量事故是指对工程造成较大经济损失或延误较短工期，经处理后不影响正常使用，但对工程使用寿命有较大影响的事故。

重大质量事故是指对工程造成重大经济损失或延误较长工期，经处理后不影响正常使用，但对工程使用寿命有较大影响的事故。

特大质量事故是指对工程造成特大经济损失或长时间延误工期，经处理后仍对工程正常使用和使用寿命有较大影响的事故。

一般质量事故，它的直接经济损失在 20 万～100 万元，事故处理的工期在一个月内，且不影响工程的正常使用与寿命。一般建筑工程对事故的分类略有不同，主要表现在经济损失大小之规定。

二、工程事故的处理方法

1. 事故发生的原因

工程质量事故发生的原因很多，最基本的还是人、机械、材料、工艺和环境几方面。一般可分直接原因和间接原因两类。

直接原因主要有人的行为不规范和材料、机械的不符合规定状态。如设计人员不按规范设计、监理人员不按规范进行监理，施工人员违反规程操作等，属于人的行为不规范；又如水泥、钢材等某些指标不合格，属于材料不符合规定状态。

间接原因是指质量事故发生地的环境条件，如施工管理混乱，质量检查监督失职，质量保证体系不健全等。间接原因往往导致直接原因的发生。

事故原因也可从工程建设的参建各方来寻查，业主、监理、设计、施工和材料、机械、设备供应商的某些行为或各种方法也会造成质量事故。

2. 事故处理的目的

工程质量事故分析与处理的目的主要是：正确分析事故原因，防止事故恶化；创造正常的施工条件；排除隐患，预防事故发生；总结经验教训，区分事故责任；采取有效的处理措施，尽量减少经济损失，保证工程质量。

3. 事故处理的原则

质量事故发生后，应坚持"三不放过"的原则，即事故原因不查清不放过，事故主要责任人和职工未受到教育不放过，补救措施不落实不放过。

发生质量事故，应立即向有关部门（业主、监理单位，设计单位和质量监督机构等）汇报，并提交事故报告。

由质量事故而造成的损失费用，坚持事故责任是谁由谁承担的原则。如责任在施工承包商，则事故分析与处理的一切费用由承包商自己负责；施工中事故责任不在承包商，则承包商可依据合同向业主提出索赔；若事故责任在设计或监理单位，应按照有关合同条款给予相关单位必要的经济处罚。构成犯罪的，移交司法机关处理。

4. 事故处理的程序和方法

事故处理的程序是：下达工程施工暂停令；组织调查事故；事故原因分析；事故

处理与检查验收；下达复工令。

事故处理的方法有两大类：修补，这种方法适用于通过修补可以不影响工程的外观和正常使用的质量事故，此类事故是施工中多发的；返工，这类事故严重违反规范或标准，影响工程使用和安全，且无法修补，必须返工。

有些工程质量问题，虽严重超过了规程、规范的要求，已具有质量事故的性质，但可针对工程的具体情况，通过分析论证，不需作专门处理，但要记录在案。如混凝土蜂窝麻面等缺陷，可通过涂抹、打磨等方式处理；欠挖或模板问题使结构断面被削弱，经设计复核验算，仍能满足承载要求的，也可不作处理，但必须记录在案，并有设计和监理单位的鉴定意见。

第七节　工程质量评定与验收

一、工程质量评定

（一）评定依据

（1）国家与水利水电部门有关行业规程、规范和技术标准。

（2）经批准的设计文件、施工图纸、设计修改通知、厂家提供的设备安装说明书及有关技术文件。

（3）工程合同采用的技术标准。

（4）工程试运行期间的试验及观测分析成果。

（二）评定标准

1. 单元工程质量评定标准

当单元工程质量达不到合格标准时，必须及时处理，其质量等级按如下确定：全部返工重做的，可重新评定等级；经加固补强并经过鉴定能达到设计要求，其质量只能评定为合格；经鉴定达不到设计要求，但建设（监理）单位认为能基本满足安全和使用功能要求的，可不补强加固，或经补强加固后，改变外形尺寸或造成永久缺陷的，经建设（监理）单位认为能基本满足设计要求，其质量可按合格处理。

2. 分部工程质量评定标准

分部工程质量合格的条件是：单元工程质量全部合格；中间产品质量及原材料质量全部合格，金属结构及启闭机制造质量合格，机电产品质量合格。

分部工程优良的条件是：单元工程质量全部合格，其中有 50% 以上达到优良，主要单元工程、重要隐蔽工程及关键部位的单位工程质量优良，且未发生过质量事故；中间产品质量全部合格，其中混凝土拌和物质量达到优良，原材料质量、金属结构及启闭机制造质量合格，机电产品质量合格。

3. 单位工程质量评定标准

单位工程质量合格的条件是：分部工程质量全部合格；中间产品质量及原材料质量全部合格，金属结构及启闭机制造质量合格，机电产品质量合格；外观质量得分率达 70% 以上；施工质量检验资料基本齐全。

单位工程优良的条件是：分部工程质量全部合格，其中有 70% 以上达到优良，主要分部工程质量优良，且未发生过重大质量事故；中间产品质量全部合格，其中混凝土拌和物质量达到优良，原材料质量、金属结构及启闭机制造质量合格，机电产品质量合格；外观质量得分率达 85% 以上；施工质量检验资料齐全。

4. 工程质量评定标准

单位工程质量全部合格，工程质量可评为合格；如其中 50% 以上的单位工程优良，且主要建筑物单位工程质量优良，则工程质量可评优良。

二、工程质量验收

工程验收是在工程质量评定的基础上，依据一个既定的验收标准，采取一定的手段来检验工程产品的特性是否满足验收标准的过程。水利水电工程验收分为分部工程验收、阶段验收、单位工程验收和竣工验收。按照验收的性质，可分为投入使用验收和完工验收。工程验收的目的是：检查工程是否按照批准的设计进行建设；检查已完工程在设计、施工、设备制造安装等方面的质量，并对验收遗留问题提出处理要求；检查工程是否具备运行或进行下一阶段建设的条件；总结工程建设中的经验教训，并对工程做出评价；及时移交工程，尽早发挥投资效益。

工程验收的依据是：有关法律、规章和技术标准，主管部门有关文件，批准的设计文件及相应设计变更、修设文件，施工合同，监理签发的施工图纸和说明，设备技术说明书等。当工程具备验收条件时，应及时组织验收。未经验收或验收不合格的工程不得交付使用或进行后续工程施工。验收工作应相互衔接，不应重复进行。

工程进行验收时必须要有质量评定意见，阶段验收和单位工程验收应有水利水电工程质量监督单位的工程质量评价意见；竣工验收必须有水利水电工程质量监督单位的工程质量评定报告，竣工验收委员会在其基础上鉴定工程质量等级。

1. 分部工程验收

分部工程验收应具备的条件是该分部工程的所有单元工程已经完建且质量全部合格。分部工程验收的主要工作是：鉴定工程是否达到设计标准；按现行国家或行业技术标准，评定工程质量等级；对验收遗留问题提出处理意见。分部工程验收的图纸、资料和成果是竣工验收资料的组成部分。

2. 阶段验收

根据工程建设需要，当工程建设达到一定关键阶段（如基础处理完毕、截流、水库蓄水、机组启动、输水工程通水等）时，应进行阶段验收。阶段验收的主要工作是：检查已完工程的质量和形象面貌；检查在建工程建设情况；检查待建工程的计划安排和主要技术措施落实情况，以及是否具备施工条件；检查拟投入使用工程是否具备运用条件；对验收遗留问题提出处理要求。

3. 完工验收

完工验收应具备的条件是所有分部工程已经完建并验收合格。完工验收的主要工作是：检查工程是否按批准设计完成；检查工程质量评定质量等级，对工程缺陷提出处理要求；对验收遗留问题提出处理要求；按照合同规定，施工单位向项目法人移交工程。

4. 竣工验收

工程在投入使用前必须通过竣工验收。竣工验收应在全部工程完建后 3 个月内进行。进行验收确有困难的，经工程验收主持单位同意，可以适当延长期限。竣工验收应具备以下条件：工程已按批准设计规定的内容全部建成各单位工程能正常运行；历次验收所发现的问题已基本处理完毕；归档资料符合工程档案资料管理的有关规定；工程建设征地补偿及移民安置等问题已基本处理完毕，工程主要建筑物安全保护范围内的迁建和工程管理土地征用已经完成；工程投资已经全部到位；竣工决算已经完成并通过竣工审计。

竣工验收的主要工作：审查项目法人"工程建设管理工作报告"和初步验收工作组"初步验收工作报告"；检查工程建设和运行情况；协调处理有关问题；讨论并通过"竣工验收鉴定书"。

第八章
水利工程安全管理

第一节 水利工程安全管理的概述

一、安全管理概念

安全生产是指生产过程处于避免人身伤害、设备损坏及其他不可接受的损害风险（危险）的状态。不可接受的损害风险（危险）是指：超出了法律、法规和规章的要求，超出了方针、目标和企业规定的其他要求，超出了人们普遍接受的要求。建筑工程安全生产管理是指建设行政主管部门、建筑安全监督管理机构、建筑施工企业及有关单位对建筑安全生产过程中的安全工作，进行计划、组织、指挥、控制、监督、调节和改进等一系列致力于满足生产安全的管理活动。

（一）建筑工程安全生产管理的特点

1. 安全生产管理涉及面广、涉及单位多

由于建筑工程规模大，生产工艺复杂、工序多，在建造过程中流动作业多、高处作业多，作业位置多变，遇到不确定因素多，所以安全管理工作涉及范围大，控制面广。安全管理不仅是施工单位的责任，还包括建设单位、勘察设计单位、监理单位，这些单位也要为安全管理承担相应的责任和义务。

2. 安全生产管理动态性

（1）由于建筑工程项目的单件性，使得每项工程所处的条件不同，所面临的危险因素和防范也会有所改变。

（2）工程项目的分散性。

施工人员在施工过程中，分散于施工现场的各个部位，当他们面对各种具体的生产问题时，一般依靠自己的经验和知识进行判断并做出决定，从而增加了施工过程中由不安全行为而导致事故的风险。

3. 安全生产管理的交叉性

建筑工程项目是开放系统，受自然环境和社会环境影响很大，安全生产管理需要把工程系统和环境系统及社会系统相结合。

4. 安全生产管理的严谨性

安全状态具有触发性，安全管理措施必须严谨，一旦失控，就会造成损失和伤害。

（二）建筑工程安全生产管理的方针

"安全第一"是建筑工程安全生产管理的原则和目标，"预防为主"是实现安全第一的最重要手段。

（三）建筑工程安全管理的原则

1. "管生产必须管安全"的原则

一切从事生产、经营的单位和管理部门都必须管安全，全面开展安全工作。

2. "安全具有否决权"的原则

安全管理工作是衡量企业经营管理工作好坏的一项基本内容，在对企业进行各项指标考核时，必须首先考虑安全指标的完成情况。安全生产指标具有一票否决的作用。

3. 职业安全卫生"三同时"的原则

"三同时"指建筑工程项目其劳动安全卫生设施必须符合国家规范规定的标准，必须与主体工程同时设计、同时施工、同时投入生产和使用。

（四）建筑工程安全生产管理有关法律、法规与标准、规范

1. 法治是强化安全管理的重要内容

法律是上层建筑的组成部分，为其赖以建立的经济基础服务。

2. 事故处理"四不放过"的原则

（1）事故原因分析不清不放过；

（2）事故责任者和群众没有受到教育不放过；

（3）没有采取防范措施不放过；

（4）事故责任者没有受到处理不放过。

（五）安全生产管理体制

当前我国的安全生产管理体制是企业负责、行业管理、国家监察和群众监督、劳动者遵章守法。

（六）安全生产责任制度

安全生产责任制度是建筑生产中最基本的安全管理制度，是所有安全规章制度的核心。安全生产责任制度是指将各种不同的安全责任落实到具体安全管理的人员和具体岗位人员身上的一种制度。这一制度是安全第一、预防为主的具体体现，是建筑安全生产的基本制度。

（七）安全生产目标管理

安全生产目标管理就是根据建筑施工企业的总体规划要求，制定出在一定时期内安全生产方面所要达到的预期目标并组织实现此目标。其基本内容是：确定目标、目标分解、执行目标、检查总结。

（八）施工组织设计

施工组织设计是组织建设工程施工的纲领性文件，是指导施工准备和组织施工的全面性的技术、经济文件，是指导现场施工的规范性文件。施工组织设计必须在施工准备阶段完成。

（九）安全技术措施

安全技术措施是指为防止工伤事故和职业病的危害，从技术上采取的措施。在工程施工中，是指针对工程特点、环境条件、劳力组织、作业方法、施工机械、供电设施等制定的确保安全施工的措施。

安全技术措施也是建设工程项目管理实施规划或施工组织设计的重要组成部分。

（十）安全技术交底

安全技术交底是落实安全技术措施及安全管理事项的重要手段之一。重大安全技术措施及重要部位的安全技术由公司负责人向项目经理部技术负责人进行书面的安全技术交底；一般安全技术措施及施工现场应注意的安全事项由项目经理部技术负责人向施工作业班组、作业人员做出详细说明，并经双方签字认可。

（十一）安全教育

安全教育是实现安全生产的一项重要基础工作，它可以提高职工搞好安全生产的自觉性、积极性和创造性，增强安全意识，掌握安全知识，提高职工的自我防护能力，使安全规章制度得到贯彻执行。安全教育培训的主要内容有：安全生产思想、安全知识、安全技能、安全操作规程标准、安全法规、劳动保护和典型事例。

（十二）班组安全活动

班组安全活动是指在上班前由班组长组织并主持，根据本班目前工作内容，重点介绍安全注意事项、安全操作要点，以达到组员在班前掌握安全操作要领，提高安全防范意识，减少事故发生的活动。

（十三）特种作业

特种作业是指在劳动过程中容易发生伤亡事故，对操作者本人，尤其对他人和周围设施的安全有重大危害因素的作业。直接从事特种作业者，称特种作业人员。

（十四）安全检查

安全检查是指建设行政主管部门、施工企业安全生产管理部门或项目经理，对施工企业和工程项目经理部贯彻国家安全生产法律及法规的情况、安全生产情况、劳动条件、事故隐患等进行的检查。

（十五）安全事故

安全事故是人们在进行有目的的活动中，发生了违背人们意愿的不幸事件，使其有目的的行动暂时或永久的停止。重大安全事故，是指在施工过程中由于责任过失造成工程倒塌或废弃、机械设备破坏和安全设施失当造成人身伤亡或者重大经济损失的事故。

（十六）安全评价

安全评价是采用系统科学方法，辨别和分析系统存在的危险性并根据其形成事故的风险大小，采取相应的安全措施，以达到系统安全的过程。安全评价的基本内容有：识别危险源、评价风险、采取措施，直到达到安全目标。

（十七）安全标志

安全标志由安全色、几何图形符号构成，以此表达特定的安全信息。其目的是引起人们对不安全因素的注意，预防事故的发生。安全标志分为禁止标志、警告标志、指令标志、提示性标志四类。

二、工程施工特点

建筑业的生产活动危险性大，不安全因素多，是事故多发行业。建筑施工的特点主要是：

第一，工程建设最大的特点就是产品固定这是它不同于其他行业的根本点，建筑产品是固定的，体积大、生产周期长。建筑物一旦施工完毕就固定了，生产活动都是围绕着建筑物、构筑物来进行的，有限的场地上集中了大量的人员、建筑材料、设备零部件和施工机具等，这样的情况可以持续几个月或一年，有的甚至需要七八年，工程才能完成。

第二，高处作业多，工人常年在室外操作。一栋建筑物从基础、主体结构到屋面工程、室外装修等，露天作业约占整个工程的70%。现在的建筑物一般都在 7 层以上，绝大部分工人都在十几米或几十米的高处从事露天作业。工作条件差，且受到气候条件多变的影响。

第三，手工操作多，繁重的劳动消耗大量体力。建筑业是劳动密集型的传统行业之一，大多数工种需要手工操作。近几年来，墙体材料有了改革，出现了大模、滑模、大板等施工工艺，但就全国来看，绝大多数墙体仍然是使用黏土砖、水泥空心砖和小砌块砌筑。

第四，现场变化大。每栋建筑物从基础、主体到装修，每道工序都不同，不安全因素也就不同，即使同一工序由于施工工艺和施工方法不同，生产过程也不同。而随着工程进度的推进，施工现场的施工状况和不安全因素也随之变化。为了完成施工任务，要采取很多临时性措施。

第五，近年来，建筑任务已由以工业为主向以民用建筑为主转变，建筑物由低层向高层发展，施工现场由较为宽阔的场地向狭窄的场地变化。施工现场的吊装工作量增多，垂直运输的办法也多了，多采用龙门架（或井字架）、高大旋转塔吊等。随着流水施工技术和网络施工技术的运用，交叉作业也随之大量增加，木工机械如电平刨、电锯普遍使用。因施工条件变化，伤亡类别增多。过去是"钉子扎脚"等小事故较多，现在则是机械伤害、高处坠落、触电等事故较多。

建筑施工复杂，加上流动分散、工期不固定，比较容易形成临时观念，不采取可靠的安全防护措施，存在侥幸心理，伤亡事故必然频繁发生。

第二节　施工安全因素与安全管理体系

一、施工安全因素

事故潜在的不安全因素是造成人的伤害、物的损失事故的先决条件，各种人身伤害事故均离不开物与人这两个因素。人的不安全行为和物的不安全状态，是造成绝大部分事故的两个方面潜在的不安全因素，通常也可称作事故隐患。

（一）安全因素特点

安全是在人类生产过程中，将系统的运行状态对人类的生命、财产、环境可能产生的损害控制在人类能接受水平以下的状态。安全因素的定义就是在某一指定范围内与安全有关的因素。水利水电工程施工安全因素有以下特点：

（1）安全因素的确定取决于所选的分析范围，此处分析范围可以指整个工程，也可以针对具体工程的某一施工过程或者某一部分的施工，例如围堰施工，升船机施工等。

（2）安全因素的辨识依赖于对施工内容的了解，对工程危险源的分析以及运作安全风险评价的人员的安全工作经验。

（3）安全因素具有针对性，并不是对于整个系统事无巨细的考虑，安全因素的选取具有一定的代表性和概括性。

（4）安全因素具有灵活性，只要能对所分析的内容具有一定概括性，能达到系统分析的效果的，都可成为安全因素。

（5）安全因素是进行安全风险评价的关键点，是构成评价系统框架的节点。

（二）安全因素辨识过程

安全因素是进行风险评价的基础，人们在辨识出的安全因素的基础上，进行风险评价框架的构建。在进行水利水电工程施工安全因素的辨识，首先对工程施工内容和施工危险源进行分析和了解，在危险源的认知基础上，以整个工程为分析范围，从管理、施工人员、材料、危险控制等各个方面结合以往的安全分析危险，进行安全因素的辨识。

宏观安全因素辨识工作需要收集以下资料：

1. 工程所在区域状况

（1）本地区有无地震、洪水、浓雾、暴雨、雪害、龙卷风及特殊低温等自然灾害；

（2）工程施工期间如发生火药爆炸、油库火灾爆炸等对邻近地区有何影响；

（3）工程施工过程中如发生大范围滑坡、塌方及其他意外情况对行船、导流、行车等有无影响；

（4）附近有无易燃、易爆、毒物泄漏的危险源，对本区域的影响如何？是否存在其他类型的危险源；

（5）工程过程中排土、排碴是否会形成公害或对本工程及友邻工程进行产生不良影响；

（6）公用设施如供水、供电等是否充足，重要设施有无备用电源；

（7）本地区消防设备和人员是否充足；

（8）本地区医院、救护车及救护人员等配置是否适当，有无现场紧急抢救措施。

2. 安全管理情况

（1）安全机构、安全人员设置满足安全生产要求与否；

（2）怎样进行安全管理的计划、组织协调、检查、控制工作；

（3）对施工队伍中各类用工人员是否实行了安全一体化管理；

（4）有无安全考评及奖罚方面的措施；

（5）如何进行事故处理，同类事故发生情况如何；

（6）隐患整改如何；

（7）是否制订有切实有效且操作性强的防灾计划，领导是否经常过问，关键性设备、设施是否定期进行试验、维护；

（8）整个施工过程是否制定完善的操作规程和岗位责任制，实施状况如何；

（9）程序性强的作业（如起吊作业）及关键性作业（如停送电、放炮）是否实行标准化作业；

（10）是否进行在线安全训练，职工是否掌握必备的安全抢救常识和紧急避险、互救知识。

3. 施工措施安全情况

（1）是否设置了明显的工程界限标识；

（2）有可能发生塌陷、滑坡、爆破飞石、吊物坠落等危险场所是否标定合适的安全范围并设有警示标志或信号；

（3）友邻工程施工中在安全上相互影响的问题是如何解决的；

（4）特殊危险作业是否规定了严格的安全措施、能强制实施否；

（5）可能发生车辆伤害的路段是否设有合适的安全标志；

（6）作业场所的通道是否良好，是否有滑倒、摔伤的危险；

（7）所有用电设施是否按要求接地、接零？人员可能触及的带电部位是否采取有效地保护措施；

（8）可能遭受雷击的场所是否采取了必要的防雷措施；

（9）作业场所的照明、噪声、有毒有害气体浓度是否符合安全要求；

（10）所使用的设备、设施、工具、附件、材料是否具有危险性，是否定期进行检查确认，有无检查记录；

（11）作业场所是否存在冒顶片帮或坠井、掩埋的危险性，曾经采取了何等措施；

（12）登高作业是否采取了必要的安全措施（可靠的跳板、护栏、安全带等）；

（13）防、排水设施是否符合安全要求；

（14）劳动防护用品适应作业要求之情况，发放数量、质量、更换周期满足要求与否。

4. 油库、炸药库等易燃、易爆危险品

（1）危险品名称、数量、设计量、大存放量；

（2）危险品化学性质及其燃点、闪点、爆炸极限、毒性、腐蚀性等信息；

（3）危险品存放方式（是否根据其用途及特性分开存放）；

（4）危险品与其他设备、设施等之间的距离、爆破器材分放点之间是否有殉爆的可能性；

（5）存放场所的照明及电气设施的防爆、防雷、防静电情况；

（6）存放场所的防火设施配置消防通道情况，有无烟、火自动检测报警装置；

（7）存放危险品的场所是否有专人 24 h 值班，有无具体岗位责任制和危险品管理制度；

（8）危险品的运输、装卸、领用、加工、检验、销毁是否严格按照规定进行；

（9）危险品运输、管理人员是否掌握火灾、爆炸等危险状况下的避险、自救、互救的知识？是否定期进行必要的训练。

5. 起重运输大型作业机械情况

（1）运输线路里程、路面结构、平交路口、防滑措施等情况如何；

（2）指挥、信号系统情况，信息通道是否存在干扰；

（3）人一机系统匹配有何问题；

（4）设备检查、维护制度和执行情况如何，是否实行各层次的检查，检查周期多长，是否实行定期计划维修，维修周期多长；

（5）司机是否经过作业适应性检查；

（6）过去事故情况如何。

以上这些因素均是进行施工安全风险因素识别时需要考虑的主要因素。实际工程中需考虑的因素可能比上述因素还要多。

（三）施工过程行为因素

采用 HFACS 框架对导致工程施工事故发生的行为因素进行分析。对标准的 HFACS 框架进行修订，以适应水电工程施工实际的安全管理、施工作业技术措施、人员素质等状况。框架的修改遵循 4 个原则：

第一，删除在事故案例分析中出现频率极少的因素，包括对工程施工影响较小和难以在事故案例中找到的潜在因素。

第二，对相似的因素进行合并，避免重复统计，从而无形之中提高类似因素在整个工程施工当中的重要性。

第三，针对水电工程施工的特点，对因素的定义、因素的解释和其涵盖的具体内容进行适当的调整。

第四，HFACS 框架是从国外引进的，将部分因素的名称加以修改，以更贴切我国工程施工安全管理业务的习惯用语。

对标准 HFACS 框架修改如下：

1. 企业组织影响

企业（包括水电开发企业、施工承包单位、监理单位）组织层的差错属于最高级别的差错，它的影响通常是间接地、隐性的，因而常会被安全管理人员所忽视。在进行事故分析时，很难挖掘起企业组织层的缺陷；而一经发现，其改正的代价也很高，但是却更能加强系统的安全。一般而言，组织影响包括 3 个方面：

（1）资源管理

主要指组织资源分配及维护决策存在的问题，如安全组织体系不完善、安全管理人员配备不足、资金设施等管理不当、过度削减与安全相关的经费（安全投入不足）等。

（2）安全文化与氛围

可以定义为影响管理人员与作业人员绩效的多种变量，包括组织文化和政策，比如信息流通传递不畅、企业政策不公平、只奖不罚或滥奖、过于强调惩罚等都属于不良的文化与氛围。

（3）组织流程

主要涉及组织经营过程中的行政决定和流程安排，如施工组织设计不完善、企业安全管理程序存在缺陷、制定的某些规章制度及标准不完善等。

其中，"安全文化与氛围"这一因素，虽然在提高安全绩效方面具有积极作用，但不好定性衡量，在事故案例报告中也未明确的指明，而且在工程施工各类人员成分复杂的结构当中，其传播较难有一个清晰的脉络。为了简化分析过程，将该因素去除。

2. 安全监管

（1）监督（培训）不充分

指监督者或组织者没有提供专业的指导、培训、监督等。若组织者没有提供充足的 CRM 培训，或某个管理人员、作业人员没有这样的培训机会，则班组协同合作能力将会大受影响，出现差错的概率必然增加。

（2）作业计划不适当

包括这样几种情况，班组人员配备不当，如没有职工带班，没有提供足够的休息时间，任务或工作负荷过量。整个班组的施工节奏以及作业安排由于赶工期等原因安排不当，会使得作业风险加大。

（3）隐患未整改

指的是管理者知道人员、培训、施工设施、环境等相关安全领域的不足或隐患之后，仍然允许其持续下去的情况。

（4）管理违规

指的是管理者或监督者有意违反现有的规章程序或安全操作规程，如允许没有资格、未取得相关特种作业证的人员作业等。

以上四项因素在事故案例报告中均有体现，虽然相互之间有关联，但各有差异，彼此独立，因此，均加以保留。

3. 不安全行为的前提条件

这一层级指出了直接导致不安全行为发生的主客观条件，包括作业人员状态、环境因素和人员因素。将"物理环境"改为"作业环境"，"施工人员资源管理"改为"班组管理"，"人员准备情况"改为"人员素质"。定义如下：

（1）作业环境

既指操作环境（如气象、高度、地形等），也指施工人员周围的环境，如作业部位的高温、振动、照明、有害气体等。

（2）技术措施

包括安全防护措施、安全设备和设施设计、安全技术交底的情况，以及作业程序指导书与施工安全技术方案等一系列情况。

（3）班组管理

属于人员因素，常为许多不安全行为的产生创造前提条件。未认真开展"班前会"及搞好"预知危险活动"；在施工作业过程中，安全管理人员、技术人员、施工人员等相互间信息沟通不畅、缺乏团队合作等问题属于班组管理不良。

（4）人员素质

包括体力（精力）差、不良心理状态与不良生理状态等生理心理素质，如精神疲劳，失去情境意识，工作中自满、安全警惕性差等属于不良心理状态；生病、身体疲劳或服用药物等引起生理状态差，当操作要求超出个人能力范围时会出现身体、智力局限，同时为安全埋下隐患，如视觉局限、休息时间不足、体能不适应等；以及没有遵守施工人员的休息要求、培训不足、滥用药物等属于个人准备情况的不足。

将标准 HFACS 的"体力（精力）限制""不良心理状态"与"不良生理状态"合并，是因为这三者可能互相影响和转换。"体力（精力）限制"可能会导致"不良心理状态"与"不良生理状态"，此处便产生了重复，增加了心理和生理状态在所有因素当中的比重。同时，"不良心理状态"与"不良生理状态"之间也可能相互转化，由于心理状态的失调往往会带来生理的伤害，而生理上的疲劳等因素又会引起心理状态的变化，两者相辅相成，常常是共同存在的。此外，没有充分的休息、滥用药物、生病、心理障碍也可以归结为人员准备不足，因此，将"体力（精力）限制""不良心理状态"与"不良生理状态"合并至"人员素质"。

4. 施工人员的不安全行为

人的不安全行为是系统存在问题的直接表现。将这种不安全行为分成三类：知觉与决策差错、技能差错以及操作违规。

（1）知觉与决策差错

"知觉差错"和"决策差错"通常是并发的，由于对外界条件、环境因素以及施工器械状况等现场因素感知上产生的失误，进而导致做出错误的决定。决策差错指由于经验不足，缺乏训练或外界压力等造成，也可能理解问题不彻底，如紧急情况判断错误，决策失败等。知觉差错指一个人的感知觉和实际情况不一致，就像出现视觉划觉和空间定向障碍一样，可能是由于工作场所光线不足，或在不利地质、气象条件下作业等。

（2）技能差错

包括漏掉程序步骤、作业技术差、作业时注意力分配不当等。不依赖于所处的环境，而是由施工人员的培训水平决定，而在操作当中不可避免地发生，因此应该作为独立的因素保留。

（3）操作违规

故意或者主观不遵守确保安全作业的规章制度，分为习惯性的违章和偶然性的违规。前者是组织或管理人员常常能容忍和默许的，常造成施工人员习惯成自然。而后者偏离规章或施工人员通常的行为模式，一般会被立即禁止。

经过修订的新框架，根据工程施工的特点重新选择了因素。在实际的工程施工事故分析以及制定事故防范与整改措施的过程中，通常会成立事故调查组对某一类原因，比如施工人员的不安全行为进行调查，给出处理意见及建议。应用 HFACS 框架的目的之一是尽快找到并确定在工程施工中，所有已经发生的事故当中，哪一类因素占相对重要的部分，可以集中人力和物力资源对该因素所反映的问题进行整改。对于类似的或者可以归为一类的因素整体考虑，科学决策，将结果反馈给整改单位，由他们完成相关一系列后续工作。因此，修订后的 HFACS 框架通过对标准框架因素的调整，加强了独立性和概括性，使得能更合理地反映水电工程施工的实际状况。

应用 HFACS 框架对行为因素导致事故的情况初步分类，在求证判别一致性的基础上，分析了导致事故发生的主要因素。但这种分析只是静态的，HFACS 框架仅仅简单地将发生事故中的行为因素进行分类，没有指出上层因素是如何影响下层因素的，以及采取什么样的措施才能在将来尽量地避免事故发生。基于 HFACS 框架的静态分析只是将行为因素按照不同的层次进行了重新配置，没有寻求因素的发生过程和事故的解决之道。因此，有必要在此基础上，对 HFACS 框架当中相邻层次之间因素的联系进行分析，指出每个层次的因素如何被上一层次的因素影响，以及作用于下一次层次的因素，从而有利于针对某因素制定安全防范措施的时候，能够承上启下，进行综合考虑，使得从源头上避免该类因素的产生，并且能够有效抑制由于该因素发生而产生的连锁反应。

采用统计性描述，揭示不良的企业组织影响如何通过组织流程等因素向下传递造成安全监管的失误，安全监管的错误决定了安全检查与培训等力度，决定了是否严格执行安全管理规章制度等，决定了对隐患是否漠视等，这些错误造成了不安全行为的前提条件，进一步影响了施工人员的工作状态，最终导致事故的发生。进行统计学分析的目的是为了提供邻近层次的不同种类之间因素的概率数据，以用来确定框架当中高层次对底层次因素的影响程度。一旦确定了自上而下的主要途径，就可以量化因素之间的相互作用，也有利于制定针对性的安全防范措施与整改措施。

二、安全管理体系

（一）安全管理体系内容

1. 建立健全安全生产责任制

安全生产责任制是安全管理的核心，是保障安全生产的重要手段，它能有效地预防事故的发生。

安全生产责任制是根据"管生产必须管安全""安全生产人人有责"的原则。明确各级领导和各职能部门及各类人员在生产活动中应负的安全职责的制度。有些安全生产责任制，就能把安全与生产从组织形式上统一起来，把"管生产必须管安全"的原则从制度上固定下来，从而增强了各级管理人员的安全责任心，使安全管理纵向到底、横向到边、专管成线、群管成网、责任明确、协调配合、共同努力，真正把安全生产工作落到实处。

安全生产责任制的内容要分级制定和细化，如企业、项目、班组都应建立各级安全生产责任制，按其职责分工，确定各自的安全责任，并组织实施和考评，保证安全生产责任制的落实。

2. 制定安全教育制度

安全教育制度是企业对职工进行安全法律、法规、规范、标准、安全知识和操作规程培训教育的制度，是提高职工安全意识的重要手段，是企业安全管理的一项重要内容。

安全教育制度内容应规定：定期和不定期安全教育的时间、应受教育的人员、教育的内容和形式，如新工人、外施队人员等进场前必须接受三级（公司、项目、班组）安全教育。从事危险性较大的特殊工种的人员必须经过专门的培训机构培训合格后持证上岗，每年还必须进行一次安全操作规程的训练和再教育。对采用新工艺、新设备、新技术和变换工种的人员应进行安全操作规程和安全知识的培训和教育。

3. 制定安全检查制度

安全检查是发现隐患、消除隐患、防止事故、改善劳动条件和环境的重要措施，是企业预防安全生产事故的一项重要手段。

安全检查制度内容应规定：安全检查负责人、检查时间、检查内容和检查方式。它包括经常性的检查、专业化的检查、季节性的检查和专项性的检查，以及群众性的检查等。对于检查出的隐患应进行登记，并采取定人、定时间、定措施的"三定"办法给予解决，同时对整改情况进行复查验收，彻底消除隐患。

4. 制定各工种安全操作规程

工种安全操作规程是消除和控制劳动过程中的不安全行为，预防伤亡事故，确保作业人员的安全和健康的需要的措施，也是企业安全管理的重要制度之一。

安全操作规程的内容应根据国家和行业安全生产法律、法规、标准、规范，结合施工现场的实际情况制定出各种安全操作规程。同时根据现场使用的新工艺、新设备、新技术，制定出相应的安全操作规程，并监督其实施。

5. 制定安全生产奖罚办法

企业制定安全生产奖罚办法的目的是不断提高劳动者进行安全生产的自觉性，调动劳动者的积极性和创造性，防止和纠正违反法律、法规和劳动纪律的行为，也是企业安全管理重要制度之一。

安全生产奖罚办法规定奖罚的目的、条件、种类、数额、实施程序等。企业只有建立安全生产奖罚办法，做到有奖有罚、奖罚分明，才能鼓励先进、督促落后。

6. 制定施工现场安全管理规定

施工现场安全管理规定是施工现场安全管理制度的基础，目的是规范施工现场安全防护设施的标准化、定型化。

施工现场安全管理规定的内容包括：施工现场一般安全规定、安全技术管理、脚手架工程安全管理（包括特殊脚手架、工具式脚手架等）、电梯井操作平台安全管理、马路搭设安全管理、大模板拆装存放安全管理、水平安全网、井字架龙门架安全管理、孔洞临边防护安全管理、拆除工程安全管理等。

7. 制定机械设备安全管理制度

机械设备是指目前建筑施工普遍使用的垂直运输和加工机具，由于机械设备本身存在一定的危险性。管理不当就可能造成机毁人亡。所以它是目前施工安全管理的重点对象。

机械设备安全管理制度应规定，大型设备应到上级有关部门备案，符合国家和行业有关规定，还应设专人负责定期进行安全检查、保养，保证机械设备处于良好的状态，以及各种机械设备的安全管理制度。

8. 制定施工现场临时用电安全管理制度

施工现场临时用电是目前建筑施工现场离不开的一项操作，由于其使用广泛、危险性比较大，因此它牵涉到每个劳动者的安全，也是施工现场一项重要的安全管理制度。

施工现场临时用电管理制度的内容应包括：外电的防护、地下电缆的保护、设备的接地与接零保护、配电箱的设置及安全管理规定（总箱、分箱、开关箱）、现场照明、配电线路、电器装置、变配电装置、用电档案的管理等。

9. 制定劳动防护用品管理制度

使用劳动防护用品是为了减轻或避免劳动过程中，劳动者受到的伤害和职业危害，保护劳动者安全健康的一项预防性辅助措施，是安全生产防止职业性伤害的需要，对于减少职业危害起着相当重要的作用。

劳动防护用品制度的内容应包括：安全网、安全帽、安全带、绝缘用品、防职业病用品等。

（二）建立健全安全组织机构

施工企业一般都有安全组织机构，但必须建立健全项目安全组织机构，确定安全生产目标，明确参与各方对安全管理的具体分工，安全岗位责任与经济利益挂钩，根据项目的性质规模不同，采用不同的安全管理模式。对于大型项目，必须安排专门的安全总负责人，并配以合理的班子，共同进行安全管理，建立安全生产管理的资料档案。实行单位领导对整个施工现场负责，专职安全员对部位负责，班组长和施工技术员对各自的施工区域负责，操作者对自己的工作范围负责的"四负责"制度。

（三）安全管理体系建立步骤

1. 领导决策

最高管理者亲自决策，以便获得各方面的支持和在体系建立过程中所需的资源保证。

2. 成立工作组

最高管理者或授权管理者代表成立的工作小组负责建立安全管理体系。工作小组的成员要覆盖组织的主要职能部门，组长最好由管理者代表担任，以保证小组对人力、资金、信息的获取。

3. 人员培训

培训的目的是使有关人员了解建立安全管理体系的重要性，了解标准的主要思想和内容。

4. 初始状态评审

初始状态评审要对组织过去和现在的安全信息、状态进行收集、调查分析、识别和获取现有的、适用的法律、法规和其他要求，进行危险源辨识和风险评价，评审的结果将作为制定安全方针、管理方案、编制体系文件的基础。

5. 制定方针、目标、指标的管理方案

方针是组织对其安全行为的原则和意图的声明，也是组织自觉承担其责任和义务的承诺。方针不仅为组织确定了总的指导方向和行动准则，而是评价一切后续活动的依据，并为更加具体的目标和指标提供一个框架。

　　安全目标、指标的制定是组织为了实现其在安全方针中所体现出的管理理念及其对整体绩效的期许与原则，与企业的总目标相一致。

　　管理方案是实现目标、指标的行动方案。为保证安全管理体系的实现，需结合年度管理目标和企业客观实际情况，策划制订安全管理方案。该方案应明确旨在实现目标、指标的相关部门的职责、方法、时间表以及资源的要求。

第三节　施工安全控制与安全应急预案

一、施工安全控制

（一）安全操作要求

1. 爆破作业

（1）爆破器材的运输

气温低于 10 ℃ 运输易冻的硝化甘油炸药时，应采取防冻措施；气温低于 −15 ℃ 运输硝化甘油炸药时，也应采取防冻措施；禁止用翻斗车、自卸汽车、拖车、机动三轮车、人力三轮车、摩托车和自行车等运输爆破器材；运输炸药雷管时，装车高度要低于车厢 10 cm。车厢、船底应加软垫。雷管箱不许倒放或立放，层间也应垫软垫；水路运输爆破器材，停泊地点距岸上建筑物不得小于 250 m；汽车运输爆破器材，汽车的排气管宜设在车前下侧，并应设置防火罩装置；汽车在视线良好的情况下行驶时，时速不得超过 20 km（工区内不得超过 15 km）；在弯多坡陡、路面狭窄的山区行驶，时速应保持在 5 km 以内。平坦道路行车间距应大于 50 m，上下坡应大于 300 m。

（2）爆破

明挖爆破音响依次发出预告信号（现场停止作业，人员迅速撤离）、准备信号、起爆信号、解除信号。检查人员确认安全后，由爆破作业负责人通知警报室发出解除信号。在特殊情况下，如准备工作尚未结束，应由爆破负责人通知警报室延后发布起爆信号，并用广播器通知现场全体人员。装药和堵塞应使用木、竹制做的炮棍。严禁使用金属棍棒装填。

深孔、竖井、倾角大于 30°的斜井、有瓦斯和粉尘爆炸危险等工作面的爆破，禁止采用火花起爆；炮孔的排距较密时，导火索的外露部分不得超过 1.0 m，以防止导火索互相交错而起火；一人连续单个点火的火炮，暗挖不得超过 5 个，明挖不得超过 10 个；并应在爆破负责人指挥下，作好分工及撤离工作；当信号炮响后，全部人员应立即撤出炮区，迅速到安全地点掩蔽；点燃导火索应使用专用点火工具，禁止使用火柴和打火机等。

导爆索只准用快刀切割，不得用剪刀剪断导火索；支线要顺主线传爆方向连接，搭接长度不应少于 15 cm，支线与主线传爆方向的夹角应不大于 90°；起爆导爆索的雷管，其聚能穴应朝向导爆索的传爆方向；导爆索交叉敷设时，应在两根交叉爆索之间设置厚度不小于 10 cm 的木质垫板；连接导爆索中间不应出现断裂破皮、打结或打圈现象。

用导爆管起爆时，应有设计起爆网络，并进行传爆试验；网络中所使用的连接元件应经过检验合格；禁止导爆管打结，禁止在药包上缠绕；网络的连接处应牢固，两元件应相距 2 m；敷设后应严加保护，防止冲击或损坏；一个 8 号雷管起爆导爆管的数量不宜超过 40 根，层数不宜超过 3 层，只有确认网络连接正确，与爆破无关人员已经撤离，才准许接入引爆装置。

2. 起重作业

钢丝绳的安全系数应符合有关规定。根据起重机的额定负荷，计算好每台起重机的吊点位置，最好采用平衡梁抬吊。每台起重机所分配的荷重不得超过其额定负荷的 75%～80%。应有专人统一指挥，指挥者应站在两台起重机司机都能看到的位置。重物应保持水平，钢丝绳应保持铅直受力均衡。具备经有关部门批准的安全技术措施。起吊重物离地面 10 cm 时，应停机检查绳扣、吊具和吊车的刹车可靠性，仔细观察周围有无障碍物。确认无问题后，方可继续起吊。

3. 脚手架拆除作业

拆脚手架前，必须将电气设备和其他管、线、机械设备等拆除或加以保护。拆脚手架时，应统一指挥，按顺序自上而下进行；严禁上下层同时拆除或自下而上进行。拆下的材料，禁止往下抛掷，应用绳索捆牢，用滑车、卷扬等方法慢慢放下来，集中堆放在指定地点。拆脚手架时，严禁采用将整个脚手架推倒的方法进行拆除。三级、特级及悬空高处作业使用的脚手架拆除时，必须事先制订安全可靠的措施才能进行拆除。拆除脚手架的区域内，无关人员禁止逗留和通过，在交通要道应设专人警戒。架子搭成后，未经有关人员同意，不得任意改变脚手架的结构和拆除部分杆子。

4. 常用安全工具

安全帽、安全带、安全网等施工生产使用的安全防护用具，应符合国家规定的质量标准，具有厂家安全生产许可证、产品合格证和安全鉴定合格证书，否则不得采购、发放和使用。高处临空作业应按规定架设安全网，作业人员使用的安全带，应挂在牢固的物体上或可靠的安全绳上，安全带严禁低挂高用。挂安全带用的安全绳，不宜超过 3 m。在有毒有害气体可能泄漏的作业场所，应配置必要的防毒护具，以备急用，并及时检查维修更换，保证其处在良好待用状态。电气操作人员应根据工作条件选用适当的安全电工用具和防护用品，电工用具应符合安全技术标准并定期检查，凡不符合技术标准要求的绝缘安全用具、登高作业安全工具、携带式电压和电流指示器以及检修中的临时接地线等，均不得使用。

（二）安全控制要点

1. 一般脚手架安全控制要点

（1）脚手架搭设这前应根据工程的特点和施工工艺要求确定搭设（包括拆除）施工方案。

（2）脚手架必须设置纵.横向扫地杆。

（3）高度在 24 m 以下的单，双排脚手架均必须在外侧立面的两端各设置一道剪刀撑并应由底至顶连续设置中间各道剪刀撑。剪刀撑及横向斜撑搭设应随立杆、纵向和横向水平杆等同步搭设，各底层斜杆下端必须支承在垫块或垫板上。

（4）高度在 24 m 以下的单、双排脚手架宜采用刚性连墙件与建筑物可靠连接，亦可采用拉筋和顶撑配合使用的附墙连接方式，严禁使用仅有拉筋的柔性连墙件。24 m 以上的双排脚手架必须采用刚性连墙件与建筑物可靠连接，连墙件必须采用可承受拉力和压力的构造。50 m 以下（含 50 m）脚手架连墙件，应按 3 步 3 跨进行布置，50 m 以上的脚手架连墙件应按 2 步 3 跨进行布置。

2. 一般脚手架检查与验收程序

脚手架的检查与验收应由项目经理组织项目施工、技术、安全，作业班组负责人等有关人员参加，按照技术规范、施工方案、技术交底等有关技术文件对脚手架进行分段验收，在确认符合要求后方可投入使用。

3. 附着式升降脚手架，整体提升脚手架或爬架作业安全控制要点

附着式升降脚手架（整体提升脚手架或爬架）作业要针对提升工艺和施工现场作

业条件编制专项施工方案，专项施工方案包括设计，施工，检查、维护和管理等全部内容。

安装搭设必须严格按照设计要求和规定程序进行，安装后经验收并进行荷载试验，确认符合设计要求后，方可正式使用。

进行提升和下降作业时，架上人员和材料的数量不得超过设计规定并尽可能减少。

升降前必须仔细检查附着连接和提升设备的状态是否良好，发现异常应及时查找原因并采取措施解决。

升降作业应统一指挥、协调动作。

在安装，升降，拆除作业时，应划定安全警戒范围并安排专人进行监护。

4. 洞口、临边防护控制

（1）洞口作业安全防护基本规定

第一，各种楼板与墙的洞口按其大小和性质应分别设置牢固的盖板、防护栏杆、安全网或其他防坠落的防护设施。

第二，坑槽、桩孔的上口柱形、条形等基础的上口以及天窗等处都要作为洞口采取符合规范的防护措施。

第三，楼梯口、楼梯口边应设置防护栏杆或者用正式工程的楼梯扶手代替临时防护栏杆。

第四，井口除设置固定的栅门外还应在电梯井内每隔两层不大于 10 m 处设一道安全平网进行防护。

第五，在建工程的地面入口处和施工现场人员流动密集的通道上方应设置防护棚，防止因落物产生物体打击事故。

第六，施工现场大的坑槽、陡坡等处除需设置防护设施与安全警示标牌外，夜间还应设红灯示警。

（2）洞口的防护设施要求

第一，楼板、屋面和平台等面上短边尺寸小于 25 cm 但大于 2.5 cm 的孔口必须用坚实的盖板盖严，盖板要有防止挪动移位的固定措施。

第二，楼板面等处边长为 25～50 cm 的洞口、安装预制构件时的洞口以及因缺件临时形成的洞口可用竹、木等做盖板盖住洞口，盖板要保持四周搁置均衡并有固定其位置不发生挪动移位的措施。

第三，边长为 50～150 cm 的洞口必须设置一层以扣件连接钢管而成的网格栅，并在其上满铺竹篱笆或脚手板，也可采用贯穿于混凝土板内的钢筋构成防护网栅、钢盘网格，间距不得大于 20 cm。

第四，边长在 150 cm 以上的洞口四周必须设防护栏杆，洞口下方设安全平网防护。

（3）施工用电安全控制

① 施工现场临时用电设备在 5 台及以上或设备总容量在 50 kW 及以上者应编制用电组织设计。临时用电设备在 5 台以下和设备总容量在 50 kW 以下者应制订安全用电和电气防火措施。

② 变压器中性点直接接地的低压电网临时用电工程必须采用 TN-S 接零保护系统。

③ 当施工现场与外线路共同同一供电系统时，电气设备的接地、接零保护应与原系统保持一致，不得一部分设备做保护接零，另一部分设备做保护接地。

④ 配电箱的设置

第一，施工用电配电系统应设置总配电箱配电柜、分配电箱、开关箱，并按照"总—分—开"顺序作分级设置形成"三级配电"模式。

第二，施工用电配电系统各配电箱、开关箱的安装位置要合理。总配电箱配电柜要尽量靠近变压器或外电源处以便于电源的引入。分配电箱应尽量安装在用电设备或负荷相对集中区域的中心地带，确保三相负荷保持平衡。开关箱安装的位置应视现场情况和工况尽量靠近其控制的用电设备。

第三，为保证临时用电配电系统三相负荷平衡施工现场的动力用电和照明用电应形成两个用电回路，动力配电箱与照明配电箱应该分别设置。

第四，施工现场所有用电设备必须有各自专用的开关箱。

第五，各级配电箱的箱体和内部设置必须符合安全规定，开关电器应标明用途，箱体应统一编号。停止使用的配电箱应切断电源，箱门上锁。固定式配电箱应设围栏并有防雨防砸措施。

⑤ 电器装置的选择与装配

在开关箱中作为末级保护的漏电保护器，其额定漏电动作电流不应大于 30 mA，额定漏电动作时间不应大于 0.1 s，在潮湿、有腐蚀性介质的场所中，漏电保护器要选用防溅型的产品，其额定漏电动作电流不应大于 15 mA，额定漏电动作时间不应大于 0.1 s。

⑥ 施工现场照明用电

第一，在坑、洞、井内作业，夜间施工或厂房、道路、仓库、办公室、食堂、宿舍、料具堆放场所及自然采光差的场所应设一般照明、局部照明或混合照明。一般场所宜选用额定电压 220 V 的照明器。

第二，隧道、人防工程、高温、有导电灰尘、比较潮湿或灯具离地面高度低于 2.5 m 等场所的照明电源电压不得大于 36 V。

第三，潮湿和易触及带电体场所的照明电源电压不得大于 24 V。

第四，特别潮湿场所、导电良好的地面、锅炉或金属容器内的照明电源电压不得大于 12 V。

第五，照明变压器必须使用双绕组型安全隔离变压器，严禁使用自耦变压器。

第六，室外 220 V 灯具距地面不得低于 3 m，室内 220 V 灯具距地面不得低于 2.5 m。

（4）垂直运输机械安全控制

① 外用电梯安全控制要点

第一，外用电梯在安装和拆卸之前必须针对其类型特点说明书的技术要求，结合施工现场的实际情况制订详细的施工方案。

第二，外用电梯的安装和拆卸作业必须由取得相应资质的专业队伍进行安装完毕，经验收合格取得政府相关主管部门核发的准用证后方可投入使用。

第三，外用电梯在大雨、大雾和六级及六级以上大风天气时应停止使用。暴风雨过后应组织对电梯各有关安全装置进行一次全面检查。

② 塔式起重机安全控制要点

第一，塔吊在安装和拆卸之前必须针对类型特点说明书的技术要求结合作业条件制订详细的施工方案。

第二，塔吊的安装和拆卸作业必须由取得相应资质的专业队伍进行安装完毕，经验收合格取得政府相关主管部门核发的准用证后方可投入使用。

第三，遇六级及六级以上大风等恶劣天气应停止作业将吊钩升起。行走式塔吊要夹好轨钳。当风力达十级以上时应在塔身结构上设置缆风绳或采取其他措施加以固定。

二、安全应急预案

（一）事故应急预案

为控制重大事故的发生，防止事故蔓延，有效地组织抢险和救援，政府和生产经营单位应对已初步认定的危险场所和部位进行风险分析。对认定的危险有害因素和重大危险源，应事先对事故后果进行模拟分析，预测重大事故发生后的状态、人员伤亡情况及设备破坏和损失程度，以及由于物料的泄漏可能引起的火灾、爆炸，有毒有害物质扩散对单位可能造成的影响。

依据预测，提前制定重大事故应急预案，组织、培训事故应急救援队伍，配备事故应急救援器材，以便在重大事故发生后，能及时按照预定方案进行救援，在最短时间内使事故得到有效控制。

（二）应急预案的编制

事故应急预案的编制过程可分为 4 个步骤。

1. 成立事故预案编制小组

应急预案的成功编制需要有关职能部门和团体的积极参与，并达成一致意见，尤其是应寻求与危险直接相关的各方进行合作。成立事故应急预案编制小组是将各有关职能部门、各类专业技术有效结合起来的最佳方式，可有效地保证应急预案的准确性、完整性和实用性，而且为应急各方提供了一个非常重要的协作与交流机会，有利于统一应急各方的不同观点和意见。

2. 危险分析和应急能力评估

为了准确策划事故应急预案的编制目标和内容，应开展危险分析和应急能力评估工作。为有效开展此项工作，预案编制小组首先应进行初步的资料收集，包括相关法律法规、应急预案、技术标准、国内外同行业事故案例分析、本单位技术资料、重大危险源等。

3. 应急预案编制过程注意事项

针对可能发生的事故，结合危险分析和应急能力评估结果等信息，按照应急预案的相关法律法规的要求编制应急救援预案。应急预案编制过程中，应注意编制人员的参与和培训，充分发挥他们各自的专业优势，使他们掌握危险分析和应急能力评估结果，明确应急预案的框架、应急过程行动重点以及应急衔接、联系要点等。同时编制的应急预案应充分利用社会应急资源，考虑与政府应急预案、上级主管单位以及相关部门的应急预案相衔接。

4. 应急预案的评审和发布

（1）应急预案的评审

为使预案切实可行、科学合理以及与实际情况相符，尤其是重点目标下的具体行动预案，编制前后需要组织有关部门、单位的专家、领导到现场进行实地勘察，如重点目标周围地形、环境、指挥所位置、分队行动路线、展开位置、人口疏散道路及流散地域等实地勘察、实地确定。经过实地勘察修改预案后，应急预案编制单位或管理部门还要依据我国有关应急的方针、政策、法律、法规、规章、标准和其他有关应急预案编制的指南性文件与评审检查表，组织有关部门、单位的领导和专家进行评议，取得政府有关部门和应急机构的认可。

（2）应急预案的发布

事故应急救援预案经评审通过后，应由最高行政负责人签署发布，并报送有关部门和应急机构备案。预案经批准发布后，应组织落实预案中的各项工作，如开展应急预案宣传、教育和培训，落实应急资源并定期检查，组织开展应急演习和训练，建立电子化的应急预案，对应急预案实施动态管理与更新，并不断完善。

（三）事故应急预案主要内容

一个完整的事故应急预案主要包括以下 6 个方面的内容：

1. 事故应急预案概况

事故应急预案概况主要描述生产经营单位概总工以及危险特性状况等，同时对紧急情况下事故应急救援紧急事件、适用范围提供简述并作必要说明，如明确应急方针与原则，作为开展应急的纲领。

2. 预防程序

预防程序是对潜在事故、可能的次生与衍生事故进行分析，并说明所采取的预防和控制事故的措施。

3. 准备程序

准备程序应说明应急行动前所需采取的准备工作，包括应急组织及其职责权限、应急队伍建设和人员培训、应急物资的准备、预案的演练、公众的应急知识培训、签订互助协议等。

4. 应急程序

在事故应急救援过程中，存在一些必需的核心功能和任务，如接警与通知、指挥与控制、警报和紧急公告、通信、事态监测与评估、警戒与治安、人群疏散与安置、医疗与卫生、公共关系、应急人员安全、消防和抢险、泄漏物控制等，无论何种应急过程都必须围绕上述功能和任务开展。

5. 恢复程序

恢复程序是说明事故现场应急行动结束后所需采取的清除和恢复行动。现场恢复是在事故被控制住后进行的短期恢复，从应急过程来说意味着事故应急救援工作的结束，并进入到另一个工作阶段，即将现场恢复到一个基本稳定的状态。经验教训表明，在现场恢复的过程中往往仍存在潜在的危险，如余烬复燃、受损建筑物倒塌等，所以，应充分考虑现场恢复过程中的危险，制定恢复程序，防止事故再次发生。

6. 预案管理与评审改进

事故应急预案是事故应急救援工作的指导文件。应当对预案的制定、修改、更新、批准和发布做出明确的管理规定，保证定期或在应急演习、事故应急救援后对事故应急预案进行评审，针对各种变化的情况以及预案中所暴露出的缺陷，不断地完善事故应急预案体系。

（四）应急预案的内容

综合应急预案是应急预案体系的总纲，主要从总体上阐述事故的应急工作原则，包括应急组织机构及职责、应急预案体系、事故风险描述、预警及信息报告、应急响应、保障措施、应急预案管理等内容。

专项应急预案是为应对某一类型或某几种类型事故，或者针对重要生产设施、重大危险源、重大活动等内容而制定的应急预案。专项应急预案主要包括事故风险分析、应急指挥机构及职责、处置程序和措施等内容。

现场处置方案是根据不同事故类别，针对具体的场所、装置或设施所编制的应急处置措施，主要包括事故风险分析、应急工作职责、应急处置和注意事项等内容。水利水电工程建设参建各方应根据风险评估、岗位操作规程以及危险性控制措施，组织本单位现场作业人员及相关专业人员共同编制现场处置方案。

应急预案应形成体系，针对各级各类可能发生的事故和所有危险源编制专项应急预案和现场处置方案，并明确事前、事发、事中、事后各个过程中相关单位、部门和有关人员的职责。水利水电工程建设项目应根据现场情况，详细分析现场具体风险（如某处易发生滑坡事故），编制现场处置方案，主要由施工企业编制，监理单位审核，项目法人备案；分析工程现场的风险类型（如人身伤亡），编写专项应急预案，由监理单位与项目法人起草，相关领导审核，向各施工企业发布；综合分析现场风险，应急行动、措施和保障等基本要求和程序，编写综合应急预案，由项目法人编写，项目法人领导审批，向监理单位、施工企业发布。

由于综合应急预案是综述性文件，因此需要要素全面，而专项应急预案和现场处置方案要素重点在于制定具体救援措施，因此对于单位概况等基本要素不做内容要求。

（五）应急预案的编制步骤

1. 成立预案编制工作组

水利水电工程建设参建各方应结合本单位实际情况，成立以主要负责人为组长的应急预案编制工作组，明确编制任务、职责分工，制订工作计划，组织开展应急预案编制工作。应急预案编制需要安全、工程技术、组织管理、医疗急救等各方面的知识，因此应急预案编制工作组是由各方面的专业人员或专家、预案制定和实施过程中所涉及或受影响的部门负责人及具体执行人员组成。必要时，编制工作组也可以邀请地方政府相关部门、水行政主管部门或流域管理机构代表作为成员。

2. 收集相关资料

收集应急预案编制所需的各种资料是一项非常重要的基础工作。掌握相关资料的多少、资料内容的详细程度和资料的可靠性将直接关系到应急预案编制工作是否能够顺利进行，以及能否编制出质量较高的事故应急预案。

3. 风险评估

风险评估是编制应急预案的关键，所有应急预案都建立在风险分析基础之上。在危险因素分析、危险源辨识及事故隐患排查、治理的基础上，确定本水利水电工程建设项目的危险源、可能发生的事故类型和后果，进行事故风险分析，并指出事故可能产生的次生、衍生事故及后果，形成分析报告，分析结果将作为事故应急预案的编制依据。

4. 应急能力评估

应急能力评估就是依据危险分析的结果，对应急资源准备状况的充分性和从事应急救援活动所具备的能力评估，以明确应急救援的需求和不足，为应急预案的编制奠定基础。水利水电工程建设项目应针对可能发生的事故及事故抢险的需要，实事求是地评估本工程的应急装备、应急队伍等应急能力。对于事故应急所需但本工程尚不具备的应急能力，应采取切实有效措施予在弥补。

5. 应急预案编制

在以上工作的基础上，针对本水利水电工程建设项目可能发生的事故，按照有关规定和要求，充分借鉴国内外同行业事故应急工作经验，编制应急预案。应急预案编制过程中，应注重编制人员的参与和培训，充分发挥他们各自的专业优势，告知其风险评估和应急能力评估结果，明确应急预案的框架、应急过程行动重点以及应急衔接、联系要点等。同时，应急预案应充分考虑和利用社会应急资源，并与地方政府、流域管理机构、水行政主管部门以及相关部门的应急预案相衔接。

6. 应急预案评审

（1）评审方法

应急预案评审分为形式评审和要素评审，评审可采取符合、基本符合和不符合三种方式简单判定。对于基本符合和不符合的项目，应指出指导性意见或建议。

① 形式评审

依据有关规定和要求，对应急预案的层次结构、内容格式、语言文字和制定过程等内容进行审查。形式评审的重点是应急预案的规范性和可读性。

② 要素评审

依据有关规定和标准，从符合性、适用性、针对性、完整性、科学性、规范性和衔接性等方面对应急预案进行评审。要素评审包括关键要素和一般要素。为细化评审，可采用列表方式分别对应急预案的要素进行评审。评审应急预案时，将应急预案的要素内容与表中的评审内容及要求进行对应分析，判断是否符合表中要求，发现存在问题及不足。

关键要素指应急预案构成要素中必须规范的内容。这些要素内容涉及水利水电工程建设项目参建各方日常应急管理及应急救援时的关键环节，如应急预案中的危险源与风险分析、组织机构及职责、信息报告与处置、应急响应程序与处置技术等要素。

一般要素指应急预案构成要素中简写或可省略的内容。这些要素内容不涉及参建各方日常应急管理及应急救援时的关键环节，而是预案构成的基本要素，如应急预案中的编制目的、编制依据、适用范围、工作原则、单位概况等要素。

（2）评审程序

应急预案编制完成后，应在广泛征求意见的基础上，采取会议评审的方式进行审查，会议审查规模和参加人员根据应急预案涉及范围和重要程度确定。

① 评审准备

应急预案评审应做好下列准备工作：

成立应急预案评审组，明确参加评审的单位或人员；

通知参加评审的单位或人员具体评审时间；

将被评审的应急预案在评审前送达参加评审的单位或人员。

② 会议评审

会议评审可按照下列程序进行：

介绍应急预案评审人员构成，推选会议评审组组长；

应急预案编制单位或部门向评审人员介绍应急预案编制或修订情况；

评审人员对应急预案进行讨论，提出修改和建设性意见；

应急预案评审组根据会议讨论情况，提出会议评审意见；

讨论通过会议评审意见，参加会议评审人员签字。

③ 意见处理

评审组组长负责对各位评审人员的意见进行协调和归纳，综合提出预案评审的结论性意见。按照评审意见，对应急预案存在的问题以及不合格项进行分析研究，并对应急预案进行修订或完善。反馈意见要求重新审查的，应按照要求重新组织审查。

（3）评审要点

应急预案评审应包括下列内容：

① 符合性

应急预案的内容是否符合有关法规、标准和规范的要求。

② 适用性

应急预案的内容及要求是否符合单位实际情况。

③ 完整性

应急预案的要素是否符合评审表规定的要素。

④ 针对性

应急预案是否针对可能发生的事故类别、重大危险源、重点岗位部位。

⑤ 科学性

应急预案的组织体系、预防预警、信息报送、响应程序和处置方案是否合理。

⑥ 规范性

应急预案的层次结构、内容格式、语言文字等是否简洁明了，便于阅读和理解。

⑦ 衔接性

综合应急预案、专项应急预案、现场处置方案以及其他部门或单位预案是否衔接。

（六）应急预案管理

1. 应急预案备案

中央管理的企业综合应急预案和专项应急预案，报国务院国有资产监督管理部门、国务院安全生产监督管理部门和国务院有关主管部门备案；其所属单位的应急预案分别抄送所在地的省、自治区、直辖市或者设区的市人民政府安全生产监督管理部门和有关主管部门备案。

受理备案登记的安全生产监督管理部门及有关主管部门应当对应急预案进行形式审查，经审查符合要求的，予以备案并出具应急预案备案登记表；不符合要求的，不予备案并说明理由。

2. 应急预案宣传与培训

应急预案宣传和培训工作是保证预案贯彻实施的重要手段，是增强参建人员应急意识，提高事故防范能力的重要途径。

水利水电工程建设参建各方应采取不同方式开展安全生产应急管理知识和应急预案的宣传和培训工作。对本单位负责应急管理工作的人员以及专职或兼职应急救援人员进行相应知识和专业技能培训，同时，加强对安全生产关键责任岗位员工的应急培训，使其掌握生产安全事故的紧急处置方法，增强自救互救和第一时间处置事故的能力。在此基础上，确保所有从业人员具备基本的应急技能，熟悉本单位应急预案，掌握本岗位事故防范与处置措施和应急处置程序，提高应急水平。

3. 应急预案演练

应急预案演练是应急准备的一个重要环节。通过演练，可以检验应急预案的可行性和应急反应的准备情况；通过演练，可以发现应急预案存在的问题，完善应急工作机制，提高应急反应能力；通过演练，可以锻炼队伍，提高应急队伍的作战能力，熟悉操作技能；通过演练，可以教育参建人员，增强其危机意识，提高安全生产工作的自觉性。为此，预案管理和相关规章中都应有对应急预案演练的要求。

4. 应急预案修订与更新

应急预案必须与工程规模、机构设置、人员安排、危险等级、管理效率及应急资源等状况相一致。随着时间推移，应急预案中包含的信息可能会发生变化。因此，为了不断完善和改进应急预案并保持预案的时效性，水利水电工程建设参建各方应根据本单位实际情况，及时更新和修订应急预案。

应急预案修订前，应组织对应急预案进行评估，以确定是否需要进行修订以及哪些内容需要修订。通过对应急预案更新与修订，可以保证应急预案的持续适应性。同时，更新的应急预案内容应通过有关负责人认可，并及时通告相关单位、部门和人员；修订的预案版本应经过相应的审批程序，并及时发布和备案。

第四节　安全健康管理体系与安全事故处理

一、安全健康管理体系认证

职业健康安全管理的目标使企业的职业伤害事故、职业病持续减少。实现这一目标的重要组织保证体系，是企业建立持续有效并不断改进的职业健康安全管理体系（Occupational Safety and Health Management Systems，简称 OSHMS）。其核心是要求企业采用现代化的管理模式、使包括安全生产管理在内的所有生产经营活动科学、规范并有效，通过建立安全健康风险的预测、评价、定期审核和持续改进完善机制，从而预防事故发生和控制职业危害。

（一）管理体系认证程序

建筑企业可参考如下步骤来制订建立与实施职业安全健康管理体系的推进计划。

1. 学习与培训

职业安全健康管理体系的建立和完善的过程，是始于教育、终于教育的过程，也是提高认识和统一认识的过程。教育培训要分层次、循序渐进地进行，需要企业所有人员的参与和支持。在全员培训基础上，要有针对性地抓好管理层和内审员的培训。

2. 初始评审

初始评审的目的是为职业安全健康管理体系建立和实施提供基础,为职业安全健康管理体系的持续改进建立绩效基准。

初始评审主要包括以下内容:

(1)收集相关的职业安全健康法律、法规和其他要求,对其适用性及需遵守的内容进行确认,并对遵守情况进行调查和评价;

(2)对现有的或计划的建筑施工相关活动进行危害辨识和风险评价;

(3)确定现有措施或计划采取的措施是否能够消除危害或控制风险;

(4)对所有现行职业安全健康管理的规定、过程和程序等进行检查,并评价其对管理体系要求的有效性和适用性;

(5)分析以往建筑安全事故情况以及员工健康监护数据等相关资料,包括人员伤亡、职业病、财产损失的统计、防护记录和趋势分析;

(6)对现行组织机构、资源配备和职责分工等进行评价。

初始评审的结果应形成文件,并作为建立职业安全健康管理体系的基础。

3. 体系策划

根据初始评审的结果和本企业的资源,进行职业安全健康管理体系的策划。策划工作主要包括:

(1)确立职业安全健康方针;

(2)制订职业安全健康体系目标及其管理方案;

(3)结合职业安全健康管理体系要求进行职能分配和机构职责分工;

(4)确定职业安全健康管理体系文件结构和各层次文件清单;

(5)为建立和实施职业安全健康管理体系准备必要的资源;

(6)文件编写。

4. 体系试运行

各个部门和所有人员都按照职业安全健康管理体系的要求开展相应的安全健康管理和建筑施工活动,对职业安全健康管理体系进行试运行,以检验体系策划与文件化规定的充分性、有效性和适宜性。

5. 评审完善

通过职业安全健康管理体系的试运行,特别是依据绩效监测和测最、审核以及管理评审的结果,检查与确认职业安全健康管理体系各要素是否按照计划安排有效运行，是否达到了预期的目标，并采取相应的改进措施，使所建立的职业安全健康管理体系得到进一步的完善。

（二）管理体系认证的重点

1. 建立健全组织体系

建筑企业的最高管理者应对保护企业员工的安全与健康负全面责任，并应在企业内设立各级职业安全健康管理的领导岗位，针对那些对其施工活动、设施（设备）和管理过程的职业安全健康风险有一定影响的从事管理、执行和监督的各级管理人员，规定其作用、职责和权限，以确保职业安全健康管理体系的有效建立、实施与运行并实现职业安全健康目标。

2. 全员参与及培训

建筑企业为了有效地开展体系的策划、实施、检查与改进工作，必须基于相应的培训来确保所有相关人员均具备必要的职业安全健康知识，熟悉有关安全生产规章制度和安全操作规程，正确使用和维护安全和职业病防护设备及个体防护用品，具备本岗位的安全健康操作技能，及时发现和报告事故隐患或者其他安全健康危险因素。

3. 协商与交流

建筑企业应通过建立有效地协商与交流机制，确保员工及其代表在职业安全健康方面的权利，并鼓励他们参与职业安全健康活动，促进各职能部门之间的职业安全健康信息交流和及时接收处理相关方关于职业安全健康方面的意见和建议，为实现建筑企业职业安全健康方针和目标提供支持。

4. 应急预案与响应

建筑企业应依据危害体系文件的层次关系识、风险评价和风险控制的结果、法律法规等的要求，以往事故、事件和紧急状况的经历以及应急响应演练及改进措施效果的评审结果，针对施工安全事故、火灾、安全控制设备失灵、特殊气候、突然停电等潜在事故或紧急情况从预案与响应的角度建立并保持应急计划。

5. 评价

评价的目的是要求建筑企业定期或及时地发现其职业安全健康管理体系的运行过程或体系自身所在的问题，并确定出问题产生的根源或需要持续改进的地方。体系评价主要包括绩效测量与监测、事故和事件以及不符合的调查、审核、管理评审。

6. 改进措施

改进措施的目的是要求建筑企业针对组织职业安全健康管理体系绩效测量与监测、事故和事件，以及不符合的调查、审核以及管理评审活动所提出的纠正与预防措施的要求，制订具体的实施方案并予以保持，确保体系的自我完善功能，并依据管理评审等评价的结果，不断寻求方法持续改进建筑企业自身职业安全健康管理体系及其职业安全健康绩效，从而不断消除、降低或控制各类职业安全健康危害和风险。职业安全健康管理体系的改进措施主要包括纠正与预防措施和持续改进两个方面。

二、安全事故处理

水利工程施工安全是指在施工过程中，工程组织方应该采取必要的安全措施和手段来保证。施工人员的生命和健康安全，降低安全事故的发生概率。

（一）概述

1. 概念

工伤事故就是企业员工在为公司或工厂进行施工建设中因为某种原因造成的工伤亡事故。从目前的情况来看，除了施工单位的员工以外，工伤事故的发生群体还包括民工、临时工和参加生产劳动的学生、教师、干部等。

2. 伤亡事故的分类

一般来说，伤亡事故的分类都是根据受伤害者受到的伤害程度进行划分的。

（1）轻伤

轻伤是职工受到伤害程度最低的一种工伤事故，按照相关法律的规定，员工如果受到轻伤而造成歇工一天或一天以上就应视为轻伤事故处理。

（2）重伤事故

重伤的情况分为很多种，一般来说凡是有下列情况之一者，都属于重伤，作重伤事故处理。

① 经医生诊断成为残废或可能成为残废的；

② 伤势严重，需要进行较大手术才能挽救的；

③ 人体要害部位严重灼伤、烫伤或非要害部位，但灼伤、烫伤占全身面积 1/3 以上的；严重骨折，严重脑震荡等；

④ 眼部受伤较重，对视力产生影响，甚至有失明可能的；

⑤ 手部伤害：大拇指轧断一切的，食指、中指、无名指任何一只轧断两节或任何两只轧断一节的局部肌肉受伤严重，引起机能障碍，有不能自由伸屈的残废可能的；

⑥ 脚部伤害：一脚脚趾轧断三只以上的，局部肌肉受伤甚剧，有不能行走自如的残废的可能的；内部伤害，内脏损伤、内出血或伤及腹膜等；

⑦ 其他部位伤害严重的：不在上述各点内，经医师诊断后，认为受伤较重，根据实际情况由当地劳动部门审查认定。

（3）多人事故

在施工过程中如果出现多人（3 人或 3 人以上）受伤的情况，那么应认定为多人工伤事故处理。

（4）急性中毒

急性中毒是指由于食物、饮水、接触物等原因造成的员工中毒。急性中毒会对受害者的机体造成严重的伤害，一般作为工伤事故处理。

（5）重大伤亡事故

重大伤亡事故是指在施工过程中，由于事故造成一次死亡 1～2 人的事故，应作重大伤亡处理。

（6）多人重大伤亡事故

多人重大伤亡事故是指在施工过程中，由于事故造成一次死亡 3 人或 3 人以上 10 人以下的重大工伤事故。

（7）特大伤亡事故

特大伤亡事故是指在施工过程中，由于事故造成一次死亡 10 人或 10 人以上的伤亡事故。

（二）事故处理程序

一般来说如果在施工过程中发生重大伤亡事故，企业负责人员应在第一时间组织伤员的抢救，并及时将事故情况报告给各有关部门，具体来说主要分为以下三个主要步骤。

1. 迅速抢救伤员、保护好事故现场

在工伤事故发生之后，施工单位的负责人应迅速组织人员对伤员展开抢救，并拨打 120 急救热线，另外，还要保护好事故现场，帮助劳动责任认定部门进行劳动责任认定。

2. 组织调查组

轻伤、重伤事故，由企业负责人或其指定人员组织生产、技术、安全等部门及工会组成事故调查组，进行调查；伤亡事故，由企业主管部门会同同级行政安全管理部门、公安部门、监察部门、工会组成事故调查组，进行调查。死亡和重大死亡事故调查组应邀请人民检察院参加，还可邀请有关专业技术人员参加，与发生事故有直接利害关系的人员不得参加调查组。

3. 现场勘察

（1）做出笔录

通常情况下，笔录的内容包括事发时间、地点以及气象条件等；现场勘察人员的姓名、单位、职务；现场勘察起止时间、勘察过程；能量逸散所造成的破坏情况、状态、程度；设施设备损坏情况及事故发生前后的位置；事故发生前的劳动组合，现场人员的具体位置和行动；重要物证的特征、位置及检验情况等。

（2）实物拍照

包括方位拍照，反映事故现场周围环境中的位置；全面拍照，反映事故现场各部位之间的联系；中心拍照，反映事故现场中心情况；细目拍照，提示事故直接原因的痕迹物、致害物；人体拍照，反映伤亡者主要受伤和造成伤害的部位。

（3）现场绘图

根据事故的类别和规模以及调查工作的需要应绘制；建筑物平面图、剖面图；事故发生时人员位置及疏散图；破坏物立体图或展开图；涉及范围图；设备或工、器具构造图等。

（4）分析事故原因、确定事故性质

分析的步骤和要求：

① 通过详细的调查、查明事故发生的经过；

② 整理和仔细阅读调查资料，对受伤部位、受伤性质、起因物、致害物、伤害方法、不安全行为和不安全状态等七项内容进行分析；

③ 根据调查所确认的事实，从直接原因入手，逐渐深入到间接原因。通过对原

因的分析、确定出事故的直接责任者和领导责任者，根据在事故发生中的作用，找出主要责任者；

④ 确定事故的性质。如责任事故、非责任事故或破坏性事故。

（5）写出事故调查报告

事故调查组应着重把事故发生的经过、原因、责任分析和处理意见以及本次事故的教训和改进工作的建议等写成报告，以调查组全体人员签字后报批。如内部意见不统一，应进一步弄清事实，对照政策法规反复研究，统一认识。对于个别同志仍持有不同意见的，可在签字时写明自己的意见。

（6）事故的审理和结案

建设部对事故的审批和结案有以下几点要求：

① 事故调查处理结论，应经有关机关审批后，方可结案。伤亡事故处理工作应当在 90 日内结案，特殊情况不得超过 180 日；

② 事故案件的审批权限，同企业的隶属关系及人事管理权限一致；

③ 对事故责任人的处理，应根据其情节轻重和损失大小，谁有责任，主要责任，其次责任，重要责任，一般责任，还是领导责任等，按规定给予处分；

④ 要把事故调查处理的文件、图纸、照片、资料等记录长期完整地保存起来。

参考文献

[1] 袁泉. 浅析小型农田水利工程的施工建设与管理 [J]. 农业开发与装备，2022（11）：156-157.

[2] 张立岩. 浅议加强小型农田水利工程施工建设与管理的措施 [J]. 南方农业，2022，16（12）：217-219.

[3] 王进荣. 水利工程施工建设对周边环境的影响研究 [J]. 中国科学探险，2022（05）：94-97.

[4] 陶淑艳. 浅析小型农田水利工程的施工建设与管理 [J]. 农业开发与装备，2022（04）：66-68.

[5] 王炯. 农业水利工程施工中质量控制体系建设研究 [J]. 乡村科技，2021，12（36）：111-113.

[6] 吝江峰，王海俊，陈蕾蕾. 水利工程施工建设期 BIM 技术应用与研究 [J]. 江苏水利，2021（11）：46-50.

[7] 姬翠霞. 试论小型农田水利工程施工建设与管理的有效措施 [J]. 新农业，2021（13）：89-90.

[8] 石祺智. 水利工程建设施工管理及质量控制研究 [J]. 长江技术经济，2021，5（S2）：99-101.

[9] 蒙立荣. 水利工程施工建设进度管理与成本控制研究 [J]. 农业科技与信息，2021（04）：115-116.

[10] 宋志琴. 水利工程施工建设对生态环境的重要影响 [J]. 居业，2021（01）：157-158.

[11] 赵漫. 小型农田水利工程的施工建设与管理 [J]. 现代农村科技，2020（12）：46.

[12] 贾宝玲. 水利工程施工建设对周边水环境的影响研究 [J]. 环境科学与管理，2020，45（09）：180-184.

[13] 王志云. 水利工程施工建设对生态环境的影响探析 [J]. 水利科学与寒区工程，2020，3（04）：171-173.

［14］张帅.水利工程施工建设安全综合评估［J］.水利科学与寒区工程，2020，3（04）：149-152.

［15］蒋海霞.水利工程施工建设对生态环境的影响研究［J］.湖北农机化，2020（13）：42-43.

［16］王连军.小型农田水利工程的施工建设与管理［J］.花炮科技与市场，2020（02）：77.

［17］赵巧华.论小型农田水利工程的施工建设与管理［J］.中国资源综合利用，2020，38（02）：76-77.

［18］赵永前.水利水电工程施工安全管理策略的思考与实践［J］.科技创新与应用，2019（21）：193-194.

［19］王树生.小型农田水利工程的施工建设与管理［J］.新农业，2019（11）：24-25.

［20］李保成.小型农田水利工程施工建设与管理初探［J］.农业科技与信息，2019（09）：98-99.

［21］薛耀.小型农田水利工程的施工建设与管理［J］.乡村科技，2019（08）：121-122.

［22］车永春.论小型水利工程的施工建设与管理［J］.农业科技与信息，2018（21）：114＋116.

［23］付小平.论小型农田水利工程的施工建设与管理［J］.农业科技与信息，2018（13）：102-103.

［24］赵华林.浅谈如何落实做好水利工程施工质量管理工作实践［J］.智能城市，2018，4（13）：142-143.

［25］陈晓红.浅论小型农田水利工程的施工建设与管理［J］.农民致富之友，2018（09）：77.